城市既有高层社区防灾系统改造策略研究

孔维东　赵博阳　著

天津大学出版社
TIANJIN UNIVERSITY PRESS

图书在版编目(CIP)数据

城市既有高层社区防灾系统改造策略研究 / 孔维东,
赵博阳著. -- 天津 : 天津大学出版社, 2023.5
ISBN 978-7-5618-7438-7

Ⅰ.①城… Ⅱ.①孔… ②赵… Ⅲ.①城市规划—社
区—防灾—研究—中国 Ⅳ.①TU984.11

中国国家版本馆CIP数据核字(2023)第063463号

CHENGSHI JIYOU GAOCENG SHEQU FANGZAI XITONG
GAIZAO CELÜE YANJIU

出版发行	天津大学出版社
地　　址	天津市卫津路92号天津大学内（邮编：300072）
电　　话	发行部：022-27403647
网　　址	www.tjupress.com.cn
印　　刷	北京虎彩文化传播有限公司
经　　销	全国各地新华书店
开　　本	787mm×1092mm　1/16
印　　张	15.75
字　　数	373千
版　　次	2023年5月第1版
印　　次	2023年5月第1次
定　　价	58.00元

国家自然科学基金项目（项目号：51708169）；

教育部人文社会科学研究项目（项目号：17YJC760059）；

河北工业大学城乡更新与建筑遗产保护中心

前　　言

　　我国目前正处于快速城市化阶段，大量人口涌入城市。由于城市人口骤增，城市土地愈发稀缺，高层社区如雨后春笋般出现。由于高层社区中的建筑密集、人口集聚，因此高层社区在灾害面前显得愈发脆弱，而社区是城市最基本的防灾单元，社区安全在很大程度上影响着整个城市的安全。但是，我国城市既有高层社区普遍缺乏系统的防灾规划设计，大部分高层社区存在诸多安全隐患，一旦发生灾害，极易扩大和蔓延，造成重大的人员伤亡和经济损失。因此，城市既有高层社区的防灾减灾改造日益引起人们的关注。

　　在借鉴国内外相关理论研究和已有实践的基础上，本书以城市既有高层社区为研究对象，首先对研究对象进行了深入解析，并通过大量的实地调研和问卷调查，总结了我国城市既有高层社区的现状与防灾问题，分析了居民在发生灾害时的行为心理和应急反应，建构了城市既有高层社区的防灾改造系统，并初步归纳了防灾改造关键指标，以指导具体的社区防灾改造策略。其次，引入社区防灾空间理念，结合高层社区防灾空间构成要素，从宏观、中观、微观等不同层次分别提出了具体的、适宜的防灾改造策略，并在既有高层社区改造探索中始终贯穿平灾一体化理念。再次，结合实际高层社区案例，利用 FDS（火灾动力学模拟工具）等分析其灾害发生机理和防灾救灾影响因素，并结合我国国情，提出了高层住宅常态防灾减灾改造策略，并探索了高层住宅防灾减灾技术的数字化、智能化、生态化发展趋势。最后，本书还归纳了既有社区灾害管理与救援系统等非工程系统的优化策略。

　　综上，笔者综合运用城市规划与设计、灾害学、生态学等多学科的理论，通过采用定性和定量相结合的研究方法，提炼出研究对象各构成要素的灾害特性和致灾机理；通过对研究对象各构成要素的整合分析，归纳出系统的城市既有高层社区防灾改造策略；将工程性防灾技术与非工程性防灾措施相结合，形成整合型社区防灾减灾体系。

目录
CONTENTS

第 1 章　绪论

1.1　研究背景

1.1.1　研究背景

1. 全球灾害发生频繁，我国灾害情况尤其复杂

2010 年，联合国减灾署统计数据显示：1990—1999 年，全球平均每年自然灾害的发生总数为 258 起，死亡人数为 4.3 万；而从 2000 年到 2009 年的十年里，全球平均每年自然灾害发生数量上升为 3 852 起，因自然灾难死亡的年平均人数也飙升至 78 万。统计还显示：造成巨大人员伤亡和经济损失的自然灾害主要为地震、火山爆发等地质灾害。而近几十年，更是地质灾害高发期，在此期间全球发生的重大自然灾害中有大约 70% 属于地质灾害 [1]。此外，洪灾、风灾、火灾等其他类型的自然灾害也严重威胁着人类的生命安全和财产安全，其引发的灾害损失也不容忽视。如此高发的重大灾害导致全球大量人员伤亡，造成了重大的经济损失 [2]。因此，防灾问题日益引起人们的关注。

我国特殊的地理环境 [3] 致使我国发生重大、突发性灾害的类型复杂多样、频率高、地域分布广。而我国是发展中国家，社会、经济发展水平与发达国家相比还有一定差距，因此，我国的灾害损失较发达国家也更为惨重。我国大多数城市所处的地理位置又使其面临着地震、洪涝、台风、海啸等一种甚至多种自然灾害的威胁，且我国城市人口密集、产业集中，灾害发生后，城市的人员伤亡和财产损失较农村更为严重。另外，我国目前正处在快速城市化的阶段，预计 21 世纪中叶，我国城市人口将达到全国总人口的 50% 以上。急剧增加的城市人口密度，急剧扩张的城市用地，致使城市环境、资源以及基础设施等都达到其承载力的极限。同时，一些地区盲目追求经济发展，缺乏城市建设防灾规划，严重忽

---

① 李原、黄资慧：《20 世纪灾祸志》，福建教育出版社，1992，第 19 页。
② 李风：《建筑安全与防灾减灾》，中国建筑工业出版社，2012，第 7 页。
③ 我国自然灾害的多发性与严重性是由其特殊的自然地理环境决定的：我国大陆东濒太平洋，面临世界上最大的台风源，西部为世界地势最高的青藏高原，陆海大气系统相互作用，导致各种气象与海洋灾害频频发生；我国地势西高东低，降雨时空分布不均，易形成大范围的洪、涝、旱灾害；我国位于环太平洋与欧亚两大地震带之间，地壳活动剧烈。西北的黄土高原水土流失严重，冲刷而下的泥沙淤塞江河水库，易引发洪涝灾害。

视了城市和建筑物的防灾减灾安全，导致城市承受灾害的能力十分脆弱。可见，我国城市存在诸多安全隐患，城市的安全风险很大①。

2. 城市高层社区大量涌现，并普遍存在很多安全隐患

城市社区是城市人口赖以生存的基础，也是城市发展建设的重要组成部分之一。在我国城市化快速发展的大环境下，城市用地中的 30% 为居住用地。这些居住用地承载着几亿人口的居住需求和安全需求，其防灾安全问题不容忽视。近几十年来，大量人口涌入城市，城市需要为更多人提供安身之所，新建社区也自然如雨后春笋般大量涌现（图 1-1）。另外，由于土地有偿使用政策的出台和土地资源的稀缺性，城市地价越来越昂贵，地价在商品房总成本中占有的比例也越来越高。我国各个城市都已经兴建了大量的高层社区，百米以上的住宅楼比比皆是，就连中小城镇也都建设了大量的高层社区。这些已经建成使用的高层社区往往容积率很大，居住人口密集，加之其规划建设时对防灾考虑不足，后期使用中对社区整体环境和防灾设备设施的维护管理也不佳，致使其存在诸多安全隐患。而且，高层社区相对多层社区而言，其防灾问题更为复杂，相关方面的研究也较少，因此，高层社区的防灾减灾问题已经引起了广泛的关注。

图 1-1　大量建设的高层社区

3. 我国既有社区的规划设计与实践建设普遍缺乏综合防灾理念

社区作为城市的基本构成单元，分散在城市的各个区域，其防灾体系的构建对整个城市的防灾性能有着重要影响。当城市遭受灾害侵袭时，社区居民一方面是灾害的直接承载体，另一方面也是抵御灾害、减灾救灾的主体。但我国目前还没有社区防灾方面的系统理论，建设者和使用者都普遍缺乏社区综合防灾理念。近十几年来，我国新建了大量高层社区，由于建设模式粗放，且社区防灾理论相对滞后，许多社区存在相当多的安全隐患和防灾问题，如社区防灾规划布局不合理、防灾空间严重不足或者分布不合理、防灾基础设施不满足配置要求、建筑物防灾性差等，一旦灾害发生，居民势必无法及时逃生。而且由于

---

① 李风:《建筑安全与防灾减灾》，中国建筑工业出版社，2012，第7页。

开发商对于利润的追逐和城市相关部门的疏于监管,一些防灾的先进技术根本无法应用于社区建设,而社区又往往是人员密集地区之一,因此,灾害发生后,社区往往是人员伤亡最为严重的受灾地点之一。可见,社区尤其是目前大量涌现的高层社区的防灾减灾问题十分值得我们关注。

4.高层社区发生灾害后更容易造成较大人员伤亡和经济损失

目前,我国大部分高层社区容积率高、高楼林立,与多层社区相比,其致灾因素更为复杂多样,灾害的易发性和高损性在高层社区中尤为突出;灾害发生后,其人员伤亡与经济损失都要明显高于同时期、同地域的多层社区[①]（图1-2）,其原因具体见表1-1。

图1-2 高层住宅火灾现场图片

表1-1 造成高层社区灾害易发性与高损性的原因

序号	原因	具体表现
1	高层社区安全容量过载	建筑物较密集,人口高度集聚,致使其承载力低
2	高层社区致灾因素多	高层住宅功能复杂,电气化和自动化程度高,用电设备多且用电量大,漏电、短路等故障的发生概率增加,容易形成点火源
2	高层社区致灾因素多	其居住人口众多,人为因素引发火灾的概率也会相应增多
3	高层住宅火灾蔓延途径多、速度快	高层住宅的楼梯间、电梯井、管道井、电缆井、排气道、垃圾道等竖向管井的烟囱拔风作用大,容易形成"烟囱效应",成为火势迅速蔓延的途径
3	高层住宅火灾蔓延途径多、速度快	气压和风速在很大程度上影响着火灾的蔓延速度,高层建筑内空气流动快,灾害蔓延、扩大的速度快

---

① 徐胡珍:《高层建筑消防安全探析》,《安徽建筑工业学院学报（自然科学版）》2003年第4期。

续表

序号	原因	具体表现
4	高层住宅发生火灾产生较多毒气，容易造成重大伤亡	现代化的高层住宅在装修过程中追求美观、新颖，使用了较多的复合板、塑胶、纤维等易燃材料，当火灾发生时燃烧迅速，并产生大量烟雾及有毒气体，易造成大量的人员伤亡
		居民私搭乱建，占有排烟外窗或者排烟烟台，致使烟气不能及时排出
5	火灾、震灾突发性强，发生灾害时高层住宅居民疏散逃生困难	高层住宅的高度高、层数多、被困人员多，灾时疏散逃生容易发生拥堵、踩踏
		居民疏散距离长，需要的疏散时间也较长
		发生灾害时电梯停止运行，居民只能利用楼梯疏散，行动能力差的居民疏散困难
6	高层住宅火灾扑救难度大	高层住宅在设计时，其灭火主要立足于室内消防给水设施，且灭火用水量大，供水困难，致使其扑救受到消防设施现有条件的限制
		消防队员登高困难，不易接近火点；指挥困难，易造成错误判断；救援需要特种登高、排烟消防车辆和抢险救生装备等

1.1.2 研究现状与意义

1. 研究现状

城市防灾按照区域范围可以分为城市防灾、行政区防灾以及社区防灾三个层面。各个层面承上启下、紧密联系，构成了一个整体，作为微观层次的社区防灾，则需要从规划设计和建筑设计的层面将城市防灾、行政区防灾的规划策略落实、深化到微观、具体的实体中。可见，社区作为城市中最小的区域防灾单元，作为第一避难阶段（灾后半日）和第二避难阶段前期（灾后一至三日）的主要承载体，其防灾减灾工作不容忽视。

我国既有居住社区在规划设计和建设中很少考虑社区防灾系统的构建，而且汶川地震以后，我国制定并实施了新的建筑抗震规范，大量的老旧社区不满足现行规范要求，存在很多安全隐患，其防灾减灾改造任重而道远。我国虽然也在逐步进行老旧社区的更新改造，但是其改造多集中于故障维修、节能、美化、居住区环境以及居住空间改造，很少对既有社区进行系统的防灾改造，甚至成系统、成体系的社区防灾减灾理论研究也不多见，已有研究多集中于结构抗震改造、建筑防火改造等单一方面。因此，本书提出构建社区防灾改造系统，并从社区防灾空间系统、建筑防灾系统以及社区灾害管理与救援系统三个方面细化研究，是对城市防灾最好的延续和落实。

2. 研究意义

1）理论意义

在我国，对于既有社区改造与更新方面的理论研究基本集中于居住区环境美化、建筑立面美化、建筑节能以及套内空间整合与改造方面，而很少从社区安全与防灾减灾的角度去考虑。理论研究的不足导致我国大量既有社区，尤其是以高层住宅为主的社区存在诸多安全隐患。因此，我们应该深入探索和研究城市既有社区防灾系统的相关理论，为构建安全社区、安全城市提供理论依据和保障。本书通过构建高层社区防灾减灾系统，对既有设计实例进行调研与分析以及模型模拟分析，探索既有高层社区防灾减灾策略，以期提高既有社区的防灾减灾能力。

2）现实意义

近几十年，我国各个城市开始大量建设容积率相对较高的高层社区。但因社区安全理论的缺失和政府监管不严，既有高层社区存在多重安全问题，防灾能力薄弱，不能保障发生灾害时居民的人身安全。马斯洛在其提出的需求层次理论中指出：人的生理需求是最基本的，其次就是对安全的需求①（图1-3）。而今天，"生命第一"的理念越来越得到人们的广泛认同。相比于其他层次的需求，人类在物质空间中对安全的需求是最重要的。城市社区作为城市的细胞、人们的庇护所，首先要具备"安全功能"。本书旨在探索具体可行的社区防灾改造策略，以满足人类对安全空间的心理和生理需求。因此，城市既有社区防灾改造的研究和实践具有重要的现实意义。

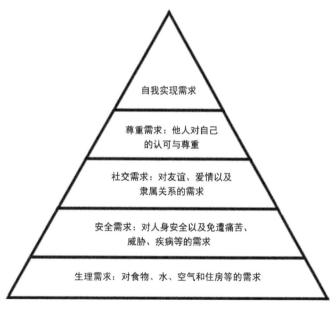

图1-3 马斯洛需求层次分类表

---

① 黄亚平：《城市空间理论与空间分析》，东南大学出版社，2002，第16~20页。

1.2　相关概念解析

1.2.1　城市高层社区

住宅建筑是指供家庭居住使用的建筑（含与其他功能空间处于同一建筑中的住宅部分）。我国高层民用建筑防火规范规定10层以及10层以上的住宅建筑为高层住宅。

由于我国农村的高层建设量有限，高层住宅建筑主要集中在城市，因此本书的研究对象定位于城市既有高层社区。社区指由聚居在一定地域范围内的人们组成的社会生活共同体[①]。所谓城市高层社区，即全部由10层以及10层以上设置电梯的高层住宅建筑构成的城市居住区，或者10层以及10层以上设置电梯的高层住宅建筑面积占整个居住区总建筑面积50%以上的城市居住区。

1.2.2　社区灾害

《灾害科学》[②]一书中给出了"灾害"的定义[③]，该定义揭示了灾害的双重属性[④]——自然属性和人为属性。无独有偶，《环境灾害学》[⑤]中将灾害分为自然灾害、人为灾害两大类。自然灾害是由于自然力的作用而给人类造成的灾害；人为灾害是由于人的行为失控或不恰当的改造自然的行为打破了人与自然的平衡，导致科技、经济和社会大系统的不协调而引起的灾害（图1-4）。

灾害的种类繁多，分类方法也不尽相同。本书主要研究城市社区灾害，即发生在"城市社区"，且"城市社区"为灾害承载体的灾害。因此，城市社区灾害主要指火灾、地震及其次生灾害、洪灾、风灾以及雨雪灾害等较易在城市居住社区发生且对居住社区破坏性较大的灾害。

---

①　R.E.安德森、I.卡特：《社会环境中的人类行为》，王吉胜等译，国际文化出版公司，1988。

②　罗祖德、徐长乐：《灾害科学》，浙江教育出版社，1998，第31页。

③　《灾害科学》中认为："灾害是由自然原因、人为因素或二者兼有的原因而给人类的生存和社会的发展带来不利后果的祸害，是对能够给人类和人类赖以生存的环境造成破坏性影响的事物的总称。"

④　灾害的双重属性说明灾害并不是单纯的自然现象或社会现象，而是一种自然—社会现象，是自然系统与人类物质文化系统相互作用的产物。

⑤　张丽萍、张妙仙：《环境灾害学》，科学出版社，2008。

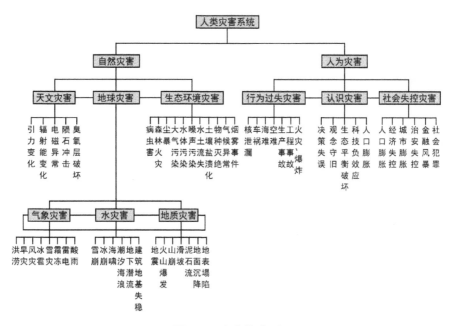

图 1-4　灾害的类型

1.2.3　社区防灾

社区防灾是指长期以社区为主体进行防灾减灾工作，促使社区在灾害到来之前，采取预防灾害的措施，做好防灾救灾准备，提高社区自救互救能力，避免或减轻灾害损失。社区防灾是现代社会发展中产生的概念，一些国家在社区防灾减灾方面走在世界前列，而我国在这方面的研究和实践还相对比较薄弱。

1.2.4　社区防灾系统

社区防灾系统是指由一系列相互作用和相互依赖的防灾要素组成的，具有一定层次、结构和功能，承担与发挥社区防灾减灾功能的复杂系统。它为实现多种灾害的预防、防护、救助和灾后恢复重建等各阶段工作提供保障。本书建构的社区防灾系统主要包括三大方面：社区防灾空间系统、建筑防灾系统以及社区灾害管理与救援系统。

完备的社区防灾系统不仅要求具备社区应急救灾功能，还强调社区的灾害预防及总体防护功能。因此，社区防灾系统的完整含义是指能满足灾前、灾中、灾后各阶段防灾救灾工作要求的系统。可见，社区防灾系统是所有防灾活动在社区地域上的综合体现。

1.3　国内外相关研究

国外关于城市防灾减灾的理论研究和实践成果比较多，主要集中于灾害法律法规的制定、城市防灾规划、城市防灾空间以及城市灾害应急管理与救援等几个方面。其中，美国和日本的相关研究处于世界前沿。美国在防灾法律、灾害应急管理等方面取得了卓越的成就。日本的防灾法律体系已经非常健全[1]，防灾机构也已经十分完善，其在城市防灾空间方面的研究与实践成果尤其突出。国外对于各种灾害的研究课题也很丰富，城市防灾的文献成果也可谓硕果累累。我国对城市防灾的研究也取得了一定的成果，形成了自己的灾害管理与救援体制。我国对于单灾种的研究比较深入，近年来也逐渐开展了一些关于综合防灾的研究课题[2][3][4]。城市防灾与社区防灾的区域范畴不同，但是其防灾研究成果可以指导社区防灾减灾。今天，人们逐渐意识到社区是保障城市安全的基本单元，防灾研究与实践也逐渐开始关注社区层面，并已经取得了一定成就。同时，各种先进技术也开始被日益广泛地应用于防灾减灾研究中，可以为我们探索数字化社区的防灾减灾系统提供技术支持。

目前，关于既有社区防灾改造的系统研究与实践很少，已有社区更新与改造的研究与实践成果主要集中于对不景气老旧街区的经济改善[5]、对老旧社区邻里交往状况的改善、对老旧社区的环境美化以及对老旧住宅建筑的套内空间整合和屋顶立面美化[6]或者节能改造等方面[7]，在此不再赘述。值得一提的是，我国在建筑防灾改造方面取得了丰硕的研究成果。震灾和火灾一直是建筑面临的巨大威胁，而基于震灾的建筑抗震加固和基于火灾的建筑防火研究一直是建筑防灾改造的重要研究方向，我国关于建筑防震、防火的研究也比较广泛和深入，其研究成果可以指导既有高层住宅的防灾改造。

1.3.1 国外相关研究

1. 关于社区防灾减灾的研究

社区是城市中最基本的区域防灾单元，由于社区居民的密集性，社区防灾成为城市防灾的重要落点之一。2001年的国际减灾日提出"发展以社区为核心的防灾减灾战略"的行动口号，提倡发挥基层社区防灾减灾作用的块块管理模式。目前，关于社区安全比较流行的提法有3种：安全社区、防灾社区和阻灾社区（表1-2）[8]。

① 滕五晓：《日本灾害对策体制》，中国建筑工业出版社，2003，第68-69页。
② 陈绍福：《城市综合减灾规划模式研究》，《灾害学》1997年第4期。
③ 周锡元、高小旺、李荷等：《城市综合防灾示范研究》，《建筑科学》1999年第1期。
④ 尚春明、翟宝辉：《城市综合防灾理论与实践》，中国建筑工业出版社，2006。
⑤ 伊利尔·沙里宁：《城市：它的发展、衰败与未来》，顾启源译，中国建筑工业出版社，1986。
⑥ 刘勇：《旧住宅区更新改造中居民意愿研究——以上海市旧小区"平改坡"综合改造为例》，博士学位论文，同济大学城市规划系，2005。
⑦ 住房和城乡建设部住宅产业化促进中心：《既有居住建筑综合改造技术集成》，中国建筑工业出版社，2011。
⑧ 尚春明、翟宝辉：《城市综合防灾理论与实践》，中国建筑工业出版社，2006，第15-16页。

表 1-2　防灾减灾社区主要研究理论及其具体内容

类型	定义	主要内容
安全社区	指通过动员人、物等一切资源共同工作，减少居民对正式控制系统的完全性依赖，增强居民和社区的安全感，最大化地减少犯罪，创造安全指数高的社区	英国 Rutland 提出安全社区规划的主要内容如下：对经常发生犯罪的公共空间和场所进行建筑物管制，严格控制社区内营业执照的数量和种类，鼓励具有公共活动空间功能和社区活动中心功能等再生计划的执行，通过社区共同活动或教育课程等实施沟通策略，达到预防犯罪的目的。具体措施包括在社区街廓邻里注重细部规划，由规划管制人员负责，清楚区分社区范围，形成街廓邻里的特色，并为邻里守望相助计划预留空间和场所，在街廓邻里增加行人徒步空间；减少物品堆置场所，取消死巷，改变街道结构，降低车速，减少车辆犯罪
防灾社区	指以社区为主体进行防灾减灾工作，使社区在灾前已经采取预防灾害的措施，做好应对灾害的准备，加强社区自救互救能力，从而提高社区应灾能力，避免或者减轻社区灾害损失，并易于灾后更为迅速地恢复重建	防灾社区由国际城乡管理学会的学者 DonGeiss 首先提出，其建设在美国受到高度重视。防灾社区注重灾前准备，注重配备完善的防灾硬件设备，注重引导社区组织与专业防灾部门合作，有效地降低了社区面临灾害的风险
阻灾社区	指具有防灾救灾功能，能永续发展的社区	阻灾社区以社区居民为主体，建构不会发生灾害的社区，或者即使发生灾害，社区也完全经得住灾害考验，能够将灾害损失降到最低，能够快速恢复重建，永续经营。目前，其研究主要包括西方国家提出的"The Disaster-Resilient Community"与日本开展的"防灾减灾生活圈"

　　国外对于防灾减灾社区的建设以瑞典、美国、日本最具代表性（图 1-5），值得我们借鉴与学习。瑞典推行"安全社区"建设，偏重于减小社区伤害和降低社区犯罪，同时也对社区安全和防灾减灾提出了相应的要求和评价标准。美国则推行建立"防灾社区"，注重在灾前采取预防措施，提高社区防灾应灾能力。而日本则更加倾向于"阻灾社区"的建设，注重"防灾生活圈"的构建。日本还积极推行"社区防灾福利事业计划"，通过推动市民与政府相关部门的合作开展一系列社区防灾救灾的宣传、教育与培训活动。许多城市还编制发行了自主防灾组织手册，鼓励居民的自救和互救[①]。日本的社区防灾改造通常以邻近小学为防灾中心，将一定服务半径内的各个社区作为一个整体考虑，规划建设避难公园，设立安全绿色通道，改造易损性较高的社区，构建层次分明、分布均衡的应急避难空间网络体系。此外，英国、新加坡、加拿大、澳大利亚等国家也都很重视安全社区的建设。它们在社区应急管理体系、社区灾害评估与分析以及社区灾害应对措施上都取得了一定的研究成果。

---

① 靳尔刚、王振耀：《国外救灾救助法规汇编》，中国社会出版社，2004。

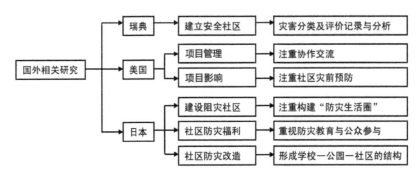

图 1-5 国外社区防灾减灾研究概况

2. 关于防灾技术的研究

对于防灾技术的研究，美国、日本、英国、澳大利亚以及加拿大等发达国家一直走在世界前列，近几十年来也取得了卓越的研究成果。

美国早就致力于探求震灾、洪灾等主要自然灾害的灾害机理；进行防灾减灾设施的成本效益分析；提升防灾减灾工程技术能力；整合灾害的实时观测资料、灾害数据信息以及灾害预警信息；建立完善的灾害预警系统；改进灾害风险评估体系以及进行多灾种风险组合、综合防治的分析研究等。如美国联邦应急管理局与美国国家建筑科学研究院合作，开发出了基于 HAZUS 地理信息系统软件的灾害损失评估标准与方法。HAZUS 软件主要测算由地震及其次生灾害（火灾、地震引发的海啸等）造成的直接和间接的社会损失与经济损失。美国还要开发建立财产数据库，并致力于将 HAZUS 的应用拓展到洪灾、风灾等其他灾害的损失评估测算中。

日本已经将数字技术推广至火灾、风灾、雪灾、水灾、危险品灾害等多种自然和人为灾害的模型模拟研究及震灾、火山灾害等突发灾害的灾害预测与评估研究中。研究者利用通过计算机建立的虚拟模型探求各种灾害的发生原理、发展过程以及进行防灾救灾辅助决策分析等。如 Katayama 利用 GIS（地理信息系统）模拟设定地震对都市居住区的影响，提出了考虑区域特性的地震破坏估计方法。另外，日本还将数字技术广泛应用于建筑物结构安全性分析以及生命线工程系统的防灾研究[①]。

另外，世界各国都已经致力于 GIS、遥感影像、3D 模型模拟等数字化先进技术研究，并将其最大化地与防灾减灾相结合。其中，取得显著成就的国家主要有美国、印度、英国、澳大利亚以及加拿大等，这些国家非常注重 GIS 等数字技术的社会化与产业化。经过各国几十年的研究和探索，GIS 技术已经广泛应用于城市防灾的多个方面，具体见图 1-6。

---

① 吕元：《城市防灾空间系统规划策略研究》，博士学位论文，北京工业大学结构工程系，2004，第 10 页。

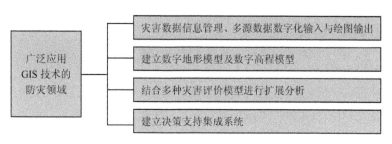

图 1-6 广泛应用 GIS 技术的防灾领域示意图

3. 关于高层建筑防灾改造的研究

国外很早就开始了对既有建筑抗震加固的探索和实践。美国对于建筑结构和建筑材料的抗震性能提升有较多的研究，而日本通过多角度研究抗震，对建筑抗震性能方面的规定复杂而严格。继传统的被动性抗震技术之后，隔震技术和消能减震技术是目前抗震加固的重要发展方向，美国和日本在该领域取得了较多研究成果[①]。1906 年，英国的 Jacob Bechtold 提出采用基础隔震技术以保证建筑物安全的建议。1921 年，日本东京建成的帝国饭店可谓是现代最早的隔震建筑。此后，美国、日本、德国等相继建成一大批隔震建筑，有的建筑已经经历了地震灾害，并表现出良好的抗震性能。美国首先开始研究消能减震技术，纽约州立大学的研究人员参与制定的 FEMA273 和 FEMA274 规范，全面系统地介绍了消能减震的设计方法，美国的纽约世界贸易中心大厦、西雅图哥伦比亚大厦、匹兹堡钢铁大厦、新 San Bermardino 医疗中心等许多工程也已经成功推广采用了该项技术。日本在消能减震方面也有长足的发展，开发了一些新型构件和结构体系，比较有代表性的有纳米结晶锌铝合金振动控制阻尼器（新型减震阻尼器）、无黏结钢支撑体系（滞回屈服耗能减震支撑体系）、跷动减震（新颖的耗能减震方法）等。

关于建筑防火方面的研究主要集中于控制火焰烟气和保障人员安全疏散两大方面。许多学者通过理论研究和虚拟模型模拟火焰烟气的运动，从而探索有效控制其蔓延扩散的策略。Cooper 利用水喷淋作用下的数学烟气模型，深入研究了喷淋作用下的烟气机理；Marshall 建立了一个缩微模型，探究竖井中的烟气流动过程，探索烟囱效应机理；Harmathy 通过一种新的烟囱效应简化模型，探索烟气在竖井空间中的运动规律；Peppes、Qin 等人利用数值模拟方法，探求建筑楼梯间内发生火灾时烟气流动特征、温度及压力等的分布规律。关于发生灾害时人员疏散的研究成果也较为丰富，主要包括人员疏散行为特点和疏散模型方面的研究。美国、英国、德国和日本等国家针对发生灾害时的人员疏散行为开展了一系列的研究，探索了多个仿真模型、优化模型以及风险评估模型。通过模型模拟，探究发生灾害时人员疏散行为特点，指导建筑防火设计。另外，在发生灾害时利用电梯安全疏散可行性方面，也有许多研究人员进行了探讨，如 Klote 提出了 EEES 电梯紧急疏散系统的概念，并通过实验和理论研究研发了 STACK 计算程序，推导出一系列计算公式。

---

① 刘海卿：《建筑结构抗震与防灾》，高等教育出版社，2010，第 231-233 页。

1.3.2 国内相关研究

1. 国内社区防灾研究

在制定社区防灾减灾规划、建立社区层面的应急反应系统等方面，我国与国外相比还存在较大差距。目前，我国社区的防灾建设多是基于管理模式的探讨，缺少与这些软机制配套呼应的实质性空间环境的设计与建设。同时，国内社区防灾设计对于逃生定向、有效疏散、避难通道、避难据点等防灾需求及相应的空间设计对策的研究非常少[①]。不过，我国近些年来开始重视社区防灾工作。2006 年 7 月 6 日，国务院发布的《国务院关于全面加强应急管理工作的意见》强调，要以社区为城市防灾基本单元，全面加强城市的应急管理工作。而国务院办公厅批准的《国家综合减灾"十一五"规划》也明确提出，建议综合防灾示范型社区加强城市社区防灾能力的建设，并归纳了表 1-3 中所示的几项具体措施[②]。

表 1-3 《国家综合减灾"十一五"规划》提出的加强社区防灾能力具体措施

序号	具体措施
1	完善城市社区灾害应急预案，组织社区居民积极参与防灾活动和预案演练
2	不断完善城市社区防灾基础配套设施，全面开展城乡民居防灾安居工程建设
3	优化防灾避难功能，在多灾易灾的城市社区建设避难空间与场所
4	建立灾害信息员队伍，加强城乡社区居民家庭防灾减灾准备，建立应急状态下社区弱势群体保护机制

值得一提的是，中国台湾地区相当注重社区层次的防灾减灾研究与实践。作为城市防灾的基本单元和最小防灾尺度，中国台湾大部分社区内均配备了完善的灾时急需的应急、疏散、救援空间及设施，便于发生灾害时居民的疏散、逃生及避难[③]。而中国香港在安全社区的建设方面也取得了一些成就。如 2002 年，中国香港的大埔及深水埗区开始推行安全社区计划；2003 年 3 月，中国香港的屯门区与葵青区被 WHO（世界卫生组织）正式命名为安全社区。我国内地也越来越重视安全社区的建设，2002 年 6 月，山东济南市槐荫区青年公园安全社区方案正式启动[④]；2004 年 7 月，河北省开滦集团荆各庄和钱家营开始推进安全社区计划；2004 年 10 月，北京市朝阳区的亚运村、麦子店、建国门外、望京等 4 个社区先后开始了安全社区计划；2004 年 11 月，山西省潞安集团的 7 个社区同时开始实施安全社区计划。

我国目前关于社区防灾的文献研究还不太多。卜雪旸、曾坚在《城市居住区规划中的

① 邓燕：《新建城市社区防灾空间设计研究》，硕士学位论文，武汉理工大学土木工程与建筑学院，2010，第 9-10 页。

② 高晓明：《城市社区防灾指标体系的研究与应用》，硕士学位论文，北京工业大学，2009，第 9 页。

③ 张敏：《国外城市防灾减灾及我们的思考》，《规划师》2000 年第 2 期。

④ 金磊：《中国城市安全警告》，中国城市出版社，2004，第 39 页。

抗震防灾问题研究》一文中提出通过提高居住区规划编制和法规体系的防灾控制力、优化居住区土地利用和公共空间布局结构以及整合重要公共设施空间以提高城市居住区抗震防灾能力的策略和措施 [①];卜雪旸、曾坚在《居住区规划编制和法规体系的抗震防灾控制力研究》一文中提出加强详细规划阶段居住区抗震防灾专项规划编制内容和优化《城市居住区规划设计规范》等规划法规的具体建议 [②];胡斌等的《社区防灾空间体系设计标准的构建方法研究》针对社区防灾空间体系设计缺乏可依据的标准这一问题,立足于认知社区防灾空间体系,提出了划分社区防灾等级、确定防灾等级对应的防灾系统适宜性构成、制定社区各类防灾系统关键性指标等一系列建议和研究方法,并在此基础上探讨了相应的设计策略 [③];常健等的《社区空间结构防灾性分析》从社区总体空间规划的防灾减灾性出发,对城市社区空间结构类型进行分析,归纳社区空间结构的构成要素,研究不同社区空间结构的特点及防灾效应,形成了对不同社区空间结构防灾特点的总体认知 [④];而邓燕、柴立君、曾光以及王翔等也分别在其硕士论文中对社区防灾空间进行了探讨。

2. 国内防灾技术的研究

我国也十分重视数字技术在防灾减灾领域的开发与推广,开展了火灾、风灾、洪灾、地震、滑坡、泥石流等多灾种数字防灾技术的专题研究,并在灾民安全疏散模拟、灾害风险分析与评估模拟、灾害辅助决策以及数字化综合防灾管理信息平台等几大方面取得了一

---

① 卜雪旸、曾坚:《城市居住区规划中的抗震防灾问题研究》,《建筑学报》2009 年第 1 期。

② 卜雪旸、曾坚:《居住区规划编制和法规体系的抗震防灾控制力研究》,《天津大学学报(社会科学版)》2009 年第 3 期。

③ 胡斌、吕元:《社区防灾空间体系设计标准的构建方法研究》,《建筑学报》2008 年第 7 期。

④ 常健、邓燕:《社区空间结构防灾性分析》,《华中建筑》2010 年第 10 期。

定研究成果，具体见表1-4①②③④⑤⑥⑦⑧⑨⑩⑪⑫⑬。

表 1-4　我国数字防灾技术主要研究成果

研究方向	研究成果	研究内容
灾民安全疏散相关模拟研究	《基于 GIS 的灾害疏散模拟及救援调度》	研究了城市在风灾情况下进行疏散的模拟方法，并研制了基于 GIS 的灾害疏散模拟及救援调度系统
	《城市抗震防灾规划 GIS 辅助分析与管理相关技术》	对避震疏散场所进行了合理的层次划分，并制定了避震疏散场所规划和评价指标，建构了避震疏散场所抗震安全评价方法
	《基于 GIS 的社区居民避震疏散区划方法及应用研究》	结合当前城市应急疏散设施布局现状，立足于社区夜间避震疏散需求，综合运用 GIS 空间分析技术，从应急疏散需求分布、疏散空间可达性、疏散优化归属等几个方面建构居民避震疏散区划方法
	《基于 Pathfinder 和 FDS 的火场下人员疏散研究》	以上海静安区失火大楼为背景，运用灾难逃生软件 Pathfinder 对人员行为进行模拟，并建立了一个简化的高层建筑模型，采用 FDS 模拟软件对高层建筑火灾进行了火灾模拟，从而探究高层建筑发生火灾时人员行为对疏散的影响

① 赵雪莲、陈华丽：《基于 GIS 的洪灾遥感监测与损失风险评价系统》，《地质与资源》2003 年第 1 期。

② 邹亮、任爱珠、张新：《基于 GIS 的灾害疏散模拟及救援调度》，《自然灾害学报》2006 年第 6 期。

③ 李刚：《城市抗震防灾规划 GIS 辅助分析与管理相关技术》，博士学位论文，北京工业大学，2006。

④ 黄静、叶明武、王军等：《基于 GIS 的社区居民避震疏散区划方法及应用研究》，《地理科学》2002 年第 2 期。

⑤ 徐艳秋、王振东：《基于 Pathfinder 和 FDS 的火场下人员疏散研究》，《中国安全生产科学技术》2012 年第 2 期。

⑥ 刘兴旺、朱大明：《GIS 在城市社区子区域火灾风险评估中的应用》，《地理空间信息》2009 年第 5 期。

⑦ 殷杰、尹占娥、王军等：《基于 GIS 的城市社区暴雨内涝灾害风险评估》，《地理与地理信息科学》2009 年第 6 期。

⑧ 徐晓楠、吴迪、施照成：《基于 FDS 的居民楼火灾烟气远距离传播过程研究》，《安全与环境学报》2012 年第 3 期。

⑨ 帅向华、成小平、袁一凡：《城市震害高危害小区的研究和 GIS 的实现技术》，《地震》2002 年第 3 期。

⑩ 刘伟庆、徐敬海：《基于 GIS 的城市防震减灾信息系统开发》，《南京工业大学学报（自然科学版）》2003 年第 1 期。

⑪ 余勇、靳淑祎：《基于 GIS 的社区数字化系统平台的设计与实践》，《福建电脑》2009 年第 4 期。

⑫ 刘鹏、王要武：《基于 GIS 的智能小区安防管理系统》，《南京理工大学学报（自然科学版）》2004 年第 3 期。

⑬ 邓彩群、杨永国、马明：《小区地理信息系统的设计与实现》，《测绘工程》2008 年第 4 期。

续表

研究方向	研究成果	研究内容
灾害风险分析与评估模拟相关研究	《GIS 在城市社区子区域火灾风险评估中的应用》	探索了利用专家调查法和层次分析法针对市区内的社区子区域建立火灾风险评估模型，并结合 SuperMap Objects 进行二次开发，归纳了建立城市社区子区域火灾风险评估系统的技术要点
	《基于 GIS 的城市社区暴雨内涝灾害风险评估》	从致灾因子评估、脆弱性评估和暴露分析几个方面建立了城市社区暴雨内涝的综合灾害风险评估模型，并对社区暴雨内涝灾害进行情景分析和灾害风险评估，从而为城市社区灾害风险规划与管理提供决策依据
	《基于 FDS 的居民楼火灾烟气远距离传播过程研究》	利用 FDS 软件对某居民楼火灾发生发展和烟气传播过程进行数值模拟，探讨烟气质量分数在建筑内的分布情况
灾害辅助决策相关研究	《沿海城市公共安全系统构建理论和应用研究》	根据模糊度理论研究分析了 GPS 快速定位模式，通过快速响应为处理突发事件提供最需要和最有效的科学数据
	《城市震害高危害小区的研究和 GIS 的实现技术》	利用计算机建立高危害小区分析模型，并通过模型模拟确定受灾较为严重的城市社区，为防灾救灾提供辅助决策信息，同时将高危害小区的模型研究结果转化为通过计算机技术可以实现的 GIS 模型
数字化综合防灾管理信息平台研究与建设	鞍山市城市综合防灾系统的示范研究	该课题采用 Turbo C 语言编制建立了城市房屋建筑和地质灾害信息管理系统，并汇集有关综合防灾的工程信息
	镇江市综合防灾对策示范研究	该课题研制了一套综合防灾计算机系统，包括防洪减灾、消防通信指挥、地震分析等
	其他相关文献研究	基于 GIS 的城市防震减灾信息系统开发
		基于 GIS 的社区数字化系统平台的设计与实践
		基于 GIS 的智能小区安防管理系统
		小区地理信息系统的设计与实现

3. 国内关于高层建筑防灾改造的研究

我国早在 20 世纪七八十年代就开始了建筑抗震加固的研究工作，除重点对某些建筑结构类型进行试验研究外，还陆续颁布实施了《工业与民用建筑抗震加固技术措施》《建筑工程抗御地震灾害管理规定》《建筑抗震鉴定标准》，并制定通过了《中华人民共和国防震减灾法》[①]。几十年来，我国以制定标准、规范为基础，以试验研究为主要手段，探索出了一系列增加建筑抗震能力的传统建筑加固技术。进入 21 世纪以后，基于减小地震作用原理的隔震技术和消能减震技术在我国引起了日益广泛的重视，我国在该领域的研究课题越来越多，《建筑抗震设计规范》也将隔震和消能减震纳入其中。目前，我国对房屋基础隔震减震技术的研究、开发和工程试点的重点工作主要包括摩擦滑移隔震结构和叠层橡胶垫结构。我国位于高烈度地区的城市率先对隔震技术进行了实践探索，建成隔震建筑总面积已经超过 200 万 m²。我国在消能减震技术方面也取得了一定成果，通过大量的力学性能试验和模拟振动台研究，研发出了不少消能装置，并探索出了一些消能减震结构体系。

---

① 张敬书:《建筑抗震鉴定与加固》，中国水利水电出版社，2006，第 5-12 页。

而且，我国也应用消能减震技术对一些既有建筑进行了加固实践，积累了不少宝贵经验。

我国许多学者采用试验测试与模型模拟结合的方法，对高层建筑火灾进行了研究和探索，其研究主要针对竖向空间的火灾烟气火焰运动情况。如张靖岩利用楼梯间火灾模型探究火源对楼梯间的温度影响；刘忠等[①]对高层建筑和超高层建筑的防火防烟设计中的各种送风方式进行了对比研究；靖成银等[②]利用 CFD 方法，模拟火灾烟气的各种控制模式，并对模拟结果进行了比较研究。近年来，我国一些消防研究部门开展了一系列关于高层建筑发生火灾时利用电梯疏散是否可行的研究，开启了利用电梯系统逃生的新方向。我国在发生灾害时人员安全疏散方面的研究也取得了不少成果，如陈全、张培红、肖国清、阎卫东、赵道亮等分别在不同方面对建筑物内受灾人员的疏散行为进行了探究。同时，国内许多单位和学者也相继开展了人员疏散仿真模型的研发工作，具体成果见表1-5[③④⑤]。

表 1-5　国内人员疏散仿真模型研究成果

研究人员与单位	模型名称
香港城市大学卢兆明等	空间网格疏散模型 SGEM
东北大学陈宝智等	人员疏散行动仿真系统 JHRSF
	人员疏散最佳路径选择的遗传算法模型
	大型公共建筑火灾中人员疏散行为仿真模型 HEBSF
	基于虚拟现实技术的人员疏散仿真模型 PASGDREC
武汉大学方正等	高层建筑人员疏散仿真软件 BuildEvac
陈涛等	完善了复合火灾疏散模型 CFE，并采用格子气模型研究了行人堵塞现象的动力学特征及其与行人密度的关系
宋卫国等	元胞自动机模型
杨立中等	基于元胞自动机概念的微观离散疏散模型 Safego
中国建筑科学研究院李引擎等	基于等距图的二维动态疏散分析软件 Evaluator

1.3.3　已有研究的问题与不足

1. 对于城市防灾研究较多，关于社区防灾的系统研究较少

国内外对于城市防灾的研究已经较为广泛和深入，城市防灾规划已经具备较为完善的法律法规和技术指标体系。而社区作为城市基本的防灾单元，其系统的防灾减灾研究还很少。

---

① 刘忠、龚敏枫、佟海涛等：《高层建筑楼梯间正压送风方式的浅析》，《火灾科学》1997 年第 1 期。

② 靖成银、何嘉鹏、周汝等：《高层建筑火灾烟气控制模式的数值分析》，《建筑科学》2009 年第 7 期。

③ 张培红、陈宝智、刘丽珍：《虚拟现实技术与火灾时人员应急疏散行为研究》，《中国安全科学学报》2002 年第 1 期。

④ 方正、卢兆明：《建筑物避难疏散的网格模型》，《中国安全科学学报》2001 年第 4 期。

⑤ 李引擎、肖泽南、张向阳等：《火灾中人员安全疏散的计算机模型》，《建筑科学》2006 年第 1 期。

2. 单一灾种、单一灾害环节研究多，多灾种、灾害全过程的综合研究少

我国对于单一灾种和单一灾害环节的研究已经取得了许多研究成果。但是，随着世界环境的承载力下降，城市发展的复杂性增大，人类常常要面对多灾种的共同威胁，灾害的各个阶段也具有不同的特点，而目前我国针对多灾种、灾害全过程的综合研究却很少。

3. 缺乏从设计角度体现防灾理念的研究

建筑师、规划师很少参与防灾规划，致使我国各个层级的规划设计与实践建设缺乏从设计角度体现的系统防灾理念，物质性的防灾空间与防灾设备设施普遍配置不足。

4. 对于居住区节能、美化以及套内空间等的改造研究和实践较多，关于社区防灾系统的改造较少

目前，我国的老旧社区改造的研究与实践多针对居住区节能、社区环境美化、住宅套内空间整合等方面，很少涉及社区防灾减灾改造，系统的社区防灾改造几乎是一个空白。

5. 基础理论研究多，关键技术及其实践应用研究少

对于综合防灾规划的研究，目前已深入城市规划与管理各个领域，但从总体上来说，多停留在城市减灾防灾基础理论的研究，而从综合防灾关键技术应用上进行深层次探讨者较少，关键技术充分应用于社区层面防灾改造的实践则更少。而对于建筑防灾改造的研究大多只是指导原则方面的规定，缺少切实可行的技术设计方法与步骤。

6. 缺乏系统的社区防灾减灾指标体系和防灾减灾策略研究

我国对于社区的评估指标体系研究多集中于绿色、生态、宜居等方面，而关系社区安全的社区防灾减灾指标体系研究则是一个空白。社区防灾研究多是针对单一灾种、单一问题的理论片段，缺乏系统的、行之有效的、适合我国国情的社区防灾减灾策略研究。

1.4 主要创新点与研究内容

1.4.1 主要创新点

城市安全是城市发展与建设的基础，社区作为城市的细胞，其安全问题不容忽视。而建筑密集、人口集聚的高层社区具有复杂的致灾机理、脆弱的应灾系统以及严重的灾害影响。而我国城市存在大量的既有高层社区，且大部分社区缺乏系统的防灾规划与建设。因此，既有高层社区的防灾减灾改造是城市防灾研究中的重点和难点之一。本书构建了针对我国城市既有高层社区现状特征与问题的社区防灾系统，并提出了相应的改造策略，主要创新点如下。

1. 建构既有社区防灾减灾改造系统，归纳既有社区防灾系统的关键性指标

本书通过大量的文献整理分析、实地调研和问卷调研，总结了我国城市既有高层社区的防灾能力和安全问题，并探索了社区居民发生灾害时的特殊行为心理与应急反应，并根据以上研究建构了既有社区防灾减灾改造系统，归纳出既有社区防灾系统的关键性指标。

2. 引入社区防灾空间理念，综合多种技术探索城市既有高层社区防灾空间系统改造策略

本书将防灾规划与改造理念引入社区空间规划与改造中，建立了宏观、中观、微观的社区防灾空间系统，综合多种技术（包括常态、传统技术与 GIS 等先进技术）从社区空间结构布局与空间形态、社区道路交通、开敞空间、基础设备设施以及景观环境要素等多个方面提出了具体的、适宜的社区防灾空间系统改造策略，并在社区改造探索中始终贯穿平灾一体化理念。

3. 结合我国国情和我国城市既有社区现状情况，归纳数字化、智能化、生态化理念指导的城市既有高层社区建筑物防灾减灾改造策略

我国既有社区存在诸多安全隐患，本书结合实际社区案例，利用 FDS 等分析其灾害机理和防灾救灾影响因素，并结合我国国情，提出了高层住宅常态防灾减灾改造策略，探索了高层住宅防灾减灾技术的数字化、智能化、生态化发展趋势。

4. 工程性防灾技术与非工程性防灾措施相结合，构建整合型社区防灾减灾体系

将工程性防灾技术与非工程性防灾措施相结合，整合可利用的防灾资源、各种防御措施、多种先进技术以及各部门的防灾力量，形成整合型社区防灾减灾体系。

1.4.2　研究内容与研究框架

本书结合城市灾害学和生态学的理论成果，以构建城市高层社区防灾减灾改造系统为起点，提出既有城市高层社区的防灾空间系统改造策略和高层住宅的防灾减灾改造策略，并力求完善社区灾害管理与救援系统，研究内容与研究框架如图 1-7 所示。

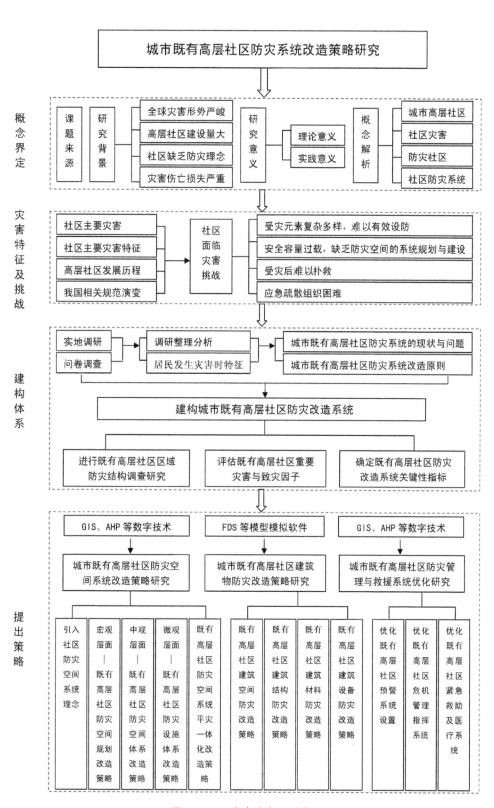

图 1-7 研究内容与研究框架

第 2 章　城市既有高层社区发展历程及其面临的灾害挑战

2.1　我国城市既有高层社区的发展历程

我国高层住宅的建设经历了 80 多年的历史，已经从零星的几栋发展到如今的遍地开花，目前正处于发展的鼎盛时期。在我国诸如上海、北京、深圳等大城市，中高层住区的建设几乎垄断了房地产开发市场，不仅这些大城市的中心城区广泛建设高层住宅，就连大城市近郊也是高层林立。中小城市的中高层住区建设数量也逐年递增，甚至一些乡镇、农村也开始出现高层住宅。

2.1.1　高层社区萌芽时期——20 世纪 30—60 年代

我国的第一批高层住宅建设于 20 世纪 30 年代的上海，当时可谓凤毛麟角。那时建设的高层住宅根本称不上社区，只是几栋高层建筑而已。目前遗留下来的 20 世纪二三十年代的高层住宅建筑多由外国建筑师设计，建筑形态比较单一，建筑平面大多布置成廊式，建筑立面简洁明快，典型的例子如上海的卫东公寓（1934 年建成，12 F）、毕卡迪公寓（现今改名为衡山公寓，1934 年建成，16 F）、百老汇大厦（1934 年建成，21 F）、峻岭大厦（1934 年建成，18 F）等①。而后，高层住宅还出现了少量的单元式平面和塔式平面，如达华公寓、华业大厦等。由于时代、技术等因素的限制，当时出现的高层住宅没有国家建筑规范可以依循，仅仅是设计者照搬国外的经验，所以当时的建筑多是对建筑结构和建筑材料的探索，对于防灾系统的考虑特别少。这批高层住宅虽然数量不多，尚处于摸索阶段，但却可以称之为现代高层住宅建筑的雏形，对于我国高层社区的发展有深远的意义。

20 世纪五六十年代，中华人民共和国成立初期，国家经济实力不足，政治运动不断，致使许多建设搁置，当时的住宅建设仅仅是为了满足人民的基本居住需求。全国各个城市大量兴建千篇一律的五到六层多层住宅——筒子楼（图 2-1），高层住宅的发展停滞不前。

---

① 薛顺生、娄承浩：《老上海经典公寓》，同济大学出版社，2005。

图 2-1　筒子楼

2.1.2　高层社区发展时期——20 世纪 70—90 年代

我国真正意义的高层住宅建筑出现于 20 世纪 70 年代，由于受到我国国情限制，当时的高层建筑在技术、施工、设计等方面均较落后。比较有代表性的是上海当时建设的漕溪路 20 栋 12~16 层剪力墙高层住宅楼，还有北京建国门外大街上 1974 年建设的两栋 16 层的外交人员公寓。此后不久，北京前三门大街上又陆续出现了一批高层住宅，住区以 9~13 层的板式高层为主，局部穿插几栋 11~15 层的塔式高层，使得住区高低错落有致。当时的板式住宅多采用外廊联系楼梯、电梯与住户套内空间。有的外廊长达几十米，连通 10 余户住户，住宅平面设计还带有一些多层住宅设计的特点，在设计施工等方面缺少经验，很不成熟。塔式住宅平面也比较简单，以方形为主，对日照和通风的考虑不足，户型面积小，每层一般设计 8~12 户。限于我国当时的经济状况，该时期的高层住宅建设标准比较低，设备设施配置不足，且老化严重。但是，20 世纪 70 年代的这批高层住宅是中华人民共和国成立后出现的首批高层住宅群，已经颇有社区的规模了。

20 世纪 80 年代是我国的一个转折点，随着改革开放的进行，经济开始突飞猛进的发展。此时，人民物质生活水平大幅提升，城市人口规模不断扩充，住房短缺现象严重，高层社区因其高容积率、节约土地资源以及可提供大量住房等优势得到了更大规模的发展，尤其是北京、上海等大城市及广州、深圳等沿海城市高层社区的建设可谓日新月异。如上海高层住宅的比例从 10% 骤然提升至 30%，层数由 12~15 层提升到 15~33 层，如虹口区的久耕里、南市区的西凌豪宅、普陀区的药水弄以及曲阳新村、上南新村、潍坊新村等。10 年间共建成高层住宅约 531 栋，建筑总面积达 605.83 万 m^2。而北京在 20 世纪 80 年代后期的高层住宅也已经突破千栋，团结湖居住社区就可以反映当时的高层住宅建设情况。当时的高层住宅户型小、设计少、图纸重复使用率高，只考虑了基本的防火、防震需求。可见，20 世纪 80 年代的高层社区虽然有一定发展，但是当时的目标仍然只是解决居民的基本住房需求。

20世纪90年代，我国开始尝试住房商品化，并且对住宅设计规范做了一定修改。这一时期的塔式高层住宅相比20世纪七八十年代的住宅而言，其建设标准大大提高。《北京市"九五"住宅建设标准》对住宅各类使用空间的面积和设计标准提出了最低规范要求，《住宅设计规范》（GB 50096—1999）以套型分类，以居住空间个数和使用面积双指标来控制住宅设计标准。因此，住宅开始真正脱离标准化的限制，住宅开始市场化、多样化。此时，塔式高层住宅占据市场主流，出现了多种多样的平面形式（图2-2），如蝶形、井字形以及纯几何形（常见的有矩形、圆形、三角形、六边形）等①。其内部空间组织很紧凑，一般每层布置6~8户，也有为了节约土地而布置10~12户的。此时的板式住宅分为内廊式、外廊式、单元式3种主要类型，并开始出现单元式拼接手法。这一时期高层住宅的消防设备设施配置标准较20世纪七八十年代有了一定提高，但是限于当时规范限制，配置仍然不足。

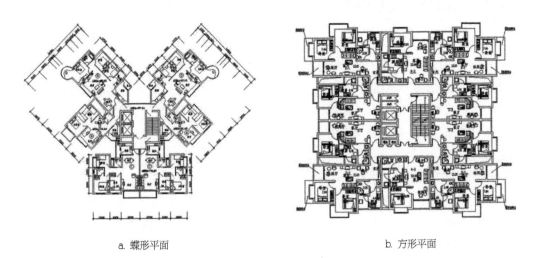

a. 蝶形平面　　　　　　　　　　　　　b. 方形平面

图2-2　20世纪八九十年代塔式住宅典型平面图

2.1.3　高层社区成熟时期——21世纪以来至今

进入21世纪以后，越来越多的城市社区在设计理念上开始推崇高层社区，高层住宅越来越大众化。由此可见，20世纪高层社区的实践和理论积淀为21世纪高层社区的大发展奠定了良好的基础。

21世纪，我国已经在全国各个城市实行商品房制度，单位建房分房的时代真正意义地结束了。此时的住房设计可谓丰富多样、百家争鸣。我国的高层社区也取得了长足的发展。中式风格、欧式风格、现代简约风格、高技派风格以及后现代风格等多元化的设计风格使得我国的住宅成为世界上最炫目的建筑，彻底打破了我国20世纪七八十年代"方盒

---

① 张静：《中国高层住宅形式的演进发展》，《科技信息》2010年第17期。

子""筒子楼"的单一化、呆板化建筑形象。单元组合式高层住宅、板式高层住宅、塔式高层住宅、板塔结合式高层住宅、通廊式高层住宅等平面组合形式灵活多变、并肩发展。生态化、可持续化、智能化、可生长化等先进理念也开始出现在高层社区规划设计理论与实践中。高层社区已经在我国各大城市牢牢占据了市场主流，在中小城市也占据了不小的份额，甚至乡镇农村也开始出现高层住宅。总之，高层社区已经是我国城市化中最普遍的景象，一个高层社区的时代来临了。

由于我国土地价格持续飞涨，高层社区还将继续垄断大城市房地产市场。尤其是在城市中心区，高层社区已经占据了城市新开发住宅用地的 90%，而且超高层住宅也开始大量出现，如北京的银泰中心、上海的汤臣一品等。

这一时期的高层社区的大量迅速建设必然也伴随着一些问题。如由于监管机制不严和法律法规的漏洞，以及开发商对于商业利益的追逐，致使许多住宅存在质量问题。而且，我国已建成的高层社区有不少对于防灾的考虑不够系统，存在许多安全隐患。

综上所述，我国高层社区的发展演变可以简洁概括成表 2-1。

表 2-1　我国高层社区发展演变一览表

发展时期	发展阶段	建设范围	特点总结
20 世纪 30—60 年代	萌芽时期	上海、北京	基本照搬国外高层住宅实例，多采用廊式平面，也有少量单元式与塔式，建设量很小，大多是零星几栋的建设，对于防灾考虑较少
20 世纪 70—90 年代	发展时期	上海、北京等大城市以及广州、深圳等沿海城市	20 世纪七八十年代，高层住宅开始越来越多，住宅出图量多，但设计少、复用率高，住宅户型一般比较小；90 年代以来，高层住区如雨后春笋般出现，建设量进一步加大，套型也有一定程度的增大；以塔式高层为主，其平面形式多样，建筑内开始配备一定的消防设备设施
21 世纪以来至今	成熟时期	全国各个城市以及某些乡镇农村	高层社区进入成熟时期，平面形式丰富，立面风格多样；套型面积进一步加大，向住房小康化发展；生态化、智能化、可生长化等各种先进理念渗透到高层社区的规划设计中；许多大城市还出现了超高层社区；但是，对于防灾的考虑不够系统，存在许多安全隐患

2.2　城市既有高层社区主要灾害特征

2.2.1　城市灾害种类

人类经历和面临的灾害可谓多样而复杂，我们通常可以按照不同的分类方式将灾害分为表 2-2 中的几种典型类别 ①②。

表 2-2　城市灾害种类

分类方式	城市灾害种类	具体灾害
按灾害成因分类	自然灾害	气象灾害（又称大气灾害），如洪水、干旱、风暴、雪暴等
		地质灾害（又称大地灾害），如地震、海啸、滑坡、泥石流、地陷、火山喷发等
		生物灾害，如瘟疫、虫害等
	人为灾害	主动灾害，如发动战争、故意破坏等
		意外事故，如火灾、爆炸、交通事故、化学泄漏、核泄漏等
按灾害发生过程分类	原生灾害	又称一次性灾害，如地震、洪水、风暴、雨雪灾害等
	次生灾害	又称衍生灾害，如地震引发的火灾、滑坡、海啸等，爆炸引发的火灾等，战争引发的火灾、爆炸等
按灾害发生特征分类	突发性灾害	如地震、火灾、台风、海啸等
	隐发性灾害	如休眠活火山等

2.2.2　城市既有高层社区主要灾害

火灾是我国住宅面临的最为严峻的灾害之一。例如，2003 年 1—9 月，上海市共发生高层住宅楼（包括商住楼）火灾 148 起；2005 年 4 月 15 日，甘肃省兰州市七里河区的甘肃省建筑工程公司家属院发生一起重大火灾，在这次灾害中共有 17 户居民受灾，造成 6 人死亡、6 人受伤；2006 年 8 月 2 日，江苏省通州市（现南通市通州区）世纪大道的江海皇都楼盘中的在建高层住宅楼发生火灾，40 名消防队员历时 3 个多小时才扑灭火灾；2007 年 5 月 24 日，广西梧州市桂江二路的某高层商住楼 11 层住宅起火，75 名消防队员和 8 辆消防车经过近 2 个小时的奋战才将大火扑灭；2007 年 12 月 12 日，浙江省温州市一栋 28 层高的商住楼起火，火灾是由于某店面后墙墙根的明线冒出火花而引发的，致使 21 人死亡、2 人重伤。根据数据统计，我国住宅火灾数量占全国发生火灾总数的 20% 以上；住宅火灾死亡人数占火灾死亡人员总数的比例约为 70%；住宅火灾受伤人数占火灾受伤人员总数的 40% 以上；住宅火灾造成的直接经济损失占全国火灾直接经济损失总额的 20% 左右，且其所占比例越来越大。这些频频发生的火灾证明我国城市既有高层住宅在建设和使用过程中存在诸多火灾隐患，应予以重视。

地震的发生频率比火灾小很多，但是地震灾害一旦发生，其突发性及其释放的巨大能量在瞬间就能造成大量建筑物和设备设施的毁灭，而且地震通常还会引发火灾、爆炸、疾病传播等次生灾害。全球每年要发生百万次地震，具有破坏性的地震平均每年的发生次数

---

① 童林旭：《地下建筑学》，中国建筑工业出版社，2012，第 174 页。

② 叶义华、许梦国、叶义成等：《城市防灾工程》，冶金工业出版社，1999，第 210 页。

也在千次以上。就各种自然灾害所造成的死亡人数而言，全世界死于地震的人数占各种自然灾害死亡总人数的 58%。我国大陆地震发生数量占全球大陆地震总数量的 1/3 左右，因地震死亡人数占全球地震死亡总人数的 1/2 左右。我国地震活动具有频率高、强度大、震源浅、分布广的特点。20 世纪以来，根据地震仪器记录资料统计，我国已经发生 6 级以上的地震 700 余次，其中 7.0~7.9 级的约 100 次，8.0 或者 8.0 级以上的 11 次（具体见表 2-3）。1976 年的唐山大地震，2008 年的汶川大地震，均造成了大量人员伤亡和巨大经济损失，是我们无法忘怀的伤痛。目前，我国正处于快速城市化阶段，大量人口涌入城市，各个城市也新建了大量的高层住宅，但是许多城市既有高层住宅的抗震防灾能力没有得到相应的重视和提高，存在很大的安全隐患。

表 2-3　20 世纪以来我国发生的 11 次 8.0 级及 8.0 级以上强震统计表

序号	地震发生时间	地震发生地区名称	震级
1	1902 年 8 月 22 日	新疆阿图什	8.3
2	1906 年 12 月 23 日	新疆马纳斯	8.0
3	1920 年 6 月 05 日	台湾华莲东南海中	8.0
4	1920 年 12 月 16 日	宁夏海原	8.5
5	1927 年 5 月 23 日	甘肃古浪	8.0
6	1931 年 8 月 11 日	新疆富蕴	8.0
7	1950 年 8 月 15 日	西藏察隅、墨脱间	8.5
8	1951 年 11 月 18 日	西藏当雄西北	8.0
9	1972 年 1 月 25 日	台湾新港东海中	8.0
10	2001 年 11 月 14 日	青海、新疆交界	8.2
11	2008 年 5 月 12 日	四川汶川	8.0

资料来源：李风，《建筑安全与防灾减灾》，中国建筑工业出版社，2012，第 131 页。

另外，从各种致灾因素分析（表 2-4），社区的主要防御灾种也集中在火灾和震灾。而本书主要研究我国城市既有高层社区普遍易发生、难防救，且易对高层社区造成较大经济损失和人员伤亡的灾害。因此，所研究的城市既有高层社区防灾减灾改造策略主要针对地震灾害和火灾，适当兼顾风灾、洪灾、爆炸、战争袭击等。

表 2-4　社区主要防御灾种分析

	致灾因素	致灾原因	易受破坏灾害种类	防灾救灾不利因素
外力	建筑密度较高	大面积建设破坏原有地质条件	地震、地质灾害等	短期人流密度大、疏散困难
	道路系统有效宽度不足	道路本身设计偏窄，私家车乱停乱放	地震、火灾、爆炸等	道路有效宽度不足或者堵塞，干扰救灾车辆的通行
	容积率高、停车位多等原因降低了绿化覆盖率和地面透水率	排水不畅	洪水、雨雪	较差的地面透水率易造成积水等内涝现象
	建筑层数多、高度大	建筑内部垂直疏散距离长	地震、火灾	发生灾害时无法使用电梯，疏散时间长，制约了疏散效率
	建筑高宽比较大	建筑受风力影响加大，细长的体型抗风力差	风灾	—
内因	开发商的管理缺位与物业公司的不作为在一定程度上降低了施工质量，造成了安全隐患	施工、监理和维护不力	建筑开裂、墙皮掉落等工程灾害	建筑的坍塌危险
	物业管理的不作为，消防部门的缺位	共用部分的电气电路缺乏维护，消防设备设施疏于维护与管理	火灾、爆炸	易引发次生灾害，消防设备设施故障严重影响救灾
	人口密集	人为引发灾害概率大	火灾、爆炸等	发生灾害时短期疏散压力大
	居民的私搭乱建	违章建筑、随便堆放可燃物等易引发火灾，私搭乱建占用排烟外窗或者排烟阳台等使烟气无法排除	火灾、爆炸等	发生灾害时烟气无法排除，加大了灾害破坏力，缩短了可用安全疏散时间
	双职工家庭的特殊性	白天家中无人，无法及时发现、扑救火灾	火灾、爆炸	—
	家用电器较多	用电负荷大，电器短路、过载等易引发火灾	火灾、爆炸等	—

2.2.3　城市既有高层社区主要灾害特征

城市既有高层社区灾害即承灾体为"城市既有高层社区"的灾害。城市既有高层社区作为规模较大的承灾体，其人口和各类资源的集中，建成环境的紧密和居住人口的高密度性等使其在面对灾害时表现出日益脆弱的状态，并使城市既有高层社区灾害充满复杂的规律性。城市既有高层社区灾害在发生前、发生时以及发生后对社区的影响表现出多样性、复杂性、突发性、衍生性、扩散性、高频度、高损失性以及难扑救性（表 2-5、表

2-6）①②。

表 2-5　城市既有高层社区灾害在灾前、灾中和灾后所表现的重要特征

发生时段	灾前			灾中			灾后	
表现特征	灾害种类	致灾因素	灾害性状	灾害频率	灾害特点		灾害影响	
	多样性	复杂性	突发性	高频度	衍生性	扩散性	高损失性	难扑救性

表 2-6　城市既有高层社区灾害具体特征

灾害特征		具体表现
灾害种类	多样性	城市既有高层社区建成环境的紧密和人口的密集，致使其可能发生的灾害多种多样
致灾因素	复杂性	城市既有高层社区致灾因素和致灾机理复杂，自然、人为等多重因素都是灾害的导火索
灾害性状	突发性	城市既有高层社区的主要灾害如震灾、火灾等都是在短时间内成灾，易造成重大损失
灾害特点	衍生性	许多灾害往往会引发次生灾害，引起连锁反应，从而加大灾害破坏力
	扩散性	城市既有高层社区由于其密集的环境和紧密联系的各类要素，容易使灾害迅速发展并蔓延到相邻系统，形成更大的扩张范围
灾害频率	高频度	社区规模和容积率越大，各类灾害发生频率越高，社区规模和密集度与灾害发生系数成正比
灾害影响	高损失性	高层社区各类要素的密集状态和居住人口的高密度性，使其在灾害发生时导致的人员伤亡和经济损失较大
	难扑救性	高层住宅的烟囱助燃效应、疏散人流趋同效应等导致其灭火困难、登高救援困难等

1）多样性

城市既有高层社区的常见灾害类型多样，具体如火灾、地震、洪灾、风灾、疾病传播、爆炸以及战争袭击等。

2）复杂性

城市既有高层社区建筑密集，居住人口众多，致灾因素复杂多样。如有的因素容易引发多种灾害，有的灾害又容易形成次生灾害等。因此，社区防灾系统涵盖多方面内容，各种因素相互影响相互关联。

3）突发性

社区灾害大多具有极强的突发性，如火灾、震灾等这些我们最需要防范的社区灾害，都是在短时间内即可给社区造成极大的伤害，致使大量居民伤亡。

---

① 叶义华、许梦国、叶义成等：《城市防灾工程》，冶金工业出版社，1999，第 10-11 页。
② 王峤：《高密度环境下的城市中心区防灾规划研究》，博士学位论文，天津大学城市规划系，2013。

4）衍生性

许多灾害往往会引发次生灾害，引起连锁反应，从而加大灾害破坏力，即主灾发生后，往往伴随很多危害大、次数多、范围广的次生灾害。如震灾往往会引发火灾、爆炸以及瘟疫等，有的地区还会引发滑坡或者海啸、核辐射等。2011年3月，日本东北海域发生的9.0级强震就引发了大规模海啸，并造成核电站核物质泄漏，造成数万人伤亡和重大的经济损失。而且，城市高层社区发生灾害后，不仅会导致社区地面建筑物的损毁，还极有可能破坏城市生命线工程，引发城市爆炸或者火灾等，这种次生灾害造成的人员伤亡和经济损失很可能大于原生灾害。据旧金山市相关部门预测，如果旧金山及其附近发生8.0级以上的地震，旧金山市区将会至少有500处以上起火，再借助风势的话，150处以上可能发展为火爆，其损毁将会非常严重。

5）扩散性

城市灾害的空间影响范围往往要大于发生源地点。譬如一栋住宅起火，可能会波及社区内其他住宅，也可能会引发生命线工程损毁，引发城市爆炸性灾害。可见，城市既有高层社区作为承灾体，其密集的环境和紧密联系的各类要素，容易使灾害迅速发展并蔓延到相邻系统，形成更大的扩张范围，造成更大的经济损失和人员伤亡。

6）高频度

我国正处于快速城市化阶段，农村剩余劳动力大量涌入城市，因此城市住宅的建设量连年剧增，尤其是高层住宅。但是，建筑的密集和人口的聚居，也使得城市灾害发生频率呈现上升趋势。

7）高损失性

随着城市的快速发展和人口的高度密集，灾害所造成的人员伤亡和经济损失也越来越大。尤其是高层社区，在较小的面积内聚集了大量的人群，又由于其疏散用时较长，一旦发生灾害，损失的严重性通常远远大于多层住宅社区。

8）难扑救性

高层建筑是人类智慧的结晶和先进技术的体现，但其在安全上的固有缺陷，使其有效防灾减灾成为世界性难题。高层建筑的烟囱助燃效应、疏散人流趋同效应，带来高层建筑灭火困难、登高救援困难等一系列问题。而且，一旦高层住宅发生灾害，不仅高层住宅自身扑救困难，还极有可能会给相邻区域带来附生灾害。

2.3　城市既有高层社区面临的灾害挑战

近几十年来，全球灾害频繁爆发，造成了大量的人员伤亡和财产损失，防灾减灾日益受到人们的关注。社区作为城市基本的防灾单元，提升其防灾减灾机能不可忽视。其中，高层社区由于其建设量日益增大，建筑密集，居住人口众多，正面临着严峻的灾害挑战。

因此，社区安全与防灾减灾在当今及未来将成为社区发展与建设中最不可或缺的因素之一。

2.3.1　受灾元素复杂多样，难以有效设防

1）受灾方式复杂多样，且易相互影响或形成次生灾害

高层社区规模的日益增大及其居住人口的高度集聚使受灾元素和受灾方式复杂多样且易相互影响或形成次生灾害——高层甚至超高层的住宅建筑易受地震、火灾、风灾、爆炸和战争侵袭；立体化的空间体系（如普遍建设的社区地下空间）使其成为易受火灾、洪水和暴雨侵害的对象；高度密集和数量众多的居住人口面临着疾病传播的威胁（表2-7）。可见，主要的受灾元素（如高层住宅建筑、地下空间以及基础设施等）易受灾点众多，且受灾后容易引起连锁反应，有效设防极为困难。

表 2-7　高层社区主要受灾元素及其灾害影响

易受灾元素	受灾种类	次生灾害	灾害影响
社区高层住宅建筑	地震、火灾、风灾、爆炸和战争袭击	火灾、综合事故	巨大的人员伤亡与经济损失
社区地下空间	火灾、洪水和暴雨	火灾、综合灾害	较大的人员伤亡与经济损失
社区基础设施	地震、火灾和洪灾	火灾、爆炸	基础供应中断、重大的人员伤亡与经济损失

2）新材料、新技术的应用带来了新的灾害挑战

目前，市场上充斥着大量纷繁芜杂的新材料，给防灾带来了新的问题。另外，在建筑建设过程中各种新技术得到推广，尤其是超高层住宅的建设，应用了很多新技术，有的新技术甚至挑战着技术极限。新材料、新技术的应用没有规范指导和实践参考，它们的许多防灾问题还有待进一步研究。

3）人为诱发灾害的概率增大

高层社区由于规模大、人口多，因此人为致灾概率也就随之增大。据我国数据统计，住宅火灾发生最为频繁的空间之一就是卧室，而卧室火灾多是由于居民吸烟不慎引发的。随着我国经济水平的提高，家用电器种类越来越多，老旧既有高层社区电气线路老化、电气超负荷运转或者人为使用电器不当也很容易引发火灾。

2.3.2　高度密集的建筑和人口致使其安全容量过载，缺乏对于防灾空间的系统规划与建设

既有高层社区，尤其是近十几年来大量建设的社区，规模往往很大，建筑层数也越来越高，许多大、中城市还兴建了超高层社区，这使得社区容积率很高，社区人口数量也很

大，高度密集的建筑和人口致使社区安全容量①过载，易损程度增加。加之开发商过分追求利润，致使许多社区高楼林立，开敞空间不足，一旦发生灾害，社区内应急避难空间极度缺乏。另外，由于没有针对社区防灾空间的规范和法规，开发商在社区规划设计时往往只考虑出房率和社区建筑风格，缺乏社区防灾规划，导致我国社区缺乏对于防灾空间的系统规划和建设。

2.3.3 受灾后难以扑救

首先，由于许多高层社区规模较大，高层住宅密集，社区道路宽度不足或者路面被乱停乱放的私家车占据（图2-3），致使灾害发生后救援车辆无法快速到达灾害现场及时救灾。其次，高层建筑火灾蔓延快，当住宅较高处起火后，由于消防车辆的扑救高度有限，从建筑外部往往不能及时有效地控制火势。而许多既有高层社区的消防设备设施配置不足，或者缺乏维护管理而无法正常使用（图2-4），从而导致消防人员进入建筑内部也无法有效扑救。

图 2-3 车辆占据消防车道　　　　**图 2-4 消防设备设施缺乏维护管理**

2.3.4 应急疏散组织困难

大型高层社区占地面积大，空间结构复杂，一旦发生大型灾害，居民疏散水平距离长，社区内有限的道路宽度和开敞空间很难保障居民迅速安全地疏散逃生至社区外安全空间场所，如灾害引起高层建筑倒塌，倒塌建筑极易堵塞其附近社区道路，造成疏散拥堵。更为糟糕的是，高层住宅也给居民疏散至室外带来了诸多不利因素：由于建筑高度较高，居民在高层住宅内的垂直疏散距离较长；密集的人员也很容易造成疏散时发生拥挤踩踏事件；住宅内居住着不同行为能力的居民，除了行动自如的年轻人，还包括老、幼、病、残

---

① 安全容量指在一定时间、一定空间范围内，在保证场所自然生态环境不受破坏、各类公共服务设施正常工作、每一位进入场所内的人员都能享受正常的公共资源的前提下，且当发生紧急突发事件时，每个人都能够在有限的时间内安全撤离该场所，所能容纳的人口总数。

等行为能力较差的特殊人群，这也给居民疏散带来了很大困难。此外，高层住宅火灾蔓延很快，如果设防不好，设备管井、电梯间、楼梯间都很容易形成"烟囱效应"，使火灾迅速蔓延至全楼。而且高层住宅排烟也较多层住宅复杂，其内部烟气流动也较快，如何有效防烟排烟也是保障居民安全疏散的重要因素之一。鉴于以上的多种不利因素（图 2-5），如何解决高层社区发生灾害时应急疏散组织困难的问题是社区有效防灾减灾的难点之一。

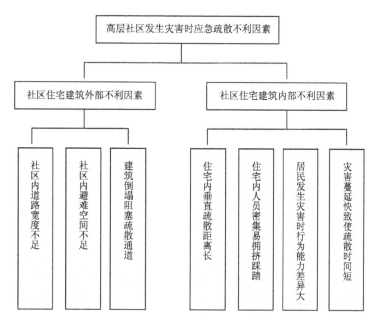

图 2-5　高层社区灾时应急疏散不利因素一览表

第3章 建构城市既有高层社区防灾改造系统

3.1 城市既有高层社区基础性调研与分析

3.1.1 城市既有高层社区基础性调研目的和内容

1. 基础性调研方法与目的

城市既有高层社区基础性调研采用实地踏勘与资料收集整理方法，通过笔者现场勘察、调研、拍摄、问询以及网络、档案部门资料搜集等途径，掌握我国各个时期既有高层社区的第一手资料，从而了解既有高层社区防灾系统现状，发现其防灾救灾问题，在此基础上构建城市既有高层社区防灾改造系统，归纳适合我国国情的、切实可行的具体防灾改造策略。

2. 基础性调研内容设定

城市既有高层社区基础性调研主要包括如下几大部分内容。

1）社区基本信息

该部分主要包括社区名称、社区区位、社区建设年代、社区占地总面积、社区建筑总面积以及社区居住总人口数、社区容积率、社区绿化率、社区空间结构形态、社区建筑结构形式、社区高层住宅类型、社区住宅主要楼栋层数、社区住宅外墙面材料、社区停车状况以及社区地下空间状况等社区基本信息。

2）社区防灾系统现状

该部分内容主要包括社区周边与社区内部危险场所和建构筑物状况、社区周边与社区内部避难场所及空间建设与管理状况、社区周边及社区内部避难通道建设与管理状况以及社区防灾救灾设备设施配备与管理状况、社区防灾救灾标识设置与管理状况等社区防灾系统现状。

3）社区建筑物防灾现状

该部分内容主要包括既有住宅耐火等级、抗震等级、住宅维护与维修状况、住宅疏散空间现状、消防设备设施现状以及住宅智能化应用现状等。

3.1.2 城市既有高层社区基础性调研情况

笔者共调研城市既有高层社区 40 余个，由于时间和经济条件所限，主要为北京、天津、上海、大连、石家庄等城市的社区。所调研社区涵盖 20 世纪 30 年代至 2010 年左右的各类典型既有高层社区。笔者根据既有高层社区的共性和差异性将其按时间顺序分为 3 个阶段。由于篇幅限制，下面详细整理和分析了几个能代表既有高层社区各个发展时期的典型实例的现状资料与信息。

1. 20 世纪 30—60 年代城市既有高层社区基础性调研详细信息

● 卫东公寓

卫东公寓位于上海市复兴西路上，建造于 1934 年，基地面积 1 720 m²，建筑面积 3 797 m²，公寓中部 12 F，两侧 11 F（图 3-1），因为建筑基地狭窄而未建设回车道，只能架空东面一开间设置穿越式车道，其总平面示意图如图 3-2 所示。

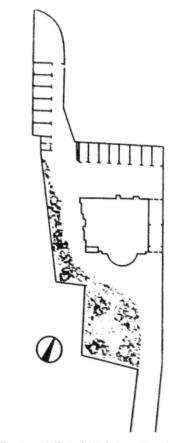

图 3-1 上海卫东公寓现状图 　　　　　图 3-2 上海卫东公寓总平面示意图

资料来源：薛顺生、娄承浩，《老上海经典公寓》，同济大学出版社，2005，第 161-162 页。

建筑户型有一室、两室、三室和四室 4 种，一室户型为宿舍式，套内没有设计厨房，但设有阳台；两室户型的厨、卫通过通风井间接采光；三室和四室户型通过内走廊连通各房间。该时期的高层建筑建造时几乎没有设置消防设备设施①。

2. 20 世纪 70—90 年代城市既有高层社区基础性调研详细信息

1）宣东花园社区

（1）宣东花园社区基本信息。

①基本资料：宣东花园社区基本信息见表 3-1。

表 3-1   宣东花园社区基本信息一览表

社区名称	宣东花园	社区空间结构形态	带形结构
所在城市	北京	结构类型	剪力墙结构
建筑年代	1978 年	高层类型	板楼、塔楼
用地总面积	4.48 hm²	楼栋层数	10 F、11 F、12 F
建筑总面积	5.01 万 m²	外墙材料	涂料
社区总户数	702 户	停车状况	地上
容积率	1.12	地下空间	建有地下人防
绿化率	30%		

②社区区位与总平面布局。该社区位于北京市宣武门东大街南侧，地铁 2 号线沿线，西接宣武门内大街，东临南新华街，社区具体区位与总平面布局如图 3-3 所示。

图 3-3   宣东花园社区区位与总平面布局

③社区内环境和建筑基本情况。该社区没有物业公司的系统化管理，居民只交纳基本的垃圾清运费和电梯运行费。因此，社区内整体环境较差，配套设施和建筑都缺乏日常的维护和管理。该社区呈带形结构形态，主要由 3 栋 10 层、11 层的一梯九户的板式住宅和 3 栋 12 层的一梯八户的塔式住宅建筑组成。社区建成时间较长，社区内比较脏乱，社区内没有大规模开敞空间，只有道路绿地和宅旁绿地。由于是 20 世纪 70 年代建成使用，基本未考虑停车位，造成小区车辆乱停乱放。具体如图 3-4 所示。

---

① 薛顺生、娄承浩：《老上海经典公寓》，同济大学出版社，2005，第 161-162 页。

a. 板式住宅单体

b. 塔式住宅单体

c. 社区环境脏、乱、差

d. 社区车辆乱停乱放

图 3-4　宣东花园社区环境现状

（2）宣东花园社区防灾系统现状。

①社区周边及社区内部危险场所与危险建构筑物状况。宣东花园社区北侧为城市道路，南侧为老旧多层社区，其一层底商是各种与居民日常生活相关的小店，小饭馆尤其多，很容易引发火灾，火灾进而很有可能蔓延导致该社区失火。社区内部由于缺乏系统管理，建筑墙面布满混乱的电线，居民随意私搭乱建，社区内还有私搭临建用于商业经营，设置在一层的安全出口也被出租为超市。地下人防空间也出租给外地人居住，地面采光井被铁栏杆封死，且堆满易燃杂物，火灾隐患很大。社区内部停车紧张，车辆占据消防车道。具体如图 3-5 所示。

a. 居民私搭乱建

b. 铁栏杆封堵采光井和外窗

c. 社区内违章建筑和无序经营的商业

d. 建筑墙面布满混乱的电线

e. 车辆乱停乱放，占用消防车道

图 3-5 宣东花园社区周边及内部危险场所与危险建构筑物状况

②社区周边与社区内部避难场所及空间建设与管理状况。宣东花园社区规模不太大，社区内部没有可供避难停留的空间。社区周边建筑密集，只有社区北侧道路沿线的 2 号线地铁站可供居民在发生灾害时暂时停留，还有距离社区东北角 1 km 左右的国家大剧院附近的开阔场地可以供周围社区居民在发生灾害时避难使用，如图 3-6 所示。

图 3-6　宣东花园社区周边与内部避难场所空间分布示意图

③社区周边与社区内部避难通道建设及管理状况。宣东花园社区规模不大，社区内部仅有消防通道（图 3-7）。该社区停车紧张，车辆经常停放于消防通道一侧。

图 3-7　宣东花园周边与内部道路系统示意图

④社区防灾救灾设备设施配备与管理状况。宣东花园社区周边与社区内部都没有设置防灾标识，社区内防灾救灾设备设施配置也严重不足。

（3）宣东花园社区建筑物防灾现状。

该社区住宅耐火等级为二级，抗震等级为7级。该社区有3栋住宅为外廊式高层板式住宅，北侧长廊连通着每层的9户住户，每层东西端头设有两部楼梯，中间设有一部普通电梯，首层共设有3个安全出口。住宅缺乏基本维护与维修，许多日常设备设施都已经损坏。如楼梯间没有日常照明和应急照明，有的楼梯平台处堆满居民杂物。住宅外廊2、3、4层被住户用门截断，严重影响该层疏散。住宅的安全出口有的被长期锁闭，有的被出租为小商店。有的电梯前堆满易燃物，有的排烟阳台被锁闭或者堆放杂物，还有的被住户封作私用空间。住户将厨房排油烟管道直接伸入疏散长廊，长廊内堆放许多易燃物。住宅地下室采光井用铁栏杆封闭，且堆满易燃物品。住宅内仅配置有消火栓，没有设置应急照明和消防广播，也没有设置火灾探测器和火灾自动喷淋系统（图3-8）。长廊内部多种杂乱线路布满墙面。社区内还有3栋塔式住宅，每层设有一个楼梯、一部普通电梯，首层设有两个安全出口。其设备设施也存在类似的问题（图3-9）。该社区住宅内部设备设施配置标准较低，存在极大的安全隐患。

2）团结湖社区

（1）团结湖社区基本信息。

①基本资料。团结湖社区基本信息见表3-2。

表3-2 团结湖社区基本信息一览表

社区名称	团结湖	社区空间结构形态	集中式结构
所在城市	北京	结构类型	剪力墙结构
建筑年代	1983年	高层类型	板楼、塔楼
用地总面积	2.64 hm²	楼栋层数	10 F、16 F
建筑总面积	5.56万m²	外墙材料	涂料
社区总户数	952户	停车状况	地上
容积率	2.11	地下空间	建有地下人防
绿化率	30%		

资料来源：作者根据调研资料整理。

②社区区位与总平面布局。该社区位于北京市农展馆南路南侧，紧临地铁10号线团结湖站，西接三环路，东、南均为老旧社区，社区具体区位与总平面布局如图3-10所示。

③社区内环境和建筑基本情况。社区内整体环境较差，配套设施与建筑都缺乏日常的维护和管理。该社区为集中式结构形态，主要由5栋10层的板式住宅建筑和4栋16层的一梯八户的塔式住宅建筑组成。社区建成时间较长，社区内比较脏乱，社区内没有大规模开敞空间，只有道路绿地和宅旁绿地。由于是20世纪80年代初建成使用，基本未考虑停车位，造成小区车辆乱停乱放。具体如图3-11所示。

a. 安全出口被出租为超市

b. 楼梯间排烟阳台被锁闭

c. 排烟阳台堆满易燃杂物

d. 厨房排油烟管伸入疏散长廊

e. 疏散长廊堆满杂物

f. 通向楼顶的安全出口被锁闭

图 3-8　宣东花园社区板式住宅内部设备设施现状

a. 住宅内部没有配置应急照明

b. 安全出口被长期锁闭

c. 电梯厅内堆满易燃物品　　　　　　　d. 楼梯间排烟阳台被住户封闭私用

e. 墙面布满杂乱线路　　　　　　　　f. 地下室采光井被封死，且堆满杂物

图 3-9　宣东花园社区塔式住宅内部设备设施现状

图 3-10 团结湖社区区位与总平面布局

a. 板式住宅单体

b. 塔式住宅单体

c. 私搭临建出租为沿街商业

d. 底层住户出租为商业

e. 车辆乱停乱放，占据消防车道

图 3-11 团结湖社区环境现状

（2）团结湖社区防灾系统现状。

①社区周边及社区内部危险场所与危险建构筑物状况。团结湖社区西、北两侧为城市道路，东、南两侧为老旧多层社区。社区内部由于缺乏系统管理，整体环境较差，绿地上堆满废弃物，板式住宅之间搭建了一层临时建筑，被出租用于商业经营，很容易引发火灾，火灾进而很有可能蔓延导致该社区失火。社区地下人防被改为旅馆，社区西侧有一家餐厅，占据了社区开敞空间。地下空间的地面采光井被铁栏杆封死，且堆满易燃杂物，火灾隐患很大。社区内部停车紧张，车辆占据消防车道（图3-12）。

a. 社区绿地堆满废弃物

b. 社区私搭乱建

c. 地下人防被出租为旅馆

d. 违章餐厅占据社区开敞空间

e. 地下采光井被封闭，堆满杂物

f. 停车紧张，影响道路有效宽度

图3-12　团结湖社区周边及内部危险场所与危险建构筑物状况

②社区周边与社区内部避难场所及空间建设与管理状况。团结湖社区规模不太大，社区内部没有可供避难停留的空间与场所。但是社区周边有较多可供利用的城市避难空间：社区西部 1.2 km 处为北京工人体育馆，社区北部 150 m 为朝阳高尔夫球场，社区东北部 1.0 km 处为朝阳公园，社区南部 550 m 处为团结湖公园，社区西北角为地铁 10 号线团结湖站（图 3-13）。

图 3-13　团结湖社区周边与内部避难场所与空间分布示意图

③社区周边与社区内部避难通道建设及管理状况。该社区规模不大，社区内部仅有消防通道（图 3-14），且该社区车辆经常停放在消防通道内一侧。

图 3-14　团结湖社区周边与内部道路系统示意图

④社区防灾救灾设备设施配备与管理状况。社区周边与社区内部都没有设置防灾标识，社区内防灾救灾设备设施配置也严重不足。

（3）团结湖社区建筑物防灾现状。

该社区住宅耐火等级为二级，抗震等级为7级。该社区北面有5栋外廊式高层板式住宅，北侧长廊连通着每层各个住户。其中，2栋较长的每层八户，设有两个楼梯和一部普通电梯，首层共设有两个安全出口；独立的3栋每层4户，各设有一个楼梯和一部普通电梯，它们之间搭建有一层高的临建，临建被出租为沿街店铺。住宅缺乏基本维护与维修，许多日常设备设施都已经损坏。如楼梯间没有日常照明，有的堆满居民杂物，墙面布满杂乱电线。几个电梯前堆满易燃物，有的排烟阳台被占用或者堆放杂物，还有的被住户封作私用空间。住宅地下室采光井用铁栏杆封闭，且堆满易燃物品。住宅内仅配置有消火栓，没有设置应急照明和消防广播，也没有设置火灾探测器和火灾自动喷淋系统（图3-15）。

a. 首层临建被出租为商铺

b. 楼梯没有疏散照明

c. 排烟阳台堆满杂物

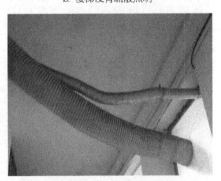

d. 排烟阳台伸入厨房排油烟管

e. 电梯间堆满杂物

f. 疏散走廊堆满杂物

图3-15　团结湖社区板式住宅内部设备设施现状

　　社区西部还有 4 栋塔式住宅，每栋塔楼各设有一个楼梯和一部普通电梯，首层各设有一个安全出口。塔楼平面均设有内天井，天井内破旧杂乱。每 2 栋塔楼彼此相连，其 3~16 层的交通核通过外廊连通。其设备设施也存在类似的问题。该社区住宅内部设备设施配置标准较低，存在极大的安全隐患（图 3-16）。

a. 安全出口附近临建被出租为超市

b. 内天井破旧杂乱

c. 墙面布满杂乱线路

d. 楼梯间没有疏散照明

e. 通往相邻塔楼处堆满杂物

f. 连通走廊内充满易燃物

图 3-16　团结湖社区塔式住宅内部设备设施现状

3）近园里社区

（1）近园里社区基本信息。

①基本资料。近园里社区基本信息见表3-3。

表3-3　近园里社区基本信息一览表

社区名称	近园里	社区空间结构形态	集中式结构
所在城市	天津	结构类型	剪力墙结构
建筑年代	1990 年	高层类型	塔楼
用地总面积	1.36 hm²	楼栋层数	20 F
建筑总面积	4.24 万 m²	外墙材料	涂料
社区总户数	640 户	停车状况	地上
容积率	3.1	地下空间	建有地下人防
绿化率	30%		

②社区区位与总平面布局。该社区位于天津市南开区八里台水上村，社区具体区位与总平面布局如图3-17所示。

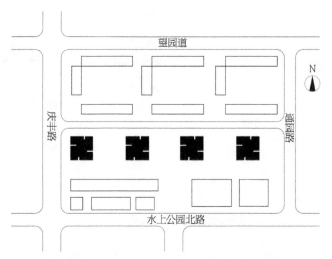

图3-17　近园里社区区位与总平面布局示意图

③社区内环境和建筑基本情况。该社区没有物业公司的系统化管理，居民只交纳基本的垃圾清运费和电梯运行费。所以，社区内整体环境较差，配套设施和建筑都缺乏日常的维护与管理。该社区规模较小，主要由 4 栋 20 层的两梯八户的塔式住宅建筑组成，社区内没有大规模开敞空间，只有道路绿地和宅旁绿地，居民缺乏休闲娱乐场所。由于是 20 世纪 90 年代初建成使用，对停车位考虑不足，造成小区停车紧张，车辆乱停乱放，具体如图3-18所示。

a. 住宅单体

b. 乱停车现象

c. 建筑缺乏维护与管理

d. 社区环境较脏乱

图 3-18　近园里社区环境现状

（2）近园里社区防灾系统现状。

①社区周边及社区内部危险场所与危险建构筑物状况。近园里社区南侧和西侧为城市道路，东侧和北侧为居住区道路，街边是各种与居民日常生活相关的小店，小饭馆尤其多，还经常存在街边乱摆摊位的情况，这种欠缺管理的无序经营，很容易引发火灾，火灾进而很有可能蔓延导致该社区失火。社区内部由于缺乏系统管理，不少一层住户经营餐厅、超市等，社区一个人行次入口处的住户甚至经营公共洗浴；居民私搭乱建，堵塞排烟外窗；地下人防空间也被出租为棋牌室，该社区地下人防入口处还堆满了煤气罐、煤气灶等，这些都加大了火灾隐患，容易引发不必要的灾害（图 3-19）。

a. 社区入口处街边餐馆和居民经营的公共洗浴

b. 社区入口处的违章搭建房屋

c. 社区一楼住户经营的小餐馆

d. 社区内住户私搭乱建空间堆满易燃货物堵塞排烟外窗

e. 社区内的变电室

f. 地下人防空间被出租为棋牌室

图3-19 近园里社区周边及内部危险场所与危险建构筑物状况

②社区周边与社区内部避难场所及空间建设与管理状况。近园里社区规模较小，社区内部仅有零星分布的紧急避难空间，仅能供居民发生灾害时暂时停留，居民需要继续疏散到其他避难场所。虽然社区内部避难空间严重不足，但是，社区南部0.5 km处毗邻天津水上公园，东南部0.5 km处为天津天塔广场，西北部0.2 km处为天津网球馆（图3-20），这些城市空间可以作为社区避难空间的补充。

③社区周边及社区内部避难通道建设与管理状况。该社区规模较小，社区内部仅有消防通道（图3-21）。而且该社区停车紧张，车辆经常停放在消防通道一侧。

④社区防灾救灾设备设施配备与管理状况。社区周边与社区内部都没有设置防灾标识，社区内防灾救灾设备设施配置也严重不足。

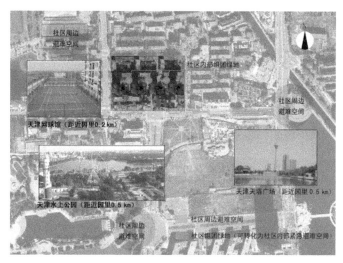

图 3-20　近园里社区周边与内部避难场所空间分布示意图

（a）停车占据消防通道　　　　　　　　（b）停车占据消防通道回车场地

图 3-21　近园里社区周边与内部道路系统示意图

（3）近园里社区建筑物防灾现状。

该社区住宅耐火等级为二级，抗震等级为 7 级。住宅缺乏基本维护与维修，许多日常设备设施都已经损坏。如楼梯间没有日常照明，白天也是一片漆黑。住宅的一个安全出口被长期锁闭。有的消防电梯前室的防火门旁边堆满易燃杂物，防火门被捆绑固定，发生灾害时不易关闭，甚至有的消防电梯前室被居民占用乱搭衣物。住宅内部的两部电梯有一台已经长期废弃不用，另外一台也不满足消防电梯要求。住宅内仅配置有消火栓和消火栓按钮，没有设置应急照明和消防广播，也没有设置火灾探测器和火灾自动喷淋系统（图3-22）。住宅交通核连接走廊尽端设有四处阳台，用于自然排烟，但 80% 的排烟烟台被后期住宅节能改造占为他用或者被杂物堵塞，甚至被住户封作户内空间。社区公共交通空间内部电线杂乱，布满墙面。住宅内的垃圾道仍在使用，垃圾道的门也经常处于开启状态。该社区住宅内部设备设施配置标准较当前规范要求低，仅有的一些设备设施也已经残破不堪，无法使用，存在极大的安全隐患。

a. 安全出口被锁闭

b. 消防电梯前室被占用

c. 消防电梯前室内堆放杂物，防火门被绑死

d. 前室内无消防设备和应急照明

e. 疏散楼梯内无日常照明和消防照明

f. 消防设备故障老化，缺乏维护和管理

g. 排烟阳台被后期改造管道占用

h. 排烟烟台堆放杂物，布满发行电线电表

i. 排烟烟台被住户封作户内空间

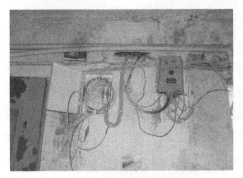

j. 走道和消防电梯前室内布满各种杂乱线路

k. 垃圾道仍在使用，且分隔门经常不关闭

图 3-22 近园里社区住宅内部设备设施现状

3.21 世纪以来城市既有高层社区基础性调研详细信息

1）春和仁居社区

（1）春和仁居社区基本信息。

①基本资料。春和仁居社区基本信息见表 3-4。

表 3-4　春和仁居社区基本信息一览表

社区名称	春和仁居	社区空间结构形态	集中式结构
所在城市	天津	结构类型	框架剪力墙结构
建筑年代	2006 年	高层类型	板式高层
用地总面积	19.06 hm²	楼栋层数	10 F、11 F、15 F、18 F
建筑总面积	30.50 万 m²	外墙材料	涂料
社区总户数	2 707 户	停车状况	地上
容积率	1.60	地下空间	无地下空间
绿化率	40%		

②社区区位与总平面布局。该社区位于天津市河北区月牙河附近，社区北部为建昌路，南部为红梅道，西侧毗邻月牙河，东侧为群芳路，地铁 5 号线经过该路。社区具体区位与总平面布局如图 3-23 所示。

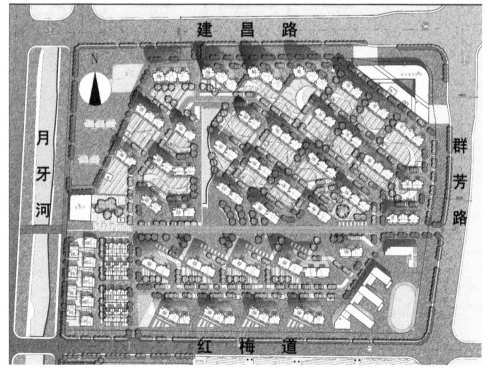

图 3-23　春和仁居社区区位与总平面布局示意图

③社区内环境和建筑基本情况。

该社区规模较大，为集中式空间结构形态。社区内高低错落地分布着10 F、11 F、15 F、18 F 的板式高层建筑，均为单元式高层住宅（其主要户型标准层平面图如图 3-24 所示）。10 F、11 F 的住宅一般为一梯两户，15 F、18 F 的住宅则以两梯三户为主。社区中心有一处大规模开敞空间，但是被社区主干道横穿而过，且被两期组团的围墙一分为二，空间被分割得不成规模，人们也无法在此停留休闲。社区内还有几处规模较小的组团绿地，设计有一些景观小品。该社区建成于 2006 年，由物业公司统一管理。社区出入口处都有保安人员值班，社区内整体环境维护得也还可以。社区卫生、绿化等都由物业公司安排工作人员负责。配套设施和建筑的日常维护和管理也由物业公司或者物业公司协助消防部门、开发商来做。社区没有配建地下停车场，地上车位设置严重不足。社区道路的一侧也被物业公司划为停车位租给居民，即便如此，还是不能满足居民停车要求，导致居民车辆见缝插针，乱停乱放，致使许多消防车道被堵塞，存在很大的安全隐患，具体如图 3-25 所示。

a. 春和仁居主要户型标准层平面图1

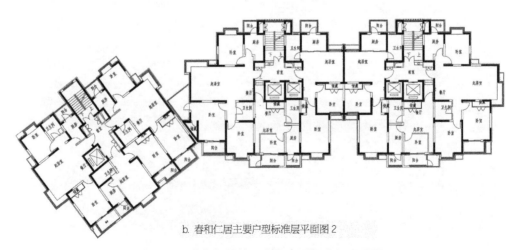

b. 春和仁居主要户型标准层平面图2

图3-24　春和仁居社区主要户型标准层平面图

a. 社区中心大规模开敞空间被一分为二

b. 社区中组团绿地

c. 社区整体环境与建筑维护状况

d. 社区道路一侧被划为停车位，停车仍然紧张

图 3-25　春和仁居社区环境现状

（2）春和仁居社区防灾系统现状。

①社区周边及社区内部危险场所与危险建构筑物状况。春和仁居社区西侧群芳路一侧有许多小的日用店铺，大多为小餐馆，有很大火灾隐患。社区内部有一处违章临时建筑，一处社区变配电室，一处垃圾处理站。有的一层住户用可燃物私搭乱建，有的一层住户违章经营，都在一定程度上加大了火灾风险（图3-26）。

a. 社区内混乱的临时建筑

b. 社区内变配电室

a. 社区内居民违章经营

d. 社区内居民用易燃物私搭乱建

图 3-26　春和仁居周边社区及内部危险场所与危险建构筑物状况

②社区周边与社区内部避难场所及空间建设与管理状况。春和仁居社区规模较大，社区东南角有一处占地 1.4 hm² 的小学，对其进行防灾性能提升即可将其作为社区临时收容空间；社区中心有一处约 0.6 hm² 的开敞空间，但是被一条社区主干道分割为零散的两部分，加以改造后即可将其作为社区小规模临时避难空间；社区组团内还有几处组团绿地，改造后可作为社区紧急避难空间，供居民在发生灾害时暂时停留。社区内部的开敞空间没有考虑防灾需求，普遍缺乏防灾设备设施。社区附近目前无大规模开敞空间，社区西侧的群芳路沿线为地铁 5 号线，社区西南侧 1.5 km 远处是北宁公园，可考虑作为社区防灾空间的补充（图3-27）。

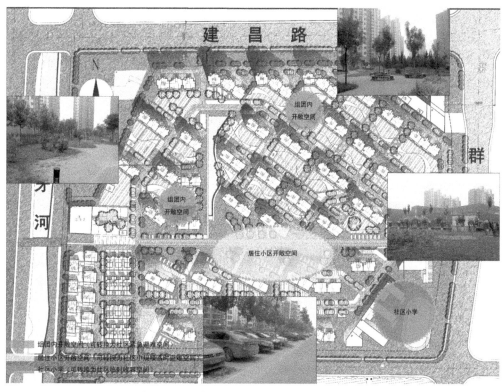

图 3-27　春和仁居社区周边与内部避难场所与空间分布示意图

　　③社区周边及社区内部避难通道建设与管理状况。春和仁居社区三面毗邻城市道路，一面临河。社区内部的主干道宽 12 m，但是道路一侧被划为停车位，道路另一侧也经常有汽车乱停乱放，有效宽度经常只有不足 5 m。社区次干道宽度为 6 m，道路一侧也经常被停放车辆占据，有效宽度不足 4 m。社区消防通道为 4 m，有时会被车辆阻塞（其示意图如图 3-28 所示）。社区道路作为防灾通道宽度普遍不足，其道路整体布局也不够明晰。社区道路普遍设置过窄，加之社区内停车位不足，社区管理不到位，道路经常被乱停乱放的车辆占据（图 3-29），一旦发生灾难，救援车辆和消防车很难迅速到达受灾点。

图 3-28　春和仁居社区乱停乱放车辆占据、堵塞消防车道

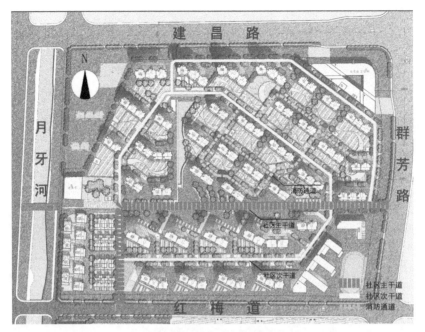

图 3-29　春和仁居社区周边与内部道路系统示意图

　　④社区防救灾设备设施配备与管理状况。社区周边与社区内部都没有设置防灾标识，社区内防灾救灾设备设施配置也不足。

　　（3）春和仁居社区建筑物防灾现状。

　　该社区住宅耐火等级为二级，抗震等级为8级。住宅维护与维修状况还可以，配置的消防设备设施在发生灾害时基本都可以正常使用。住宅楼梯间设有外窗，采用自然排烟。住宅内配置有消火栓、消火栓按钮、火灾探测器和疏散指示标志，没有设置火灾自动喷淋系统（图3-30）。住宅采用门禁系统和触摸式日常照明。建筑内部设备设施配置与维护状况较20世纪的高层住宅有了很大改善，基本满足现行规范要求，但是社区设备设施智能化与生态化程度较低。

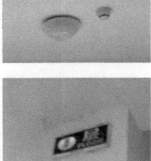

图 3-30　春和仁居社区住宅内部设备设施状况

2）东瑞家园社区

（1）东瑞家园社区基本信息。

①基本资料。东瑞家园社区基本信息见表 3-5。

表 3-5 东瑞家园社区基本信息一览表

社区名称	东瑞家园	社区空间结构形态	集中式结构
所在城市	天津	结构类型	剪力墙结构
建筑年代	2009 年	高层类型	塔式高层
用地总面积	15.17 hm²	楼栋层数	26 F、30 F、31 F、32 F
建筑总面积	42.30 万 m²	外墙材料	涂料
社区总户数	7 114 户	停车状况	建有地下自行车库
容积率	2.79	地下空间	无地下空间
绿化率	40%		

②社区区位与总平面布局。该社区位于天津市河东区真理道甲 1 号，东侧为凤溪路，南临真理道，西侧为凤亭路，北临北塘排污河。社区具体区位与总平面布局如图 3-31 所示。

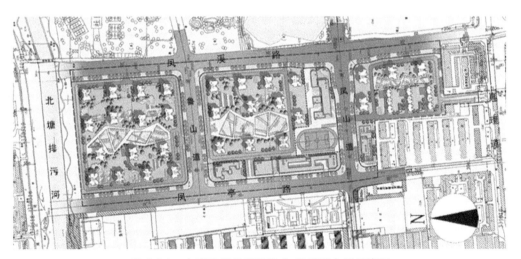

图 3-31 东瑞家园社区区位与总平面布局示意图

③社区内环境和建筑基本情况。该社区为经济适用房，社区规模较大，为集中式空间结构形态。社区内高低错落地分布着 26 F、30 F、31 F、32 F 的塔式高层建筑（其主要户型图如图 3-32 所示），每一层布置 8 户。社区的西南角还有几栋 6 F 的多层住宅。社区内高层林立，容积率较高，开敞空间规模偏小偏少，站立其中，给人压抑的感觉。该社区建成于 2009 年，由物业公司统一管理。社区出入口处有保安人员值班，但是由于物业公司收费较低，物业标准较低，社区内整体环境维护不佳。居民入住仅 3 年，社区与建筑内部

配套设施已经损坏较为严重。社区建有地下自行车车库，汽车为地面停放，社区道路一侧停满了居民的私家车，占据了本来就不太宽的消防通道 1/3 的宽度，存在很大的安全隐患，具体如图 3-33 所示。

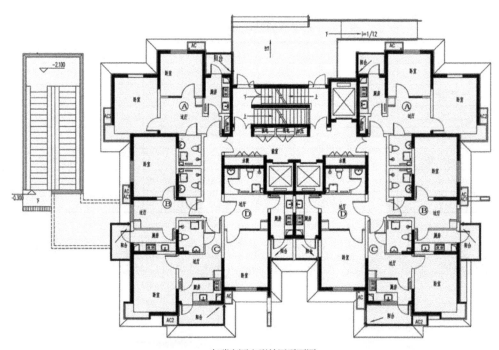

a. 东瑞家园户型首层平面图

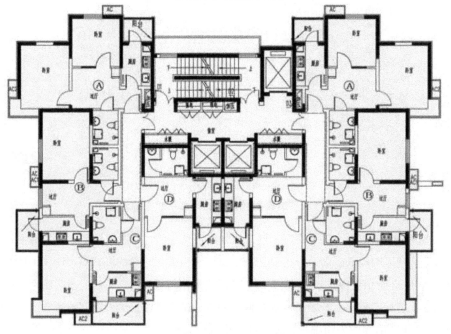

b. 东瑞家园户型标准层平面图

图 3-32　东瑞家园户型平面图

a. 社区内空间压抑　　　　　　　　　　　　　　b. 社区高层林立

a. 社区环境维护不佳　　　　　　　　　　　　d. 社区内车辆占据消防车道

图 3-33　东瑞家园社区环境现状

（2）东瑞家园社区防灾系统现状。

①社区周边及社区内部危险场所与危险建构筑物状况。东瑞家园社区西侧为老旧住宅区，道路两侧为小商铺，存在一定火灾隐患。社区内部地下自行车车库锁闭不用，地下通道缺乏管理，堆满杂物。社区内建有变配电室和垃圾处理站各一处（图 3-34）。

a. 社区内部变配电室　　　　　　　　　b. 社区无人管理的地下自行车车库

图 3-34　东瑞家园社区周边及内部危险场所与危险建构筑物状况

②社区周边与社区内部避难场所及空间建设与管理状况。整个社区被两条东西向的居住小区道路（鲁山道、凤山道）分为 3 个地块。北部和中部的地块面积较大，这两个地块的中心各有一处规模近 0.5 hm² 的开敞空间，南部地块较小，没有大规模开阔场所，只有极小规模的组团绿地。中间地块的南部配建有一所学校，占地约 1.6 hm²。社区内部的开敞空间没有考虑防灾需求，普遍缺乏防灾设备设施。对这些空间进行防灾性能提升后可将其作为社区紧急避难空间、社区小规模临时避难空间和社区临时收容空间。社区东侧为空地，短期内可作为该社区防灾避难空间的补充（图 3-35）。

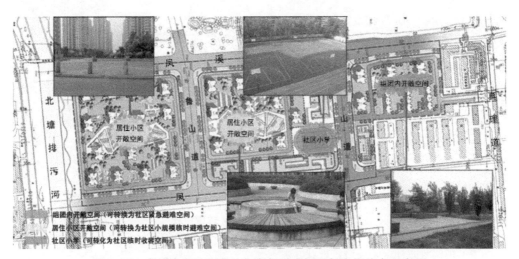

图 3-35　东瑞家园社区周边与内部避难场所与空间分布示意图

③社区周边及社区内部避难通道建设与管理状况。东瑞家园东西两面紧临城市道路，北面临河，南侧靠近真理道。社区内部的两条东西向道路鲁山道、凤山道宽 20 m，将社区划分为 3 个居住小区，这 3 个居住小区采用 6 m 宽环形道路作为消防车道，组团内部铺设有不规则的 2~3 m 的人行小路（其示意图如图 3-36 所示）。居住小区内部道路作为防灾通道宽度不足，加之社区内停车位不足，道路一侧经常有汽车乱停乱放，致使消防车道经常被占用，灾害发生后，救援车辆和消防车很难迅速到达受灾点。

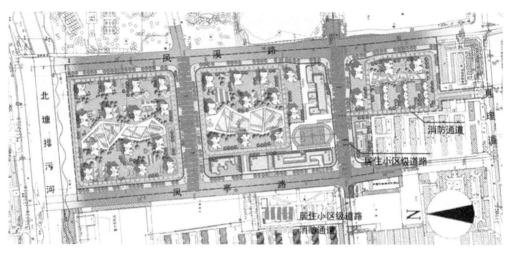

图3-36 东瑞家园社区周边与内部道路系统示意图

④社区防灾救灾设备设施配备与管理状况。社区周边与社区内部都没有设置防灾标识，社区内防灾救灾设备设施配置也不足。

（3）东瑞家园社区建筑物防灾现状。

该社区住宅耐火等级为二级，抗震等级为8级。建筑消防设备设施配置基本满足现行规范要求，住宅内配置有消火栓、消火栓按钮、火灾探测器、加压送风设备、疏散指示标志以及消防广播，没有设置火灾自动喷淋系统（图3-37）。但是，社区与住宅维护与维修状况较差，其基本设备设施损坏严重。住宅采用门禁系统和触摸式日常照明，但许多已经损坏。社区设备设施智能化与生态化程度较低。

3）金顶阳光社区

（1）金顶阳光社区基本信息。

①基本资料：金顶阳光基本信息见表3-6。

表3-6 金顶阳光社区基本信息一览表

社区名称	金顶阳光	社区空间结构形态	集中式结构
所在城市	北京	结构类型	框架剪力墙结构
建筑年代	2001年	高层类型	板式、塔式
用地总面积	30.64 hm²	楼栋层数	16 F—25 F
建筑总面积	70.78万m²	外墙材料	涂料
社区总户数	7 040户	停车状况	地上、地下结合
容积率	2.31	地下空间	建有地下停车库
绿化率	30%		

a. 住宅入口堆满易燃杂物

b. 空调机位堆满易燃杂物

c. 排烟阳台被加建为厨房

d. 住宅内配置了消火栓、火灾探测器、疏散照明、疏散广播等，但是后期维护较差，损坏严重

图 3-37　东瑞家园住宅内部设备设施状况

②社区区位与总平面布局。该社区位于北京市石景山区，社区北部为金顶北路，南部为金顶南路，东侧为金顶街，社区被金顶路一分为二。社区具体区位与总平面布局如图3-38所示。

图 3-38 金顶阳光社区区位与总平面布局示意图

③社区内环境和建筑基本情况。该社区规模较大，为集中式空间结构形态。社区由 16 F、18 F、21 F、24 F、25 F 的板式、塔式高层住宅组成，均为单元式高层住宅。整个社区包括商品房和限价房两种类型，其中板式住宅为商品房，多为两梯四户，塔式住宅为限价房，一般为三梯八户或十户（其主要户型标准层示意图如图 3-39 所示）。社区中心有一处大规模开敞绿地，设计有几处小广场供居民休闲活动。社区内还有几处规模较小的组团绿地，设计有一些景观小品。社区内建有一定的商业用房，入驻了一些日常用品店铺。该社区始建于 2001 年，商品房部分和限价房部分被隔开，商品房部分的社区整体环境维护得还不错。配套设施和建筑的日常维护和管理也由物业公司或者物业公司协助消防部门、开发商来做。限价房部分社区环境则明显较差。社区内配建有地下停车场，地上也规划有一定数量的车位，但是道路两旁仍然停满车辆，致使许多消防车道被堵塞，存在很大

的安全隐患，具体如图 3-40 所示。

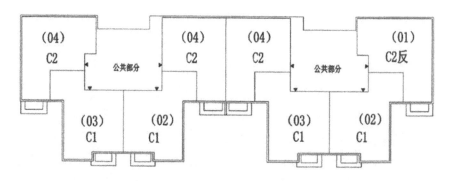

a. 商品住宅板式高层单元层示意图

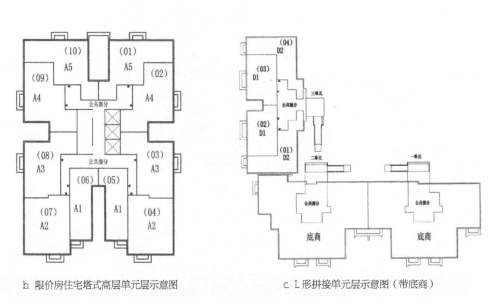

b. 限价房住宅塔式高层单元层示意图　　　c. L 形拼接单元层示意图（带底商）

图 3-39　金顶阳光主要户型标准层平面图

a. 板式住宅单体

b. 塔式住宅单体

c. 社区内中心开敞绿地

d. 社区内组团绿地

e. 社区内车位紧张

f. 住宅内商业店铺

图 3-40 金顶阳光社区环境现状

（2）金顶阳光社区防灾系统现状。

①社区周边及社区内部危险场所与危险建构筑物状况。金顶阳光社区有一部分日用店铺，有些为小餐馆，有一定火灾隐患。尤其是限价房组团，甚至私搭临建用于商业经营，周边还堆满易燃杂物，很容易引发火灾。社区地面停车紧张，许多车辆停放在组团绿化中，或者停放在道路两侧，占据消防车道（图 3-41）。

a. 住宅内违章临建用于商业经营

b. 住宅内车辆停满组团绿地

c. 社区内车辆占据消防车道

图 3-41 金顶阳光周边及内部危险场所与危险建构筑物状况

②社区周边与社区内部避难场所及空间建设与管理状况。金顶阳光社区规模较大，社

区中心有一处约 2.0 hm² 的开敞空间，加以改造即可将其作为社区临时收容空间；社区组团内还有几处组团绿地，改造后可作为社区紧急避难空间，供居民灾时暂时停留。社区内部的开敞空间对防灾需求考虑较少，防灾设备设施配置不足。社区附近东北方向约 150 m 处有一座学校，可考虑作为社区防灾空间的补充（图 3-42）。

图 3-42　金顶阳光周边与内部避难场所与空间分布示意图

　　③社区周边及社区内部避难通道建设与管理状况。金顶阳光三面毗邻城市道路。社区内部的主干道宽 13 m，但是道路两侧被划为停车位，有效宽度经常只有不足 6 m。社区次干道宽度为 6 m，道路一侧也经常被停放车辆占据，有效宽度不足 4 m。社区消防通道为 4 m，有时会被车辆阻塞。社区道路作为防灾通道普遍设置过窄，社区道路系统也缺乏整体防灾布局理念，加之社区内停车位不足，社区管理不到位，道路有效宽度更是不足，在发生灾害时无法保障救援车辆和消防车迅速到达受灾地点（图 3-43）。

　　④社区防灾救灾设备设施配备与管理状况。社区周边与社区内部都没有设置防灾标识，社区内防灾救灾设备设施配置也不足。

　　（3）金顶阳光社区建筑物防灾现状。

　　该社区住宅耐火等级为二级，抗震等级为 8 级。住宅内配置有消火栓、消火栓按钮、火灾探测器和疏散指示标志等消防设施，没有设置火灾自动喷淋系统（图 3-44）。住宅采用门禁系统和触摸式日常照明。商品住宅内部设备设施配置基本满足现行规范要求，维护与维修状况也不错，但是也存在一些问题，有的单元式住宅通向屋顶的安全出口被锁闭，有的消火栓被住户封入室内空间。另外，社区设备设施智能化与生态化程度较低。

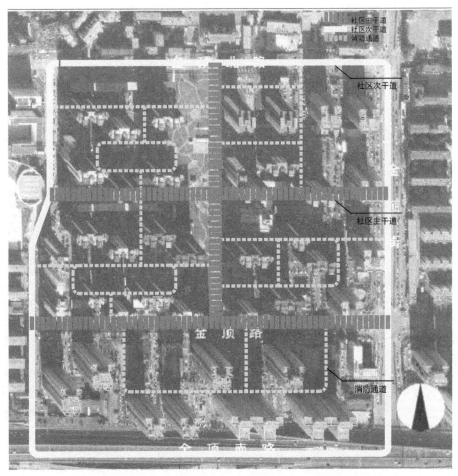

图 3-43 金顶阳光周边与内部道路系统示意图

（a）单元住宅通向楼顶的安全出口被锁闭　　　（b）消火栓被住户封入室内

图 3-44 金顶阳光商品住宅内部设备设施状况

限价房住宅内部设备设施配置与维修情况都不佳（图 3-45）。住宅内部没有设置疏散照明、疏散指示标志和应急广播，没有火灾探测器，只配备了消火栓和消火栓按钮。住宅每层设有 3 部电梯和一部剪刀梯，楼道多处堆满可燃物。

a. 限价房住宅内消防设备设施配置不足

b. 限价房住宅楼道内多处堆满可燃物

图 3-45　金顶阳光限价房住宅内部设备设施状况

3.1.3　城市既有高层社区基础性调研结果分析

1. 20 世纪 30 年代—60 年代城市既有高层社区防灾问题分析

该时期我国基本建设的都是多层住宅，既有高层住宅较少，笔者仅调研了上海卫东公寓和上海峻岭公寓两个既有高层建筑，不足以进行数据分析。该时期的高层住宅通常只是零星一两栋，不能称之为社区。一般其防灾空间和防灾通道都要依托周围城市空间和道路状况，其改造需要依托城市防灾改造。该时期高层住宅原有设备设施老化严重，且建造时很少配备消防设备设施，通常都已经进行过节能改造，建筑形象美化改造等，但是很少进行专项防灾改造，其安全隐患很大。

2. 20 世纪 70 年代—90 年代城市既有高层社区防灾问题分析

笔者共调研了 20 个该时期的建设社区，分别是北京的宣东花园、团结湖、西府景园、安慧里、吉祥里、华威西里、翠微北里、芳古园、城华园、龙翔路；上海的东园一村、金浦花园、久耕小区、冠蒲花园、鹤明小区；天津的近园里、碧云里、风湖里、开云大厦以及泛洋大厦。下面就其防灾现状与问题进行了统计分析。

1）社区周边及社区内部危险场所与危险建构筑物状况

一般该时期的高层住宅都位于老旧居住区内，社区周边充斥着杂乱的小店铺，经营内容五花八门，最多的往往是小餐馆，普遍缺乏有力监管。而且社区周边的居住小区级道路由于当时的实际状况的限制，规划往往偏窄，路边还有许多小贩违章摆摊设点，火灾隐患很大。有的社区还毗邻加油站等危险设施。社区内部的变配电室和垃圾站由于建设年代较长，也往往需要提升其防灾性能。社区内部许多住户私搭乱建、违章经营，也给社区带来了一定的危险。该时期既有高层社区周边及社区内部危险场所与危险建构筑物状况的统计结果如图 3-46 所示。

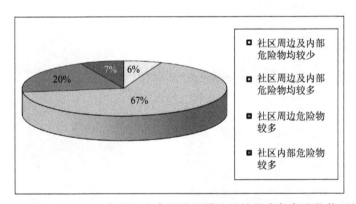

图 3-46 20 世纪 70 至 90 年代既有高层社区周边及社区内部危险物状况统计结果

2）社区周边及社区内部避难空间状况

一般该时期的高层住宅规模不会特别大，住宅内普遍缺乏较大的避难空间，一般都只有组团绿地可以用作社区紧急避难场所，有少量的社区具有 0.3~0.5 hm² 的大规模开敞空间，可用作社区小规模临时避难场所。该时期大部分社区不具备 1 hm² 以上的社区临时收容空间，往往要依托周边城市避难空间。有相当比例的该时期高层住宅建有地下人防空间。该时期既有高层社区周边及社区内部避难空间状况的统计结果如图 3-47 所示。

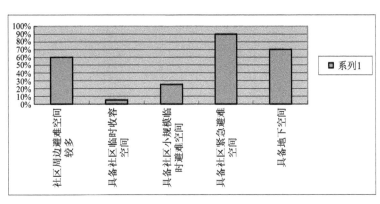

图 3-47 20 世纪 70 至 90 年代既有高层社区周边及社区内部避难空间状况统计结果

3）社区周边及社区内部避难通道状况

该时期的社区内部一般仅仅是按消防要求建有基本消防车道，道路一般单一狭窄。另外，老社区建设时对停车位设置严重不足，社区道路的一侧甚至两侧常常停满居民私家车，致使消防车道可利用的有效宽度不足，有的消防车道甚至被堵塞。社区一旦发生灾害，救援车辆无法迅速进入社区内部。该时期既有高层社区周边及社区内部避难通道状况的统计结果如图 3-48 所示。

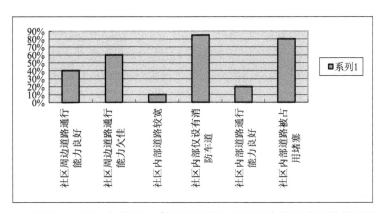

图 3-48 20 世纪 70 至 90 年代既有高层社区周边及社区内部避难通道状况的统计结果

4）社区建筑内部防灾设备设施配置与维护状况

该时期的社区限于当时的经济状况和规范要求，防灾设备设施普遍配置不足。一般只设有消火栓，普遍没有配置应急照明、应急广播、火灾探测器、自动喷淋灭火系统等。许多仅有的消防设施也由于长期无人维护检修而无法使用。消防前室、合用前室大多采用外窗或者阳台自然排烟，但是许多排烟阳台已经堆满易燃杂物或者被占为他用。由于建设年代较长，电线、管线等老化严重，火灾隐患很大。该时期既有高层社区建筑内部防灾设备设施配置与维护状况的统计结果如图 3-49 所示。

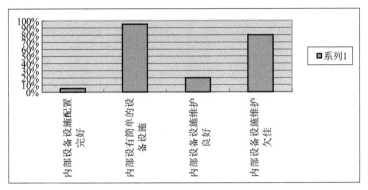

图 3-49　20 世纪 70 至 90 年代既有高层社区建筑内部防灾设备设施配置与维护状况统计结果

3. 21 世纪以来城市既有高层社区防灾问题分析

笔者共调研了 20 个该时期建设的社区，分别是北京的金顶阳光社区、远洋山水、融景城、望京西园、太阳宫；天津的春和仁居、东瑞花园、时代奥城、格调春天、富力湾、华亭国际、富力津门湖；上海的怡景苑、天合雅园、海悦花园；大连的海昌欣城社区、宅语原社区、东方圣克拉社区；石家庄的礼域尚城和荣景园。下面就其防灾现状与问题进行了统计分析。

1）社区周边及社区内部危险场所与危险建构筑物状况

该时期的高层住宅已经相当普遍，遍布大小城市的各个区域，其周边建构筑物状况各不相同。由于社区规模较大，社区内部一般建有变配电室和垃圾站。许多社区建有地下停车场或地下自行车库。社区一般由物业公司统一维护管理，与 20 世纪高层社区相比，其社区整体环境和建筑物设施维护状况都有极大提升。这个时期还出现了为数不少的经济适用房和限价房，其建设标准相比商品化楼盘要低一些，后期维护状况也较差。社区内部还是不能完全避免住户私搭乱建、违章经营。该时期既有高层社区周边及社区内部危险场所与危险建构筑物状况的统计结果如图 3-50 所示。

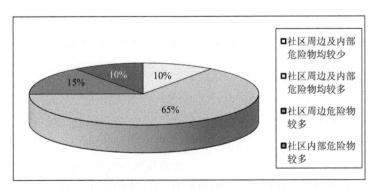

图 3-50　21 世纪以来既有高层社区周边及社区内部危险物状况统计结果

2）社区周边及社区内部避难空间状况

该时期的高层住宅规模往往较大，甚至出现了超大规模的居住区。社区周边开敞空间视具体项目而定。住宅内部一般规划有 0.5 hm² 以上的居住小区级中心绿地或者广场。组团内部也分布有组团开敞空间。许多小区还配建有幼儿园和中小学。可供利用的大规模避难空间较 20 世纪高层社区要充足很多，已经具备社区防灾空间系统的基本架构。但是，这些开敞场所和空间没有进行系统的防灾规划，其防灾设备设施配置也普遍不足，有待进一步进行防灾改造。该时期既有高层社区周边及社区内部避难空间状况的统计结果如图 3-51 所示。

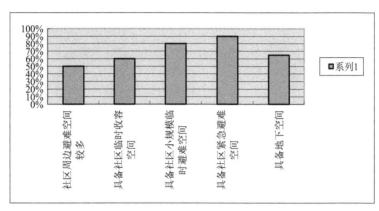

图 3-51　21 世纪以来既有高层社区周边及社区内部避难空间状况的统计结果

3）社区周边及社区内部避难通道状况

该时期规模较大的社区内部道路一般会分为 2~3 个等级，形成社区主干道、社区次干道和消防通道等几个等级的交通系统，将其交通系统架构加以整合、拓宽即可构建社区防救灾通道系统。社区内道路没有充分考虑防灾需求，其宽度往往不足。随着私家车的普及，地面停车位一般配置不足，如果物业管理不善，就会出现车辆占用道路的情况，致使大规模社区出现救援车辆无法到达的盲区。该时期既有高层社区周边及社区内部避难通道状况的统计结果如图 3-52 所示。

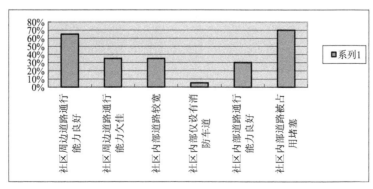

图 3-52　21 世纪以来既有高层社区周边及社区内部避难通道状况的统计结果

4）社区建筑内部防灾设备设施配置与维护状况

该时期的社区防灾设备设施配置标准有了很大提升，社区设备设施的发展也出现了智能化、生态化趋势。社区建筑内均设有消火栓、消防按钮、火灾探测器、防排烟系统、应急照明、应急广播等，但是极少社区住宅内部设有自动喷淋灭火系统。门禁系统和防盗探测器等已经开始普遍应用于社区住宅中。但是经济适用房和两限房，还有一些物业管理较差的社区，由于监管不力，其设备设施损毁也较为严重。该时期既有高层社区建筑内部防灾设备设施配置与维护状况的统计结果如图 3-53 所示。

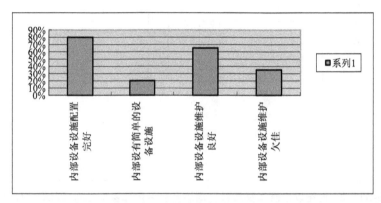

图 3-53　21 世纪以来既有高层社区建筑内部防灾设备设施配置与维护状况统计结果

3.2　城市既有高层社区问卷调研与居民行为心理与应急反应分析

3.2.1　城市既有高层社区问卷调研目的和内容

1. 问卷调研目的

人在灾害发生时的行为反应一定程度上决定了其顺利疏散逃生的难度。今天，"生命第一"的观念已经得到越来越多人的认同，避免人员伤亡也成为防灾救灾首先考虑的问题。因此，深入分析和研究高密度人群聚居区的防灾减灾情况，探索影响居民在灾害发生时疏散逃生的各种要素，明晰人与灾害的相互联系与相互作用，进而归纳减少人员伤亡和灾害损失的有效措施，已经是城市安全与防灾研究不可忽视的内容之一。

2. 问卷调研对象

本书的问卷调研对象主要定位于大、中城市既有高层社区的居民。高层社区应该涵盖20 世纪 30 年代至今各个典型时期的城市既有高层社区以及超高层社区。居民应该涵盖儿童、中青年人以及老人等各个年龄段的居住者。

3.问卷调研内容

根据上节基础性调研发现的主要问题和其他类型建筑的防灾减灾调研问卷,笔者归纳出城市既有高层社区居民灾后行为心理与应急反应调研问卷,以探索在灾害发生时居民疏散逃生的行为心理与应急反应。问卷主要包括居民个人信息、居民所具备的相关知识、居民安全教育情况以及居民获悉灾害发生信息后行为与心理反应情况 4 个方面的内容(见表3-7),具体调研问卷见附录一。

表 3-7 城市既有高层社区问卷调研内容

序号	问卷调研内容	内容设定目的	具体涵盖子项
1	居民个人信息	该部分主要了解居民的个人信息	主要包括调查对象的年龄、性别、受教育程度、在社区停留时间段、是否经历灾害事故等基本个人信息
2	居民所具备的相关知识	该部分主要调查居民对发生灾害时疏散逃生相关常识的了解程度	主要包括是否懂得火灾、震灾等事故发生时的自救常识、是否熟知所居住社区或者所居住社区周边的疏散避难场所、是否熟知所居住社区各条疏散通道、是否熟知所居住社区防灾救灾设施以及是否清楚所居住社区或者所居住社区周边危险建构筑物的位置及性质等
3	居民安全教育状况	该部分主要了解居民所接受的安全教育状况	主要包括是否接受过灾害应急疏散等安全教育、是否参加过灾害应急疏散的演习两方面问题
4	居民获取灾害发生信息后行为与心理反应状况	该部分主要了解居民获取灾害发生信息后的行为、心理反应状况	主要包括得知灾害信息的第一反应、听到灾害事故警报的疏散行动时间、在灾害中可能的最初反应、在灾害疏散中可能有的反应、如何选择疏散通道、疏散通道人多时的行为反应以及成功逃出灾害现场后是否会返回救助亲人等

3.2.2 问卷调研方法

在本研究中,问卷调研主要采用当面发放问卷,居民现场作答的方法,辅以网络传输方式。笔者实地踏勘了 40 余个既有社区,向各个社区的居民发放问卷,大部分居民积极配合,认真填写问卷。笔者还直接与居民进行面对面的交流,指导居民仔细思考后按照真实意愿填写问卷,以保障问卷调研结果的真实性、准确性和有效性。

本书首先采用百分比饼状图对问卷各个问题的居民选择结果进行统计,以便归纳出居民在发生灾害时的行为特征与应急反应情况。在此基础上,笔者还对居民的典型反应做进一步分析,找出其行为心理与其他因素的关联性。

3.2.3 问卷调研信息统计

笔者调研了 40 余个社区,其间共发放调研问卷 200 份,回收有效问卷 136 份。随后,笔者又向亲戚、朋友以及同学等熟人(当面或者通过网络)发放问卷 100 份,回收有效问卷73份。笔者从回收的209份有效问卷中随机选取200份，以统计问卷调研结果。附录中有调研问卷所有答题结果统计，下面详细列出了问卷调研几大主要内容中关键问题的统计分析结果。

1. 居民个人信息特征

问卷的1~5项为居民个人信息部分，下面就关键问题进行统计分析。

1）居民的年龄分布

不同年龄人群灾后心理和行为也不同，居民的年龄分布如图3-54所示，由图可见，50岁以上的老年人占30%，比例相对大一些；18~30岁的青年人占29%；30~50岁的中年人占23%；18岁以下的未成年人占18%，比例小一些。调研基本比较均衡地覆盖了各个年龄阶段的居民。

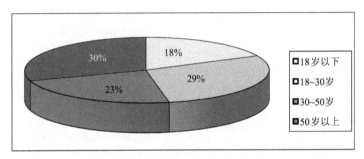

图 3-54　居民年龄分布统计图

2）居民所在居住社区时间段

居民所在居住社区时间段统计结果如图3-55所示，图中显示，54.5%的居民夜晚停留在社区住宅内；31.5%的居民全天都在社区内；只有8%的居民仅白天停留在社区内；6%的居民在社区内偶尔停留。

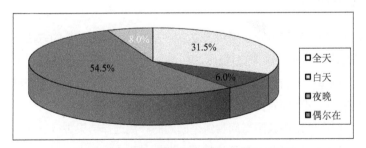

图 3-55　居民所在居住社区时间段统计图

3）居民的灾害经历

居民的灾害经历统计结果如图3-56所示，由图可见，只有22%的居民亲身经历过较大的灾害。

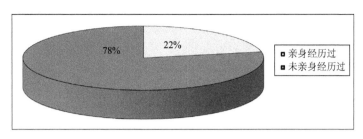

图 3-56　居民灾害经历统计图

2. 居民所具备的相关知识

问卷 6~16 项为居民所具备的防灾知识状况，下面就关键问题进行统计分析。

1）灾后自救常识的了解状况

图 3-57 为居民所具备的防灾知识百分比图，由图可见，只有 15% 的居民很熟悉（多为 30 岁以上）；52.5% 的居民表示懂一点（各个年龄段）；32.5% 的居民完全不懂（多为 18 岁以下），调研结果令人担忧。

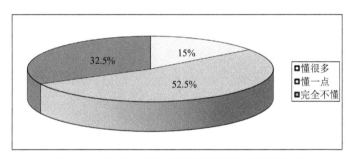

图 3-57　居民灾后自救常识的了解情况统计图

2）社区周边及社区内部危险物了解状况

从图 3-58 可以看出，超过一半的居民并不了解社区周边及社区内部危险物的位置及具体危险性；32% 的居民只是了解一些；而 14% 的居民完全不知道，也不关心。

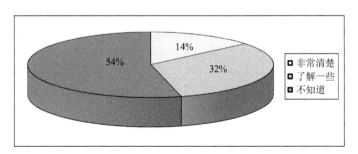

图 3-58　社区周边及社区内部危险物了解状况统计图

3）社区周边及社区内部避难空间了解状况

图 3-59 显示，只有 16.5% 的人表示很熟悉；大部分人表示粗略了解，访谈中发现他们

认为开阔的场地即是可以避难的，并未对此进行过求证；还有39.5%的人表示不清楚，不关心。

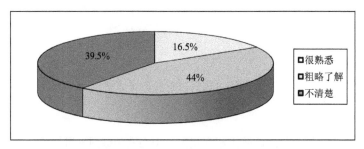

图3-59　社区周边及社区内部避难空间了解状况统计图

4）所居住住宅所有安全出口和安全通道的了解状况

图3-60表明，21%的人表示很熟悉；37.5%的人表示粗略了解；而41.5%的人只知道平时常走的路线，从未试图了解其他安全疏散路线。

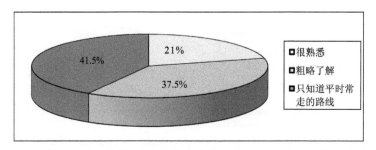

图3-60　所居住住宅所有安全出口和安全通道了解状况统计图

5）对于维护消防设备设施的重视程度

由图3-61可见，只有12.5%的居民表示平时很重视维护消防设备设施；而80.5%的人表示不重视，访谈中发现，他们认为这些设施自会有物业和消防部门维护和修理；甚至有7%的人承认会有意无意损坏消防设施。

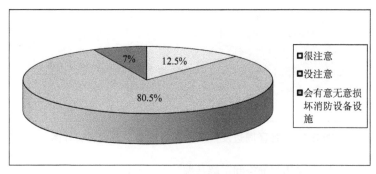

图3-61　对于维护消防设备设施重视程度统计图

6）对于家庭防火安全知识的了解状况

图 3-62 显示，只有 22.5% 的居民表示很熟悉安全知识并十分注重家庭防火，访谈中发现这部分人群的安全知识大部分来自系统学习；而大部分居民表示粗略了解安全知识并尽量注意防火，访谈中发现这部分人群的安全知识大部分来自日常生活积累；还有 23.5% 的居民表示不清楚安全知识，完全不注意防火，选择该项的人大部分是 18 岁以下的未成年人，他们认为火灾离自己很远。

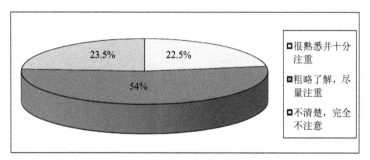

图 3-62　对于家庭防火安全知识了解状况统计图

3. 居民安全教育状况

问卷 17~18 项为居民安全教育状况，下面就关键问题进行统计分析。

1）接受安全教育状况

图 3-63 是居民接受安全教育状况统计图。从图中可以看出，59% 的人从未接触过相关教育；31% 的人只靠日常生活积累；只有 10% 的人接受过专门教育。

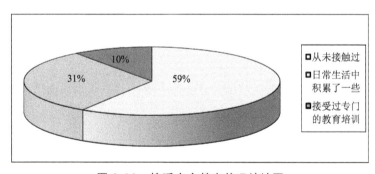

图 3-63　接受安全教育状况统计图

2）参加灾害应急疏散演习状况

图 3-64 为居民参加灾害应急疏散演习状况统计图。由图可见，73% 的人从未参加过；21% 的人曾经参加过演习；只有 6% 的人会定期参加培训演习。

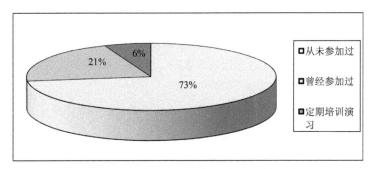

图3-64 参加灾害应急疏散演习状况统计图

4. 居民行为心理与应急反应

问卷19~28项为居民在发生灾害时的行为心理与应急反应状况，下面就关键问题进行统计分析。

1）尝试控制灾害行为

图3-65为居民尝试控制灾害行为统计图，由图可见，当自家发生火灾时，51%的居民会尝试控制灾害发展；49%的居民选择不会尝试救灾。

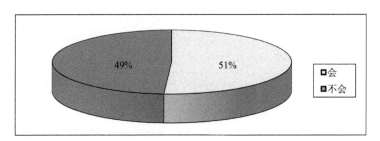

图3-65 居民尝试控制灾害行为统计图

2）等待家人聚齐行为

图3-66为居民等待家人聚齐行为统计图，图中显示：92%的居民选择等待家人聚齐后再逃生；只有8%的居民选择了独自逃生。

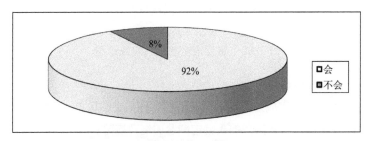

图3-66 居民等待家人聚齐行为统计图

3）居民在发生灾害时收拾财物行为

图3-67为居民在发生灾害时收拾财物行为统计图，图中显示：47.5%的居民选择了确

认灾害信息后收拾财物在逃生；52.5%的居民选择了立即逃生。

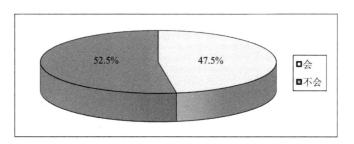

图 3-67 居民灾时收拾财物行为统计图

4）听到灾害警报后开始疏散行动的时间

图 3-68 为居民听到灾害警报后开始疏散行动的时间百分比图。其中，30%的居民听到警报后马上开始行动（1 min 内），访谈中发现，接受过安全教育或者参加过应急疏散训练的居民大多数选择了该项；41%的居民由于过度惊慌，不知所措等因素，过一段时间才开始行动（5 min 左右），访谈中发现，这部分居民几乎没有接受过安全教育或者参加过应急疏散训练；14%的居民较长一段时间以后才开始疏散（10~20 min 左右），访谈中发现，这部分居民延迟行动多是由于惊慌、整理财物、行动不便等原因；还有 16%的居民待在原地等待救援，这部分居民多是老弱病残。

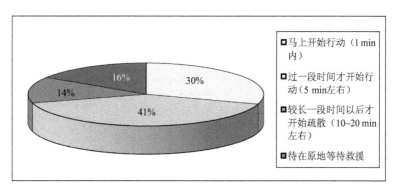

图 3-68 听到灾害警报后开始疏散行动时间统计图

5）灾害疏散中的可能反应

图 3-69 为居民在灾害疏散中可能有的反应。由图可见，14%的居民选择了就近找个地方躲起来，如墙角、厕所等，对比这部分居民的其他题目选项，发现他们几乎都未接受过安全教育或者参加过应急疏散演习，也未亲身经历过灾害；56.5%的居民选择了时刻保持与大家在一起，人多心里踏实；15.5%的居民选择了奋勇直前，不顾一切地猛冲，自行寻找出路；而只有 14%的居民会冷静思考，对灾害作出正确判断并引导大家，对比这部分居民的其他题目选项，发现他们绝大多数接受过安全教育或者参加过应急疏散演习。

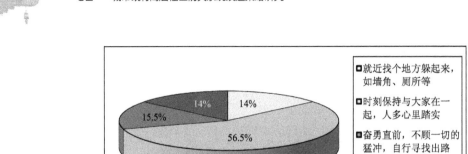

图 3-69　灾害疏散中的可能反应统计图

6）如何选择疏散通道

图 3-70 为居民如何选择疏散通道的百分比统计图。从图中可见，39%的居民选择跟着人流走，其所占比例最大；其次，有 32.5%的人选择了离自己最近的通道；14%的人选择了自己平时习惯的通道；只有 14.5%的人选择避开人流，选择人流少的通道，对比这部分居民的其他题目选项，发现他们绝大多数接受过安全教育或者参加过应急疏散演习。

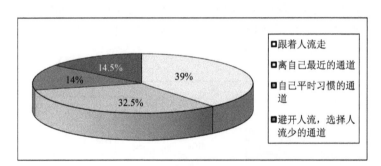

图 3-70　如何选择疏散通道统计图

7）成功出逃后是否会选择回去救亲友

图 3-71 为当成功逃出灾害现场，却发现亲友未逃出时，是否会回去救他们的统计情况。统计结果显示：42.5%的人表示一定返回，这部分居民多为 30~50 岁的人群；10.5%人选择不会返回；32.5%的人选择了看当时情况；而 14.5%的人选择不知道。

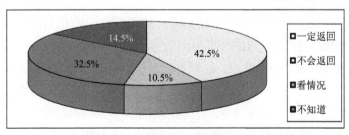

图 3-71　成功出逃后是否会选择回去救亲友统计图

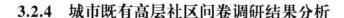

3.2.4　城市既有高层社区问卷调研结果分析

上节重点分析了居民所具备安全知识的状况，从统计中发现：大部分居民都只是靠日常生活积累了一定的安全知识，只有很少比例的居民参加过专门的安全教育或者参加过正规的应急疏散演习；很多居民的防灾意识淡薄，不清楚社区周边和社区内部的避难空间和安全疏散通道，甚至没有清楚了解自己每天居住的住宅的所有安全出口和疏散路线；为数不少的居民没有维护消防设备设施的观念，有的居民甚至私搭乱建，占据排烟出口或者排烟阳台；居民在家庭装饰装修时，大部分居民已经越来越重视环保，但是只有很小比例的居民注重装饰装修材料的防火性能。

上节还重点分析了灾害发生后居民的行为及心理反应。经过统计分析发现：居民确认灾害后的第一行为反应与其安全知识积累和防灾教育培训状况等密切相关，而与其年龄、性别、文化程度等因素没有太大关系；居民在灾害疏散中的反应与其年龄、行为能力有一定关系，与安全知识积累和防灾教育培训状况等也有较大关联；居民在发生灾害后逃生的过程中如何选择疏散通道与其安全知识积累和防灾教育培训状况等紧密相关，与其年龄有一些联系，主要表现为未成年人容易依靠他人，有很强的从众心理，与其性别、文化程度之间的联系则不明显。

从问卷调研整体统计和访谈中可以看出，我国在社区防灾教育方面较欠缺。居民的安全教育多源于媒体宣传，多是自发式学习，以致很多居民对身边的安全知识宣传视而不见。防灾培训多来自学校组织的简易演习，有极少的社区会偶尔组织培训或者演习，大部分居民都不积极参加。而灾害时居民的行为与心理反应又与其安全知识积累和防灾教育培训情况有着很大关系，因此，大部分居民在发生灾害时会出现许多不当应急反应。可见，我国需要大力加强防灾教育，提升居民的防灾意识。

3.2.5　社区居民发生灾害时行为心理与应急反应特性分析

从以上问卷调研和国内外已有研究可以发现：社区居民发生灾害时除了恐慌、从众、就近疏散、优先选择熟悉通道与场所、奔向开阔区域等共性外，还具有不同于办公楼、学校、工厂等其他建筑与场所发生灾害时的某些特性，具体如下。

1）居民年龄跨度大，居民发生灾害时行为心理与应急反应复杂多样

社区内居民年龄跨度大，受灾人群不像办公楼、工厂等场所中的人群那么单一，所以其发生灾害时的心理与应急反应更为复杂多样。办公楼、工厂等场所中多为 20~50 岁的青年和中年人，其行动能力也较好，所以，发生灾害时除了伤亡人员，受灾者都可以独立自由地疏散逃生。而问卷调研中第 1 项的调研结果显示（图 3-54）：社区（除了老年人社区等特殊社区外）内居住者涵盖了各个年龄阶段的人群，18 岁以下的未成年人占 18%，18~30 岁的青年人占 29%；30~50 岁的中年人占 23%，50 岁以上的老年人占 30%。可见，社区内不同居民年龄差异较大，行动能力也不同，从几个月的婴儿到八九十岁的老人，从

行动自如的中、青年到行动不便的老幼或残障人员，其发生灾害时的疏散逃生能力我们都需要考虑。如此大的年龄跨度，如此迥异的行动能力，致使社区居民发生灾害时的行为心理与应急反应复杂多样。

受灾者的年龄差异是其发生灾害时疏散速度的重要影响因素之一，表 3-8 显示，青少年、中年人的疏散速度比老人、婴幼儿要快。年龄还会影响受灾者对灾害反应的灵敏度和发生灾害时的应对措施。青少年、中年人对灾害的反应灵敏性相对强一些，其应急反应也更利于顺利逃生。另外，不同年龄阶段的人群在灾害中成功逃生的概率也大不相同。刘长茂、叶明德对此的研究表明[1]：65 岁以上的老年人和 5 岁以下的婴幼儿在灾害中逃生概率最低，25 岁到 35 岁的青年人安全逃生的概率最高，中年人次之。NFPA（美国消防协会）的统计资料也表明：家庭火灾的死伤者以 65 岁左右的居民最多，约占总数的 31%，其次是 9 岁左右的儿童，占 20% 左右[2]。

表 3-8　不同年龄的疏散人员行动能力一览表

疏散人员特点	群体行动能力			
	平均步行速度（m/s）		流动系数（人/m）	
	水平（v）	楼梯（v）	水平（N）	楼梯（N）
仅靠自身力量难以行动的人：重病人、老人、婴幼儿、弱智者、身体残疾者	0.8	0.4	1.3	1.1
青少年、中年人等正常健康人员	1.2	0.6	1.6	1.4

资料来源：张树平，建筑防火设计，北京：中国建筑工业出版社，2009，129

2）受灾时段长，夜晚受灾伤亡尤其惨重

办公楼、学校等一般都是白天人员密集，夜晚基本空置。所以夜晚发生灾害不会造成大的人员伤亡。而社区则不同，社区内全天各个时间段都会有居民停留，尤其是夜晚，人员最为密集，大部分居民会在家休息睡眠。上节问卷调研中第 4 项的调研结果显示（见图 3-55）：54.5% 的居民夜晚停留在住宅内，31.5% 的居民全天停留在住宅内，只有 8% 的居民是白天在而夜晚不在，6% 的居民是偶尔在，也就是说 86% 的居民夜晚都会在住宅内。夜晚社区内不仅人口密度较大，家用电器和灶具等也使用较多，致使其灾害易损性程度较高。而且，夜晚居民对灾害的察觉度较低，且漆黑的环境更容易使人惊恐慌乱，不知所措，这种特殊性决定了社区夜晚受灾伤亡会尤其惨重。虽然白天社区内人口密度相对较小，但是由于留在其中的大部分是老年人和婴幼儿，应对灾害的能力较差，其防灾救灾也不容忽视。因此，社区受灾时段长，夜晚受灾伤亡尤其惨重。

---

① 刘长茂、叶明德：《中国人口老龄化前瞻》，《南方人口》，1994 年第 4 期。

② 伍东：《高层住宅建筑火灾情况下人员安全疏散研究》，硕士学位论文，天津理工大学，2009，第 13 页。

3）发生灾害时多存在尝试控制灾害行为

办公楼、工厂等发生灾害后，由于建筑内多为公司财产，受灾者会首先考虑个人安危，只有少数人会不顾自身安全奋力救灾，以求减少灾害损失。这些建筑发生灾害后，其救灾任务主要由消防人员和专业防灾救灾人员来完成。而社区则不太相同，由于住宅和住宅内财物都是个人私有财产，如果某个家庭发生灾害，其家庭成员可能会先考虑救灾，尝试控制灾害发展，以求减少自家的财产损失和人员伤亡。如许多家庭发生的小火灾由于发现及时，扑救得当，会在火灾初期被扑灭。当然，这种尝试控制灾害的行为也未必一定得当，如果受灾者缺少对灾害的理性认识和正确的扑救知识，也很可能会伤及自身，得不偿失。问卷调研中第 20 项的统计结果很好地说明了居民的这一行为特性。其统计显示（见图 3-65）：51%的居民当自己家中发生灾害时会尝试控制灾害。

4）家庭成员发生灾害时等待、聚集、返回行为

办公楼、工厂等发生灾害后，大部分受灾者一般不会过于关心身边其他人的逃生状况，通常优先考虑自身安危，迅速开始疏散逃生。但是，社区中各个住户中的居民由于其家庭亲情和血缘的特殊联系，在发现或者遇到危险时，其疏散行为往往具有其独特性。在住宅发生灾害时，居民大都以家庭为单位进行疏散逃生。

中国科学技术大学赵道亮博士提出了人员疏散二维元胞自动机随机模型[1]，在对亲情行为进行模拟的过程中，我们发现：居民某一家庭成员发现火灾后，会马上通告其他家庭成员，然后主要家庭成员会根据火灾情况判断是灭火还是逃生，如果选择逃生则还有可能大家分头收拾财物，然后再聚齐在一起，携幼扶老一同疏散逃生，很少有人会抛弃家人而独自离开。在疏散过程中家人之间也会团结互助，尽量保持在一起，如果中途发现掉队者，还会返回去寻找。

本次问卷调研中第 21 项的调研结果也能证明居民灾时家庭成员的等待、聚齐、返回行为。第 21 项的统计结果显示（见图 3-66）：92%的居民都选择了发生灾害时等待家人聚集在一起后才会逃生，只有 8%的人选择了独自逃生。

可见，由于住户的感情联系，其家庭凝聚力很强，即使面临危险，家庭成员之间也会彼此照顾，等待聚齐，甚至出现成功逃离危险现场后返回救助未逃离家人的行为。所以，家庭疏散所需的总时间包括该家庭发现火灾时间、疏散准备时间、聚集等待时间和疏散逃生时间。由于家庭成员之间亲情行为的特殊性，如果家庭中有老幼病残等行动不便者，则会降低整个家庭的疏散速度，家庭成员之间发生灾害时等待、聚齐以及返回现象很可能造成疏散拥堵。但是，亲人之间的帮助和鼓励也会使家人减轻恐慌，其互助、互救的正面影

---

　　① 赵道亮博士提出的人员疏散二维元胞自动机随机模型，在本质上是一种离散的社会力模型，是在人员疏散元胞自动机基本模型的基础上，加入火灾对人的影响后而得到的适合研究火灾中人员疏散的扩展模型，着重研究人员个体行为对整个疏散过程的影响。赵道亮博士针对人员在发生火灾等紧急情况下的疏散过程中出现的一些特殊心理和行为——从众心理和行为、小群体现象、亲情行为等进行了元胞自动机模拟。

响也是别的群体达不到的 ①。

5）成功逃离后多存在再进入行为

国内外一些火灾的研究资料显示，住宅居民成功逃离火灾建筑后多存在再进入行为，这种再进入概率远远高于其他类型建筑。居民安全离开着火住宅后，总会有人再次返回自家，这些人往往知道着火大概地点和火灾发展情况，抱着不会危及自身的心理，他们会再次进入住宅，进入原因多为抢救逃生时没来得及带走的财物、救助没逃出的亲人等。本次问卷调研中第 28 项的结果也可以印证居民发生灾害时的这一行为特性。由上节图 3-71 可见，第 28 项的调研中有 42.5% 的居民在安全脱离危险后，发现家人未逃出会返回受灾建筑救助家人，还有 32.5% 的居民选择看情况（也就是说觉得可以安全进入就会选择返回救助家人），只有 10.5% 的人选择了不会返回。

3.3 我国城市既有高层社区防灾系统的现状与问题

3.3.1 既有高层社区规划与建设缺乏社区防灾空间系统理念

1）既有高层社区开敞空间规划不足，其防灾性能也有待提升

根据社区基础性调研统计与分析结果，可以看出我国既有高层社区内的开敞空间普遍设置不足，规模也偏小。尤其是 20 世纪的社区，普遍只规划建设有组团级绿地，改造后勉强能作为社区紧急避难空间。21 世纪以来，我国新建了大量大规模的高层社区，其内部开敞空间有所增加，但是这些空间场所的规划建设缺乏防灾理念，其防灾性能普遍有待提升 ②。而且，新建社区一般容积率较高，人口较密集，这些空间的规模数量也不能满足社区居民避难需求。

2）既有高层社区道路系统不符合防救灾通道要求

根据社区基础性调研统计与分析结果，可以看出我国既有高层社区内的道路交通系统的规划设计只考虑了消防通道和平时内部车行与人行的需求，很少系统地规划建设防救灾通道体系。尤其是 20 世纪的高层住宅，大部分只设置了消防通道。21 世纪以来的新建社区，道路开始按照社区主干道、社区次干道、消防通道而分 2~3 级设置，但是道路宽度普遍偏窄。另外，社区内乱停乱放的车辆、电线杆变电箱、招牌以及其他建构筑物等多种因素，都会影响防救灾通道灾时通行能力（见表 3-9）。

---

① 伍东：《高层住宅建筑火灾情况下人员安全疏散研究》，硕士学位论文，天津理工大学，2009，第 19-23 页。

② 金磊：《公共安全文化教育与安全社区建设模式研究》，《世界标准化与质量管理》，2006 年第 4 期。

表 3-9 防救灾通道通行能力影响因素概要表

道路宽度（m）	防救灾作用	影响因素	影响效应
4	避难辅助	单侧停车	人员通行有效宽度不足
		围墙	车辆无法通行
		电线杆变电箱	倒塌或者爆炸造成阻碍
6		单、双侧停车	车辆通行困难
8		围墙	阻碍通行
10		电线杆变电箱	倒塌或者爆炸造成阻碍
12		招牌	坠落造成人员伤亡
		骑楼	因结构原因引起倾倒阻塞道路
15 m 以上	救援输送	单、双侧停车	汽车无序停放造成人员动线阻碍
		电线杆变电箱	倒塌或者爆炸造成阻碍
		招牌	坠落造成人员伤亡
		骑楼	因结构原因引起倾倒阻塞道路
		人行道	周边商业行为造成有效宽度减少

3）既有高层社区内防救灾设备设施配置不足或者缺乏维护

根据社区基础性调研统计与分析结果，可以看出我国既有高层社区内防救灾设备设施配置普遍不足。许多社区都没有发现室外消防设施，绝大部分社区未见防灾标识等。而且社区内的防灾设备设施普遍缺乏维护和管理。

4）既有高层的地下空间不满足防灾要求

一部分既有高层社区建有地下停车库、地下自行车库或者地下人防。但是这些地下空间大部分不满足防灾要求，有待改造。而且，许多社区的地下人防空间缺乏维护和管理，常常被改做他用，以致这些空间发生灾害时不能发挥其防救灾优势。

5）既有高层社区的规划设计与建设使用很少考虑平灾结合

我国既有高层社区的规划设计与建设普遍缺乏平灾结合理念。如社区开敞空间只是考虑满足居民休闲、娱乐功能，很少关注其防灾性能。其实，在社区规划设计与建设时，如果贯穿平灾结合原则，使得社区空间的设备设施具备平灾转换功能，只需稍微增加建设成本就可以使社区分防灾性能得到极大的提升。

3.3.2 既有高层社区建筑物防灾考虑不足，普遍需要进行专项防灾改造

1）既有高层社区建筑物内部空间防灾性能有待提升

根据社区基础性调研统计与分析结果，可以看出我国既有高层社区建筑物内部空间的防灾性能普遍有待提升。如许多住宅安全出口和疏散通道设置不足，消防前室或者楼梯间前室布局不满足防灾要求，各种管井管道存在安全隐患，套内空间防灾能力差等。

2）既有高层社区内一些老旧住宅需要进行抗震加固

我国一些老旧高层社区，尤其是 20 世纪 90 年代以前建设的高层住宅，限于当时的经济技术水平和规范规定，其抗震等级偏低。加之已经建成很长时间，致使其地震时存在安全隐患。我们应该根据现行规范要求，选择适宜技术对其进行抗震加固。

3）既有高层社区建筑物内外保温材料和室内装饰装修材料的选用需注重其防灾性能

我国许多老旧住宅需要进行节能改造，但是改造往往只关注其保温性能，很少注重其防灾性能。其实可将其节能改造和防灾改造结合起来，选用防火、防震性能好的外保温材料。根据问卷调研结果，可以发现我国居民在进行住宅装饰装修时也很少有人关注材料的防灾性能，使住宅套内空间存在很多致灾危险。

4）既有高层社区建筑物内防灾设备设施配置不足或者缺乏维护

20 世纪以前的高层住宅内消防设备设施配置严重不足，且缺乏维护和管理，以致仅有的设备设施也老化严重，不能使用。21 世纪以来的住宅，其消防设备设施的配置状况有了很大的改善，但其后期维护仍有待加强。另外我国住宅设备设施智能化、生态化程度较低，许多好的技术和产品却由于种种原因不能推广应用。

3.3.3 社区灾害管理与救援权责不明，居民防灾意识淡薄，社区非工程化防灾也有待提升

1）社区缺乏数字化灾害预警系统

灾害预警系统可以及时发现并警示灾害，为受灾者争取疏散逃生时间。有时提前发现灾害几分钟就可以挽救许多人的生命。目前，许多发达国家已经将数字技术普遍应用于灾害预警系统。但是，我国灾害预警系统数字化、关联性、准确性以及分布广度都不理想。社区作为城市基本的防灾单元，普遍缺乏相应层次的数字化灾害预警系统。

2）社区灾害管理与救援权责不明，救灾效率低

我国进行灾害管理的部门很多，但是权责不明，缺少强有力的社区灾害指挥管理系统。我国社区普遍没有应急预案，以致发生灾害时没有高效的防救灾方案，救灾效率低。

3）居民普遍不具备防灾知识，防灾意识淡薄

根据问卷调研结果，可以发现，我国大部分居民没有接受过防灾教育和培训，不具备防灾减灾常识，灾害发生时往往不知所措，作出错误的反应，以致贻误逃生时机。居民的防灾意识淡薄，大部分不知道所居住社区周边及社区内部的防灾避难空间，不清楚防救灾通道和安全疏散路线，甚至没有维护防灾设备设施的概念。如果居民的防灾积极性不能调动，防灾的工程化性能再优越，也不能很好地发挥其防救灾作用。

3.4　城市既有高层社区防灾系统改造原则

3.4.1　与其他更新改造结合的整体原则

城市既有社区的防灾系统改造不应该是一个独立的工程，宜与社区其他更新改造工程相结合，统筹规划，综合考虑，实现资源的整合集约利用。目前，我国对于老旧社区的改造多集中于套内空间整合改造、住宅建筑节能改造、住宅建筑美化设计以及社区环境提升改造等，很少进行社区防灾减灾改造。但是，既有社区大多存在安全隐患和防灾问题，如果在进行社区其他改造时，把防灾改造纳入其中，各种改造措施不仅满足其他改造的需求，也兼顾防灾减灾需求，甚至某些社区空间或者建构筑物部件的改造以防灾改造理念为先，便能很好地提升老旧社区的防灾减灾能力，保障居住者的人身和财产安全，还能节约许多资金和资源。

3.4.2　以防为本，防、抗、避、救相结合原则

由于高层社区主要物质空间载体（高层住宅建筑和社区地下空间）存在应急疏散困难、灾害极易蔓延、次生灾害严重的特点，一旦灾害发生，扑救困难，灾害伤亡与损失严重，所以我们应该贯彻"以防为本"的原则，以易受灾重点元素（特别是"高层住宅建筑"）为"防灾主体"进行防灾工作，增强防灾重点元素的综合抗灾能力，最大程度地避免灾害发生。但是，无论如何防治，有些灾害也是无法避免的。因此，增强社区自我控灾与自我抗救灾能力，立足"应急自救"，在高层社区防灾减灾规划与改造中也不容忽视。可见，在既有城市高层社区的防灾规划与改造中，一定要遵循"以防为主、防、抗、避、救相结合"的方针[①]。

3.4.3　因地制宜，统筹规划的集约原则

我国城市既有社区数量众多，质量参差不齐。因此，城市既有社区的防灾系统改造不能"一刀切"，应该根据既有社区的现状情况与自身特点，充分利用其内部或者周边已有可利用的防灾资源，因地制宜地制定适宜该社区的防灾改造措施。社区往往面临纷繁复杂的灾害侵袭和威胁，而各种灾害的破坏各不相同，防治措施也不尽相同，我们如果分别针对每一种灾害配备防灾资源，往往会造成防灾资源的重复设置。其实各类灾害的防范机理具有一定的共性，因此，社区防灾系统的改造应该综合多种多样的空间组成和多元的功能要求，统筹社区防灾的各类因素，构建社区综合防灾系统。

---

① 曾坚、左长安：《CBD 空间规划设计中的防灾减灾策略探析》，《建筑学报》，2011 年第 11 期。

3.4.4 立足国情的经济适用原则

目前，国际上在建构筑物设计、施工以及防灾减灾方面已经有许多先进的理论和技术，这些理论与技术能使建构筑物很好地抵抗灾害破坏，但是往往也伴随着高成本、高投入。我国是发展中国家，城市既有社区又普遍缺乏防灾理念，大多需要进行防灾系统改造。如何使有限的资金和资源最大化地发挥其作用呢？这就要求我们不能盲目地追求高科技、新技术，应该立足我国经济现状与当前国情，以经济适用为基本原则，合理地制定既有社区防灾改造措施，最大化地提升我国老旧社区的防灾减灾能力。

3.4.5 可持续与智能化原则

所谓"可持续发展"，就是要在"不损害未来一代需求的前提下，满足当前一代人的需求"。可持续发展已经成为全球各个领域长期发展的指导方针，社区设计与改造自然也不能例外。社区防灾系统的改造一方面要考虑灾害防御、灾后避难的要求，另一方面也要充分考虑优化社区生态环境的要求，尽量保护自然环境和生态资源，创造人与自然和谐共生的宜居、安全、生态社区。而智能化是当前所有建筑的发展趋势，社区住宅建筑也不例外。数字化、智能化技术已经开始走进千家万户，社区防灾系统也应该推广应用数字化防灾技术，建立智能化社区。

3.4.6 平灾结合，应时而变的原则

近年来，随着环境的不断恶化，大规模灾害的频繁发生，如何防灾、减灾已经成为社区设计与建设中一项不容忽视的艰巨任务。但是，社区防灾减灾系统不应该是脱离社区其他空间与设施而独立存在的，而应该贯彻平灾结合、应时而变的基本原则。功能的有效转化是社区防灾系统适应灾害的有力保障。如在平时，防灾空间和防灾设施的形式应该是社区公共空间、绿地、景观等，承担社区居民休闲、娱乐的功能；灾害一旦发生，它应该能迅速转变为应急避难空间、应急防灾救灾设施，防灾救灾系统也相应启动。

3.4.7 遵循居民的行为模式原则

人的行为决定了空间构成方式和建筑结构布局，因此，灾害发生后居民的行为模式就成为社区防灾系统改造的重要依据。灾害发生时，人们的疏散心理与行为与正常情况下的心理与行为是不同的。当紧急事件（灾害）发生时人的避难行为具有如下共性与特点（见表3-10）：就近、亲地、向光、从众、归家、优先选择熟悉通道与场所、奔向开阔区域等；但在避难阶段，人们则更倾向于聚集和守望，对具围合感的场所有更强的心理需求，因此，社区规划与设计是否适应人们的行为特点对于能否成功避难至关重要[1]，我们应依据

---

① 曾光：《寒地城市社区防灾空间设计研究》，硕士学位论文，哈尔滨工业大学，2010，第30页。

人们在逃生、避难、救援各个阶段的行为特征和需求进行社区防灾系统改造。

表 3-10 发生灾害时人员疏散逃生的心理与行为

心理与行为特点	心理与行为具体表现	避难逃生分析
就近疏散	危险发生后，人们往往首先选择离自己最近的安全空间、场所疏散	依据此特性，疏散空间与场所应该均匀分布
优先选择熟悉场所	人们往往选择从经常使用的出入口、楼梯疏散，而很少使用不熟悉的出入口、楼梯等逃生。只有当熟悉的路径被火焰、烟气等封闭时，才不得已另选其他逃生通道	人们优先选择熟悉路径逃生，会造成该路径的拥堵，而其他出入口较少人使用，资源使用不合理，使疏散时间增加
奔向明亮方向	人具有朝向光明的习性，因此紧急情况下，人们往往选择明亮的方向疏散	安全出口、疏散指示标识、安全空间等要明亮醒目，才能很好地引导人们安全疏散
奔向开阔空间	人们在灾害发生后，往往选择奔向开阔的空间、场所。越开阔的空间，其障碍可能越少，安全性可能较高，生存的机会也可能较多	避难区域划分、安全出入口等处应该留有较开阔的空间
优先往地面疏散	人们具有亲地的特性，当发生危险时，人们总觉得地面才是安全的	各个安全通道宜有直通室外的安全出口，并保证灾时畅通
跟随众人	人在极度的慌乱之中，就会变得失去正常判断的思考能力，容易接受他人行动的暗示，盲目跟随众人	避难逃生时若有熟悉环境的人员适当引导，运用此特性，可减少避难时的混乱和伤亡
躲避特性	当察觉灾害、危险等异常现象时，我们往往不知所措，即使身处安全之地，亦要逃向远离的方向	当人们在逃生路径上疏散前行时，前方人员因察觉到危险而盲目往反方向跑时，将造成人员疏散的困难与混乱
左转特性	大部分人习惯使用右手右脚，在黑暗中步行时，会自然左转	进行避难逃生路径的动线交叉点规划时，符合人左转的特性，将减少混乱的产生，提高存活率
高压失能	高度压力下，人们往往只选择与接收最简单的事物与信息	在逃生引导指示上，应以简单明了的文字或者图标表达
作出过激举动	遇到紧急情况时，大部分人会失去理智，把全部精力集中在应付紧急情况上，作出过激举动，造成更严重的伤亡。如遇火灾时，被困者甚至敢从高楼跳下	做好防灾教育和灾时紧急逃生培训，对于指导人们正确应对灾害，及时有效逃生具有重要意义

资料来源：作者根据资料整理绘制，参考：张树平，建筑防火设计，北京：中国建筑工业出版社，2009，124

　　根据以往研究，人们的逃生行为与他们对日常场所环境的认知有密切关系，逃生通道设计应该考虑人流的密度、速度[①]：一般水平疏散人流密度为 1.3~1.6 人/m，竖向疏散人流密度为 1.1~1.4 人/m；水平疏散人流平均步行速度为 0.8~1.2 m/s，竖向疏散人流平均步行速度为 0.4~0.6 m/s。因此，社区防灾空间系统的防灾救灾通道设计就应该首先考虑逃生总人数和周围场所环境，以便制定合理的逃生路径。

　　再以避难空间规划为例，灾害发生后，居民在避难的第一阶段往往自发选择在较短时

①　腾五晓、加藤孝明、小出治：《日本灾害对策体制》，中国建筑工业出版社，2004，第 79 页。

间内快速步行到自己周边近便的、熟悉的、空旷的安全空间，再考虑进一步的疏散。在这些靠近自家住宅、地势开阔的场所，大家互相熟识，彼此照顾，能够让人们感觉到强烈的归属感、安全感。因此，在社区防灾空间系统中，应该均匀配置临时避难场所，每个场所以居民步行5分钟的距离为辐射半径，并应注意空间的导向性、有序性和可认知性以及必要的应急避难设施的配备。

3.5 建构城市既有高层社区防灾改造系统

3.5.1 进行城市既有高层社区区域防灾结构的调查研究

1. 城市既有高层社区灾害风险源调查

城市社区防灾首先应该对社区主要灾害的种类、性质以及危害程度进行详尽的调查和分类。新建高层社区一般都会选择灾害源相对少、地质相对稳定的区域。即使如此，高层社区也避免不了面临灾害侵袭的风险。一般情况下，城市高层社区灾害风险调查主要包括自然灾害风险调查和经济社会现状情况风险调查两大方面。

进行自然灾害风险调查，首先需要对居住区内部及其周边临近区域的地质、地形地貌、气候、环境敏感区等与灾害紧密相关的因素进行调查分析；其次需要整理该高层社区所在区域若干年内的自然灾害发生史，包括灾害发生的条件、诱发因素、灾害类型、灾度大小以及人员伤亡与经济损失等。一般致使高层社区伤亡和损失严重的主要自然灾害有地质灾害、地震、洪水或者某些气象灾害。

社区经济社会现状情况主要指直接影响社区内外的社会形态和经济状况的调查，即社会现状调查和经济现状调查。因此，高层社区经济社会现状情况风险调查的主要内容是指能够直接或者间接影响高层社区防灾减灾规划的社会生活或者经济因素。比如社区周边污染性大的工厂、社区附近的加油站以及其他可能危害社区安全的因素或者事件。

2. 城市既有高层社区基本状况调查

基于防灾减灾的视角，高层社区基本状况调查主要包括区位环境、居住生活状况以及社区内外防灾空间规划等内容。

社区区位环境调研主要包括社区周边的道路交通情况、社区周边的防灾资源与设施情况以及社区周边的其他建筑防灾状况等。

社区居住生活状况调研主要包括居住人口数量、建筑密度、社区容积率、社区空间布局现状及用地结构等因素。调研目的是让防灾规划更好地与防灾保护对象的实际情况相结合，如建筑类型直接影响到灾害损失，人口数量直接影响到防灾储备数量，社区道路设计关系着灾后逃生和救援情况。目前，很多居住区都不具备系统的综合防灾体系，所以需要从居住生活状况出发调查社区的防灾问题。

社区内外防灾空间调研则主要包括灾害隔离系统的调研（虚分隔、实分隔）、救援通道的调研（通道状况、救灾路径、救灾工具等）、避难场所的调研（各避难场所的布局、社区内外避难场所的关系等）、应急物资储备系统的调研（地上储备、地下储备）、生命线工程的调研（燃气、水、电、通信等）以及防救灾设施设备的调研（防救灾设施的分布、数量、平灾转换等）等。

在既有高层社区基本状况调查中，可以组织分配防灾规划编制组，完成城市高层社区及其周边经济条件、周边交通条件、社区居住人口状况、防灾救灾储存、城市基础设施以及现有城市防灾规划和政策等的调查研究工作，从而整理出一份完整的社区资料 ①。

3.5.2　城市既有高层社区主要灾害与致灾因子的评估

城市社区的灾害种类、灾害大小、灾害易发程度、灾害潜在影响等与城市地貌、区域和气候等诸多因素是密不可分的。我们在确立既有高层社区防灾体系之前，首先应该对其主要灾害进行分类评估，并对其致灾因子进行综合评价，明确该社区易发灾害类型和强度，以便制定有效的防灾对策。

我们可以借鉴日本灾害风险度的确定方法来确定社区灾害致灾因子，将社区主要的地震灾害和火灾风险影响分为 3 个方面：社区建构筑物倒塌危险度、火灾危险度以及综合危险度 ②。

1）确定社区建构筑物倒塌危险度

社区建构筑物倒塌危险度包括建构筑物场地特征和建构筑物自身特征两个主要指标。我国《建筑抗震设计规范》（GB 50011—2010）根据土层等效剪切波速和场地覆盖层厚度，将建构筑物场地划分为四类，其中 I 类又分为 I_0、I_1 两个亚类（见表 3-11）。基于地震力作用考虑，将建构筑物场地分为对抗震有利地段、不利地段和危险地段三大类（见表 3-12）③。建构筑物场地状况直接影响着地震时建筑受到的灾害破坏程度。一般 I 类场地或者开阔平坦、坚实均匀的 II 类场地属于抗震有利地段，地震时场地上建筑物晃动幅度较小，该种场地适宜进行工程建设。

表 3-11　根据各类建构筑物场地的覆盖层厚度（m）表

岩石的剪切波速 U_s 或土的等效剪切波速 U_s（m/s）	建构筑物场地类别				
	I		II	III	IV
	I_0	I_1			
U_s>800	0				

① 曾光：《寒地城市社区防灾空间设计研究》，硕士学位论文，哈尔滨工业大学，2010，第 32-33 页。

② 王峤：《高密度环境下的城市中心区防灾规划研究》，博士学位论文，天津大学城市规划系，2013。

③ 中华人民共和国住房和城乡建设部，GB 50011—2010，建筑抗震设计规范，北京：中国建筑工业出版社，2010。

续表

岩石的剪切波速 U_s 或土的等效剪切波速 U_s (m/s)	建构筑物场地类别				
	I		II	III	IV
	I_0	I_1			
$800 \geqslant U_s > 500$	0				
$500 \geqslant U_s > 250$		<5	$\geqslant 5$		
$250 \geqslant U_s > 150$		<3	3-50	>50	
$U_s \leqslant 150$		<3	3-15	15-50	>80

资料来源：中华人民共和国住房和城乡建设部，GB 50011—2010，建筑抗震设计规范，北京：中国建筑工业出版社，2010

表 3-12　对抗震有利、不利、危险地段的划分

地段类别	地质、地形、地貌
有利地段	稳定基岩、坚硬土、开阔、平坦、密实、均匀的中硬土等，一般属于 I 类场地或者开阔平坦、坚实均匀的 II 类场地
不利地段	软弱土、液化土，条状突出的山嘴，高耸孤立的山丘，非岩质的陡坡，河岸和边坡的边缘，平面分布上成因、岩性、状态明显不均匀的土层（如故河道、疏松的断层破碎带、暗埋的塘浜沟谷和半填半挖地基）等，一般属于 III 类场地土
危险地段	地震时可能发生滑坡、崩塌、地陷、地震、地裂、泥石流等及发震断裂带上可能发生地表错位等

资料来源：中华人民共和国住房和城乡建设部，GB50011—2010，建筑抗震设计规范，北京：中国建筑工业出版社，2010

　　建筑自身特征主要包括建设年代、建设技术、建筑结构类型、建筑层数和高度、建筑施工质量以及建筑密集度、邻近建筑建设情况等，一般建设年代越久、建筑高度越高、建筑密集度越大、邻近建筑越复杂的建筑易损性越强。综上，建构筑物场地特征和建构筑物自身特征都会不同程度地影响建筑倒塌危险程度，其关联性如图 3-72 所示。

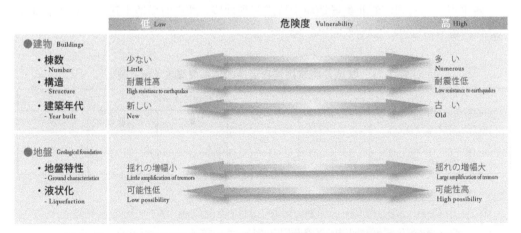

图 3-72　建构筑物场地特征和建构筑物自身特征与建筑倒塌危险度的关系

资料来源：地域危险度-地震に関する地域危険度測定調査（第 6 回），东京都都市整备局，2008

2）确定社区火灾危险度

火灾危险度包括火灾发生概率和火灾蔓延速度两部分。火灾发生概率与社区周边及社区内部危险场所以及危险建构筑物状况，社区容积率，建构筑物火、电、气以及建构筑物日常维护与管理状况等因素有直接关系。火灾蔓延速度与社区周边道路和公园分布状况、社区空间结构形态、社区灾害隔离系统、建筑密度、建筑高度、建筑防火性能以及社区与建筑内部消防设备设施等有密切联系（图 3-73）①。一般而言,社区周边及社区内部建筑状况复杂、危险隐患多的；社区容积率高的；建筑年代久远、电气等各种基本设施老化严重的社区，火灾发生概率很高，也容易造成更大的人员伤亡和财产损失。社区周边缺少宽阔道路和公园等开阔空间的，社区内部空间布局混乱的，社区内部缺少大规模绿化、水面和广场或者耐火性建筑等灾害隔离系统的，社区建筑密集度较高的，建筑高度较大的，建筑防火性能较差的以及社区与建筑内部消防设备设施配置不足或者老化故障严重的社区，其火灾蔓延速度较快，火灾破坏力较大。

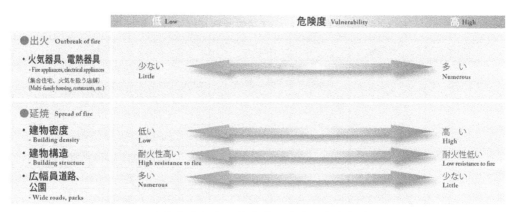

图 3-73　火灾发生概率和火灾蔓延速度与火灾危险度的关系

资料来源：地域危险度-地震に関する地域危険度測定調査（第 6 回），东京都都市整備局，2008

3）确定社区灾害综合危险度

通过对社区内的各个建构筑物倒塌危险度和火灾危险度排名进行累加，可以得出社区灾害综合危险度排名,我们可以将其按综合危险度大小分为 5 个等级（图 3-74）②。一般情况下，社区周边建构筑物危险复杂、社区内建筑密集区域、老旧建筑聚集区域等的灾害综合危险度较高，我们应该特别加强其防灾减灾措施。

---

① 地域危险度-地震に関する地域危険度測定調査（第 6 回），东京都都市整備局，2008。
② 地域危险度-地震に関する地域危険度測定調査（第 6 回），东京都都市整備局，2008。

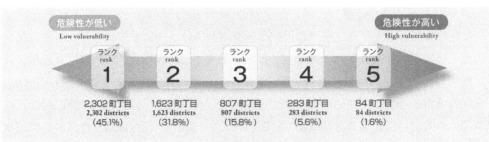

图 3-74　日本灾害风险度划分的综合危险度等级

资料来源：地域危险度-地震に関する地域危険度測定調査（第 6 回），东京都都市整備局，2008

3.5.3　确定城市既有高层社区防灾改造系统关键性指标

本书将城市既有高层社区防灾改造系统关键性指标分为四级，详见表 3-13。

表 3-13　城市既有高层社区防灾改造系统关键性指标表

一级指标	二级指标	三级指标	四级指标
既有高层社区防灾空间改造	社区防灾空间规划改造	区位环境与周边状况	社区周边可利用防灾资源
			社区内可利用防灾资源
		社区土地利用场地安全评价	社区场地地质安全环境评价
			社区场地自然安全环境评价
			社区场地人工安全环境评价
		社区空间结构与形态	集中式结构
			带型结构
			自由分散式结构
			有机网络式结构
	社区防灾空间体系改造	灾害隔离空间系统	空间结构
			实分隔体
			虚分隔体
		防救灾通道系统	社区救援通道
			社区避难通道
			社区消防通道
			社区替代通道
		应急避难空间系统	紧急避难空间
			小规模临时避难空间
			社区临时收容空间

续表

一级指标	二级指标	三级指标	四级指标
既有高层社区防灾空间改造	社区防救灾设施体系改造	生命线工程系统	供水系统
			排水系统
			供电系统
			供气系统
			通信系统
		消防空间系统	消防站点
			消防场地
			消防通道
			消防供水
			消防装备
			消防通信
		应急物资储备空间系统	地上储备空间
			地下储备空间
		环境要素	地面铺装
			绿化植被
			景观构筑物
			停车场
		防救灾设备设施	环卫设施
			供水设施
			通信设施
			指挥通信设施
			能源与照明设施
			飞机停机坪设施
		防救灾标识系统	名称标识
			引导标识
			方位标识
			说明标识
			预警标识

一级指标	二级指标	三级指标	四级指标
既有高层社区建筑物防灾改造	高层社区建筑空间防灾改造	高层住宅公共交通空间	安全出口
			楼梯间
			电梯间
			前室
			连廊
			消防电梯
			各种管井、管道
		高层住宅套内空间	厨房
			居室
			阳台
			卫生间
	高层社区建筑结构防灾改造	增加建筑结构抗震能力	增加自身整体性加固法
			外包加固法
			增设构架加固法
			增强连接加固法
			替换构件加固法
		减小地震作用	隔震加固法
			消能减震加固法
			被动控制减震加固法
	高层社区建筑材料防灾改造	外墙保温材料防灾改造	建筑外保温材料的防火性能
			防火构造施工情况
		室内装饰装修材料防灾改造	选择不易燃的装饰装修材料
			装饰装修材料的火焰传播速度指数
			装饰装修材料的轰然特点
			装饰装修材料产生烟雾和毒气情况
	高层社区建筑设备设施防灾改造	高层住宅内部基本设备设施的防灾改造	电气线路布置与检查维修情况
			消防电梯配置与维护管理情况
			火灾自动报警与灭火系统、消火栓系统、防烟排烟系统、应急广播和应急照明等消防设施配置与维护管理情况
		高层住宅智能化设备设施	火灾防范系统建立情况
			社区公共安全防范与管理自动化系统构建情况
			社区智能化与生态化水平

续表

一级指标	二级指标	三级指标	四级指标
既有社区防灾管理与救援系统优化	既有社区预警系统	社区防灾信息综合平台建立情况	—
		社区灾害监测与灾害预警系统构建情况	—
	既有社区危机管理系统	相应层次的防灾管理与指挥中心建立情况	—
		应急预案制定情况	—
		专业化社区应急救援队伍建立情况	—
	既有社区非专业化社区救援组织	公众参与和非专业化社区救援组织情况	—
		志愿者服务拓展情况	—
		居民防灾教育程度	—

第4章　城市既有高层社区防灾空间系统改造策略研究

4.1　引入社区防灾空间系统理念

4.1.1　社区防灾空间系统概念解析

1. 社区防灾空间概念

社区防灾空间是由一系列相互作用和相互依赖的空间要素组成的，具有一定层次、结构和功能，承担与发挥社区防灾功能的复杂空间系统。它为实现多种灾害的预防、防护、救助和灾后恢复重建等各阶段工作提供必要的相关设施及设备所占用的空间（图4-1）。

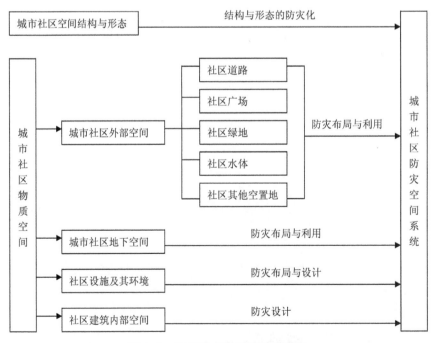

图 4-1　社区防灾空间范畴示意图

完备的社区防灾空间不仅要具备社区应急救灾功能，还应具备社区的灾害预防及总体防护功能。所谓社区防灾空间的完整含义，一是具有良好防灾能力的社区空间结构与形态，二是具有防灾功能的社区物质空间①，包括建筑外部空间、地下空间及设施空间，三是具有能应对多种环境的防灾能力，能满足灾前、灾中、灾后各阶段防灾救灾工作要求的空间系统②。可见，社区防灾空间是所有防灾活动在社区地域上的综合体现，是各种社区防灾活动的物质载体③。

因此，社区防灾空间应能保证以下防救灾工作的实施：避难场所的设置和管理、防灾基础设施的建设、救援物资的配给、紧急输送和救护的实现、灾后环境卫生以及灾后重建等各项防御灾害、防止灾害蔓延扩散及二次灾害发生、减小灾害损失以及灾后恢复的措施。

2. 社区防灾空间系统概念

所谓系统，就是由一定的要素组成的具有一定层次和结构，并与环境发生关系的整体。从系统论的角度来看，社区防灾空间系统是指在社区范围内用于防灾的宏观、中观与微观各层面具有防灾功能的空间结构形态④以及各种实体要素⑤所组成的各类防灾系统的总和⑥。

3. 社区防灾空间系统的层次

社区防灾空间是城市防灾空间的基本单元，它与其他城市防灾空间共同构建了城市防灾空间系统。因此，作为微观层面的社区防灾空间系统需要与宏观层面的城市防灾空间系统相互衔接，其防灾规划与建设主要体现为城市社区空间布局与形态的防灾化设计。而社区空间系统又主要包括建筑外部空间和建筑实体，该层面的防灾规划与设计主要考虑社区防灾物质空间体系的设置要求和设置指标。各个层面的空间体系相互联系，相互影响，在保障城市安全中发挥着各自的作用（图4-2）。

---

① 金磊在《城市公共安全与综合减灾需解决的九大问题》中提出：城市安全的常态建设比应急建设更有效，常态防灾规划通过关注物质空间环境与灾害的相互关系，以防灾规划思想贯穿城市规划，达到减少灾害诱因、回避致灾因素、避免灾害扩展等防灾目的。本书将此理念引入社区防灾规划与改造中。

② 丁育群、蔡绰芳：《九二一震灾对都市空间规划问题探讨》，《工程》2000年第9期。

③ 吕元：《城市防灾空间系统规划策略研究》，博士学位论文，北京工业大学，2004，第26页。

④ 社区的空间结构形态主要包括圈层式结构、带形结构、自由式环路结构以及有机网络式结构。

⑤ 实体要素通常由灾害隔离系统、避难通道系统、避难空间系统、生命线工程系统、消防系统、物资储备系统以及防救灾设备设施系统、防救灾标识系统等组成。

⑥ 胡斌、吕元：《社区防灾空间体系设计标准的构建方法研究》，《建筑学报》2008年第7期。

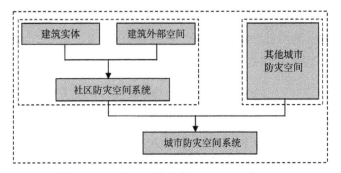

图 4-2　社区防灾空间系统层次示意图

4.1.2　社区防灾空间系统的构成及其防灾机能

社区防灾空间系统主要涵盖了宏观、中观、微观 3 个层面。

1. 社区防灾空间系统宏观层面——社区防灾空间结构与形态

社区防灾空间系统宏观层面主要包括以下几个主要方面（图 4-3）。

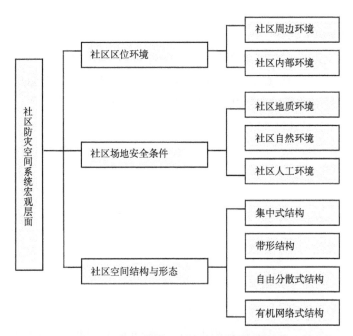

图 4-3　社区防灾空间系统宏观层面主要构成因素示意图

1）社区区位环境

社区区位指社区所在位置及与其周边环境相互作用的关系。早期城市社会学家认为每个城市社区都具有自己特定的地貌、地形以及其他环境特征。社区中的活动和分布往往以自然的和物质的环境特征为转移，在互相作用中形成一种自发限定的、特殊的空间布局和人群组织形式①。因此，社区区位环境也是影响社区防灾空间系统防灾功能的因素之一。

2）社区场地安全条件

许多灾害事故的破坏力都与社区场地有很大关系，因此，社区场地自身及其周边的安全条件对于社区的防灾性也有一定的决定作用。影响社区安全的因素主要包括社区地质环境、社区自然环境和社区人工环境 3 个方面。

3）社区空间结构与形态

目前我国城市社区的空间结构主要包括以下几种类型②。

（1）集中式结构。

集中式结构主要指社区围绕单个社区中心，以圈层式形态，逐圈向外扩大发展的一种空间结构形式。这是最早、最普遍的社区形态。这种社区形态通常将大规模的绿化水体和景观广场作为布局中心，从布局中心规划若干条发散向四周各个方向的放射式道路，并围绕中心设置圈层式结构道路。可见，这是最集中的社区空间形态，大部分社区功能都集中在一个密度很高的连续体中。单中心布局、社区团块化以及圈层式道路建设成为其最大特征③（图 4-4）。

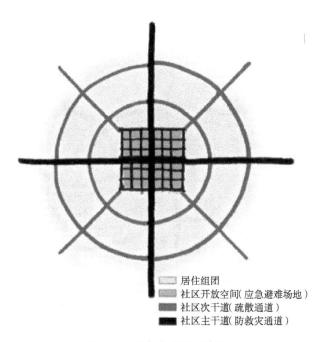

□ 居住组团
▨ 社区开放空间（应急避难场地）
▩ 社区次干道（疏散通道）
■ 社区主干道（防救灾通道）

图 4-4　集中式结构示意图

资料来源：常健，邓燕，社区空间结构防灾性分析，华中建筑，2010，10：31~34

① 伊恩·论诺克斯·麦克哈格：《设计结合自然》，芮经纬译，天津大学出版社，2006。

② 常健、邓燕：《社区空间结构防灾性分析》，《华中建筑》2010 年第 10 期。

③ 杰拉尔德·A. 波特菲尔德、肯尼斯·B. 霍尔·Jr：《社区规划简明手册》，中国建筑工业出版社，2003，第 74 页。

集中式社区空间结构比较适合于中小规模的城市社区。社区中心的大面积开敞空间承担着整个社区的主要防灾任务，中心区到边缘区均表现为紧凑、密实的空间组织模式，社区防灾空间的运作效率很高，有利于社区的减灾防灾。但是如果社区规模过大，聚集程度过高，社区集中聚集效应就会导致人口聚集，从而引起社区居住环境变差、交通导向性差、避难空间可达性、灾害隐患严重等一系列后果。可见，当单中心集中式社区的规模到达一定临界值后，其空间防灾性能会急剧下降。

（2）带形结构。

带形结构指平面布局呈狭长形带状发展的社区。其显著规划特点是以交通线路或者河流等环境因素为社区空间布局的主脊骨骼，在该骨骼一侧或者两侧布置社区的各种建筑和空间，用相应级别的道路与主脊联系成整体，其各级道路系统形成鱼刺形态。带形结构的社区没有明显的主要核心，社区导向性明确，带形的主轴使其均衡发展，线性的社区形态使其拥有较高的交通效率，交通节点周围的小规模开敞节点空间使社区资源分配具有均好性，各种娱乐休憩空间和避难设施等都分布在步行范围内。但是，这种社区形态比较适合于中小规模社区。当社区规模过大时，该结构会出现交通线路过长，社区不易管理，社区主轴引导性减弱等缺点（图4-5）。

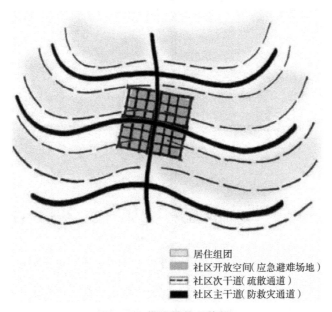

居住组团
社区开放空间（应急避难场地）
社区次干道（疏散通道）
社区主干道（防救灾通道）

图4-5 带形结构示意图

资料来源：常健，邓燕. 社区空间结构防灾性分析. 华中建筑，2010，10：31-34

带形结构的社区轴向交通效率高，疏散条件好，社区人口和功能布局分散，有利于防灾减灾。但是，如果纵向主轴过长，则容易造成社区防灾管理与疏散避难困难；如果横向半径过长，就会使短轴方向边缘区域与中心主轴过远，从而造成社区主要避难主轴的可达性降低，防灾引导性削弱等缺陷。

（3）自由分散式结构。

自由分散式结构的社区没有明显的中心区，也没有主要轴线，整个社区由若干条树枝状道路组织成一个整体，在枝状交通汇集的节点处通常会设有小规模开敞空间。这些位于道路节点处的广场、绿化等开放场所可以舒缓细小枝状道路的疏散压力。所以该社区结构的核心问题就是保障枝状道路的通行性和开敞场所的可达性（图 4-6）。

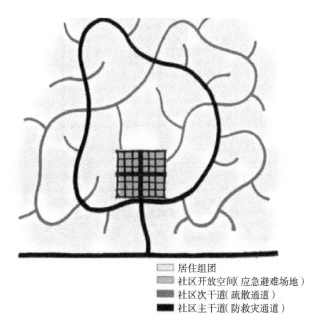

□ 居住组团
▨ 社区开放空间（应急避难场地）
▤ 社区次干道（疏散通道）
■ 社区主干道（防救灾通道）

图 4-6　自由分散式结构示意图

资料来源：常健，邓燕，社区空间结构防灾性分析，华中建筑，2010，10：31-34

自由分散式社区空间结构比较适用于小规模的居住区，其四通八达的枝状道路网和均衡的开放空间有利于灾后居民的就近疏散和避难。但是，对于较大规模的社区而言，这种结构则具有先天不足。大型社区需要庞大的枝状路网，从而导致路网组织性较差，导向性不明确，多条道路的交叉点灾时还容易引发交通阻塞[1]，从而不利于社区防灾减灾。

（4）有机网络式结构。

有机网络式结构是指由多个相似的有机单元组成的多中心的住区发展模式，具有扩展的弹性和空间单元的可生长性，是今后社区空间形态的主要发展方向，这也是适应生态社区结构模式的最佳形式。这种空间结构类似于多个集中式社区空间结构的有机组合体。该结构社区中的每个有机单元都具有一个中心，各个有机单元以绿地、水体等开敞空间相互分隔，并通过道路联系成一个大的整体（图 4-7）。各个单元的中心区均具备各种防灾设施功能场地，以满足本单元居民的疏散避难等防灾需求。

---

① 张殿业：《道路交通安全管理评价体系》，人民交通出版社，2005，第 35 页。

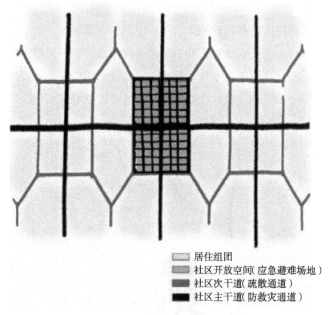

居住组团
社区开放空间（应急避难场地）
社区次干道（疏散通道）
社区主干道（防救灾通道）

图 4-7　有机网络式结构示意图

资料来源：常健，邓燕，社区空间结构防灾性分析，华中建筑，2010，10：31-34

　　有机网络式社区空间结构适用于各种规模的社区，尤其适用于中国近年来建设的诸多大型住区。该结构的防灾场所和设施有机均衡地分散于各个社区单元，有利于社区防灾减灾。但是，由于目前我国许多社区的防灾指标标准以及防灾管理等都还不太完善，防灾设施的配备也远远没有达到防灾需求，因此，社区防灾质量还有待提升。

　　2.社区防灾空间系统中观层面——防灾救灾空间体系

　　社区防灾空间系统中观层面主要包括以下系统[1][2]（图 4-8）。

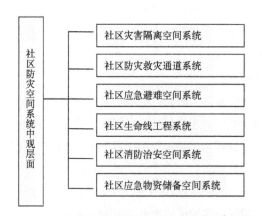

社区防灾空间系统中观层面
社区灾害隔离空间系统
社区防灾救灾通道系统
社区应急避难空间系统
社区生命线工程系统
社区消防治安空间系统
社区应急物资储备空间系统

图 4-8　社区防灾空间系统中观层面主要构成因素示意图

---

　　[1]　李威仪、陈志勇、简妤珊、许慈君:《台北市内湖地区都市防灾空间系统规划》,《地理资讯系统》2008年第2期。

　　[2]　胡斌、吕元:《社区防灾空间体系设计标准的构建方法》,《建筑学报》2008第7期。

1）社区灾害隔离空间系统

　　社区灾害隔离空间系统 ① 主要包括社区广场、社区防护绿带、卫生隔离带、滨水空间、大型道路以及耐火性和抗震性好的建构筑物等。在社区防灾单元之间设置防灾分隔可以有效地防止洪水、火灾、风灾、传染病等多种灾害的蔓延、扩散 ②，从而减少灾害损失。

　　2）社区防灾救灾通道系统

　　社区防灾救灾通道系统 ③ 是社区防救灾空间系统的主要组成部分。灾害发生后，由于地质裂缝或者建筑倒塌覆盖路面等原因，常常会造成救援通道被破坏或者堵塞不通，致使社区交通陷于瘫痪，影响救灾任务的正常进行和受灾居民的迅速疏散避难。可见，社区防灾救灾通道的规划与改造是提升社区防救灾能力的重要措施之一。

　　3）社区应急避难空间系统

　　社区应急避难空间系统 ④ 主要包括广场、绿地、中小学、体育馆等具有一定规模的开敞空间，场所内还应该配备必要的应急避难设备设施，以满足居民避难和临时生活的需求 ⑤。灾害发生后，居民首先便会就近寻求应急避难空间场所，所有救援活动都必须以避难空间为基础，因此建设完善的应急避难空间系统是构建社区防灾空间系统的空间基础。

　　4）社区生命线工程系统

　　生命线工程 ⑥ 是保障城市正常运行的中枢神经。社区领域内的生命线工程系统主要涉及供水、排水、供气、供电以及通信 5 个方面。每个社区都应该首先具有较为完备的生命线工程系统。这些基础设施不但在日常生活中发挥巨大作用，在灾害发生时也不可或缺。

　　社区生命线工程系统是维系社区居民正常生活的基础性工程设施系统，其防灾性能关系到灾害对其他工程的破坏影响以及社区灾后重建进程。在灾害发生时，生命线工程系统中不少设施、设备本身具有很高的经济价值，灾时生命线工程系统的破坏会导致较大的经济损失。而且，生命线工程系统的破坏也会切断社区的生存能力，从而阻碍救灾工作的进行，甚至其破坏会直接导致次生灾害，加大灾害伤亡和损失。

　　5）社区消防空间系统

　　社区消防空间系统也是社区防灾空间系统的重要组成部分，主要包括消防安全布局、消防车通道、消防站、消防供水、消防装备以及消防通信等内容，用来应对社区火灾或者其他紧急状况。

---

　　① 　社区灾害隔离空间系统是指用来进行灾害隔离或对灾害的发生能够直接、间接起到防御作用的空间系统。

　　② 　中国城市规划学会：《城市环境绿化与广场规划》，中国建筑工业出版社，2003，第 89-99 页。

　　③ 　社区防灾救灾通道系统是指灾害发生后承担灾害救援运输、灾害疏散和灾后避难功能的社区道路系统。

　　④ 　社区应急避难空间系统指灾后供居民紧急疏散、避难和临时生活的社区空间系统。

　　⑤ 　丁育群、蔡绰芳：《九二一震灾对都市空间规划问题探讨》，《工程》2000 第 9 期。

　　⑥ 　生命线工程系统主要是指维持城市生存功能系统和对国计民生有重大影响的工程系统，主要包括供水、排水工程系统；电力、燃气管线等能源供给工程系统；电话和广播电视等情报通信工程系统；大型医疗系统工程系统以及公路、铁路等交通工程系统等。

6）社区应急物资储备空间系统

应急物资①可按其用途划分为表 4-1 中所示的三大类。在灾害发生后，应急物资是满足受灾居民基本生活、保障救灾工作人员救援顺利进行以及支持社区灾害恢复与重建的物质基础。如 2011 年 3 月日本发生 9.0 级特大地震及海啸后，多个城镇因应急物资储备不足，引起了社会动荡和民众骚乱。因此，充足的应急物资储备是城市应对灾害的重要基础。

表 4-1　应急物资种类及其具体内容

序号	应急物资用途	具体内容
1	保障人民生活的物资	水、食物、衣物、药品、医疗器具、照明设施、通信设施、电力设备和基本生活用品等
2	工作物资	主要指处理危机过程中专业人员所使用的专业性物资
3	特殊物资	主要指针对少数特殊事故处置所需特定的物资，储量少，针对性强，如特殊药品

资料来源：作者根据相关资料整理绘制

应急物资储备空间系统是指用来储蓄灾时应急物资的各种地上、地下空间系统。目前我国社区层级应急物资储备库建设较少，灾害发生后，通常需要从城市物资储备机构大规模调配、运输应急物资，占用了大量的救援人员，降低了救援效率。如果社区救援通道被堵塞，救援物资还不能及时送达。而某些社区虽然配建了应急物资储备空间，其建设标准一般较低，储备物资也疏于管理，以致灾时不能很好地发挥其应具有的作用。

3．社区防灾空间系统微观层面——防灾救灾设施体系

社区防灾空间系统微观层面主要包括以下主要因素（图 4-9）。

1）社区环境要素

社区的环境要素主要包括地面铺装、绿化植被、景观构筑物、景观小品、停车场等，这些细部设计不仅要满足居民生活使用和休闲娱乐的功能，还应该充分发挥其对于社区防救灾功能的积极作用。

2）社区防灾救灾设施

社区防灾救灾设施也是社区防灾空间系统不可或缺的组成部分，主要包括环卫设施、供水设施、指挥通信设施、能源与照明设施以及飞机停机坪设施等内容。社区应该配备完善的防灾救灾设施，以满足居民疏散避难和临时生活的需求。

3）防灾救灾标识系统

吕元在《城市防灾空间系统规划策略研究》一文中从功能角度将防救灾标识分为名称

---

①　应急物资是指为应对严重自然灾害、突发性公共卫生事件、公共安全事件及军事冲突等突发公共事件的应急处置过程中所必需的保障性物质。从广义上概括，凡是在突发公共事件应对过程中所用的物资都可以称为应急物资。

标识①、引导标识②、方位标识③、说明标识④以及警示标识⑤五类。这些指示设施形式多种多样，其常见的形式有路牌标识、图文指示、视讯信息等⑥（图 4-10）。可见，社区防灾空间的标识系统能够使居民快速获得各种防灾信息，其规划设计对于防救灾功能的发挥也有着一定的影响。

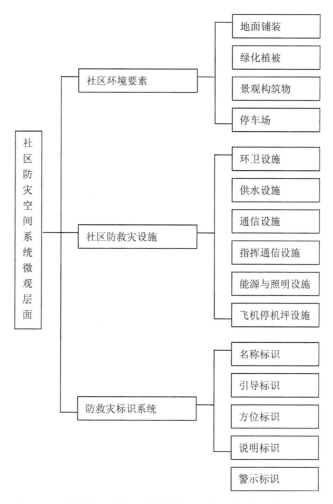

图 4-9　社区防灾空间系统微观层面主要构成因素示意图

---

① 名称标识指标明设施和场所等的名称，使人能够明确设施的功能的标识。

② 引导标识指通过路径、箭头、方向和距离等信息指示，对重要场所进行引导的标识。

③ 方位标识指通过标明设施所在位置与整个社区的相对位置关系，让人明确所处区位，清晰判断自身方位和路径的标识。

④ 说明标识指进一步解析某个场所或设施，让人快速获得更多信息的标识。

⑤ 警示标识指各种警示灾害危险场所的标识。

⑥ 田中直人、岩田三千子：《标识环境通用设计》，中国建筑工业出版社，2004，第112-132页。

图 4-10　各种常见的防灾标识

4.1.3　社区防灾空间系统改造的主要依据

1. 与城市防灾规划结合

城市防灾研究包括城市防灾、行政区防灾以及社区防灾 3 个层面。城市防灾规划在整个城市层面制定防灾空间格局和总体防灾策略，行政区防灾规划则为城市特定行政区域制定综合防灾措施，这两个层面的防灾规划为社区防灾规划提供宏观参照和依据。而社区防灾规划则首先需要统筹考虑以上两个层面防灾规划的要求，并从社区规划和建筑设计层面落实和深化防灾规划策略，将各项防灾措施落实到微观、具体的实体空间形态中[①]。这样，各个层面的防灾规划相互联系，构建一个承上启下、有机连续的防灾系统[②]。

2. 综合统筹

城市社区不仅会遭受火灾、震灾、洪灾、风灾等多种单一灾害的侵袭和威胁，还要面对衍生灾害和次生灾害的破坏和挑战。虽然不同灾害的孕灾环境和破坏能力各具特点，但也并非各行其道，毫无共性。社区防灾如果一一针对各种灾害分别进行防范，就会导致防灾资源的重复建设，从而造成人力、物力、财力的极大浪费。事实上，各种灾害的防治措施、支持条件、防范机能等的要求具有一定的共性，若发掘其共性，从社区的区位环境、

---

①　叶义华、许孟国：《城市防灾工程》，冶金工业出版社，1999，第 20 页。

②　金磊：《论城市综合减灾的法规体系研究》，《北京规划建设》2000 年第 3 期。

地质条件、空间结构等进行考虑，整体地、系统地进行防灾空间规划，问题便将迎刃而解。例如社区要有一定量的植被作为防火屏障，能够抵御火灾危险。面积较大的绿地既可以有效防止火灾蔓延，又可以作为临时避难场所，或者作为进行卫生防疫工作的场所。

可见，综合统筹是社区防灾空间改造的主要依据之一，基于此，社区防灾空间需要具备一种适应性。这种适应性体现为空间组成的多样统一以及空间结构的协调一致。提高社区防灾空间对灾害的适应性，使社区面临各种灾害时具有一定的弹性和张力。所以，社区防灾空间系统的改造应该综合纷繁复杂的空间组成和多元的功能要求，统筹社区防灾的各类因素，使社区能够应对各种灾害。

3.绿色与生态化

社区防灾空间的改造不仅仅要考虑灾害防御、灾后避难的要求，也要充分考虑优化社区生态环境的要求，因此，生态化已经成为社区防灾空间改造的主要依据。如社区防灾空间中的绿地系统除了对火灾、地震、水灾、空气污染以及城市热岛效应等多种灾害具有防御或者减灾功能外，还具有娱乐游玩、净化空气、净化水体、调节气候以及防风固沙等多种生态功能。再如社区中的水体除了隔离灾害，阻止灾害蔓延外，其美化环境、调节社区微气候等生态功能也非常重要。所以，社区防灾空间的改造不仅需要满足其防御灾害的功能，还要尽量保护自然环境和生态资源，创造人与自然和谐共生的宜居、安全、生态社区。

4.平灾一体化

平灾一体化无疑是目前社区防灾空间改造的重要依据。社区防灾空间平时为社区居民提供安心祥和的居住空间，满足居民生活、娱乐、游憩、交往以及文教等需求，灾时转变为灾害避难救援空间；社区防灾设施平时供居民观赏、休憩使用，灾时启用供市民避难①。如社区防灾空间中的广场平时主要承担着居民休闲娱乐、聚集交往等功能，灾时则可迅速转变为居民的避难场所。可见，防灾空间是多功能的载体，它的规划设计不仅仅要考虑防灾、救灾功能，还要充分考虑景观、生态等非防灾功能，而平灾结合的核心就是如何做到其日常功能和防救灾功能的共处转化。因此，在新的社区理念发展时期，我们要力求通过"一体化"设计使社区防灾空间和社区居住、游憩空间有机地融合为一体，保证社区经济、安全、生态协调发展。

综上所述，社区防灾空间系统改造要与城市整体防灾规划相结合，并且兼顾综合统筹、生态化以及平灾一体化，这些都将成为社区防灾空间系统改造需要把握的重点。

4.1.4　高层社区防灾空间系统特性分析

与多层社区相比，高层社区的空间具备一些自身的独特性。高层社区人口和建筑的高密度性也使其灾时居民安全疏散有着不同之处。因此，在高层社区防灾空间改造研究中，我们应该依据高层社区的这些特点，探索适合其空间特性的防灾措施。

---

① 吕元、胡斌：《城市空间的防灾机能》，《低温建筑技术》2004年第1期。

1. 高层社区空间尺度较大，使其具备利用已有空间防灾、避灾的物质空间基础

由于高层社区内住宅高度较高，为了满足住户日照、通风要求，各个住宅单体之间就需要更大的间距。事实上，与多层社区相比，高层社区通常具有较低的建筑密度①（表4-2）。而建筑密度与开敞空间成反比，建筑密度越低，说明建筑基地面积占社区总用地面积的比例越小，而空余的开敞空间面积则越大。因此，与多层社区相比，高层社区具有更大尺度的社区空间（图4-11），这些大尺度的已有开敞空间为高层社区防灾空间系统提供了物质空间基础，使既有高层社区防灾空间改造具备了实施的可能性。

表 4-2　住宅建筑密度控制指标

住宅类型	建筑气候类型		
	Ⅰ、Ⅱ、Ⅵ、Ⅶ	Ⅲ、Ⅴ	Ⅳ
低层	35	40	43
多层	28	30	32
中高层	25	28	30
高层	20	20	22

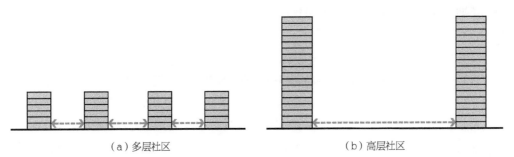

（a）多层社区　　　　　　　　　（b）高层社区

图 4-11　多层社区和高层社区开敞空间比较示意图

2. 高层社区普遍存在地下空间，这些地下空间经过防灾改造可以用作应急避难空间和应急物资储备空间

随着经济的发展，我国居民拥有私家车的数量越来越高，社区地面停车数量已经不能满足居民停车的需要。高层社区通常比多层社区具有更为密集的人口，停车位也更加紧张，所以我国最近十几年建设的高层社区大部分配建有地下空间用作居民停车场（图4-12）。遗憾的是，这些地下空间的防灾设置达不到避灾要求，甚至自身还可能存在一定的安全隐患。但是，这些地下空间为构建立体化社区防灾避难空间提供了物质空间基础，只要经过适宜的防灾改造，就可以用作社区应急避难空间和应急物资储备空间。

---

①　建筑密度是指用地范围内所有建筑的基底面积与规划用地面积之比。社区的建筑密度所反映的是社区用地范围内的建筑密集程度和空地率，也是间接反映社区空间形态的技术指标。

图 4-12　高层社区地下停车场

3. 高层社区建筑外部水平疏散与高层住宅内部竖向疏散相结合，高层住宅附近需要一定的开敞空间容纳住宅内部瞬时涌出的大量疏散人员短期停留

多层社区灾时人员安全疏散主要考虑社区内水平疏散，而高层社区不仅要考虑建筑外部水平疏散，高层住宅内部竖向疏散也不容忽视。高层社区一般层数较多，高度较高，居民从室内疏散至室外的时间比多层住宅长很多。另外，一栋高层住宅楼内居住人口数量大，灾时高层住宅内部瞬时涌出的大量疏散人员需要一定的开敞空间来容纳。这就要求在高层社区防灾空间系统中，不仅要设置中心大规模开敞空间供居民长期避难，还需要在各个住宅楼附近均匀设置小规模的点式开敞空间，以供高层住宅内居民疏散逃生至室外时短期停留或紧急避难（图 4-13）。

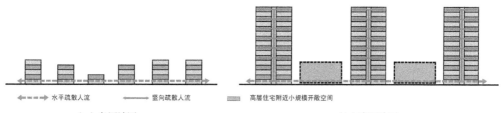

| ←---→ 水平疏散人流 | ←→ 竖向疏散人流 | ▨ 高层住宅附近小规模开敞空间 |

（a）多层社区　　　　　　　　　　　（b）高层社区

图 4-13　多层社区与高层社区疏散路线比较示意图

4. 高层社区的高容积率、高密度人口使其受灾后容易造成疏散人流拥堵，这要求高层社区必须设置更宽的疏散通道和多层次的应急避难空间

近十几年来，我国建设的高层社区规模越来越大，容积率也逐渐提高。这样一来，高层社区发生灾害后高度集聚的大量人流需要通过较长的疏散路径才能到达社区外部安全场所，这显然不能满足社区居民灾时安全疏散和避难的需求。可见与多层社区相比，高层社区的高容积率、高密度人口使其灾时疏散时更容易造成人流拥堵，高层社区的防灾空间系统需要设置更宽的疏散通道和多层次的应急避难空间。因此，我们应该根据高层社区规模、人口密度、社区空间结构形态等在社区内部设置具有有效宽度的网状防救灾通道系统，并设置点、线、面多层次的应急避难空间场所。

4.2 宏观层面优化策略——既有高层社区防灾空间规划改造

4.2.1 进行高层社区区位环境调查与分析

1. 进行周边可利用防灾资源分析

社区区位环境各具特色，我们首先应该详细调查社区用地周边的自然状况和防灾资源状况，整理分析可利用的各种资源，充分利用社区周边城市开敞空间的防灾阻灾性能和疏散避难功能，因地制宜地进行社区防灾减灾改造设计。例如如果社区毗邻城市公园或者广场等大规模开敞空间，就可以酌情降低社区内避难场所的设置指标，灾时可以借用邻近的公园、广场等作为中长期避难场所。天津市在《天津市城市总体规划（2005—2020 年）》中依托现状进行改造，进行了中心城区绿地规划（图 4-14）。我们在天津既有高层社区改造时，可以结合社区周边城市公共空间的分布状况，确定该社区内部避难空间指标。

图 4-14 天津市中心城区绿地规划图

资料来源：王峤，高密度环境下的城市中心区防灾规划研究，博士学位论文，天津；天津大学，2013：161

2. 进行社区内可利用防灾资源分析

社区用地范围内某些特殊地形地貌、树林、水体等也可以保留或者稍加改造作为社区防灾资源，这样既节约建设成本，又可以使社区具备地域特色和场所归属感，因此，我们在社区防灾空间系统改造中，也要尽量保留与利用社区用地内原有的防灾资源。如天津梅江的许多新建社区充分利用了该区域原有的大面积湿地（图 4-15），使那些水体不仅成为优美的社区景观环境，还具备很好的防灾隔灾的功能。

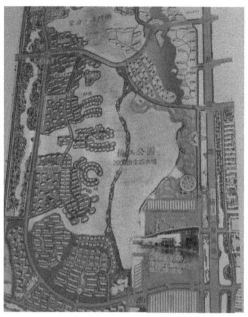

图 4-15　天津梅江大面积湿地，可以作为社区内部防灾资源加以利用

4.2.2　进行既有高层社区土地利用场地安全评价

由于高层社区的容积率较高，居住人口较密集，因此，为了确保社区的安全可靠，我们尤其应该对高层社区环境进行场地安全评价[①]。安全评价[②]的内容主要包括地质环境安全评价、人工环境安全评价以及自然环境安全评价。目前，我们可以采用 AHP（层次分析法）与 GIS（地理信息系统）叠加结合的方法（图 4-16）[③]，以实现优化防灾布局，改善场地防灾能力，保障社区安全。

---

① 柴丽君：《北方平原城市社区应急避难空间设计策略研究》，硕士学位论文，北京工业大学，2009，第75 页。

② 安全评价主要是利用系统工程方法对拟建或已有的工程、系统可能存在的危险性及可能后果进行综合评价和预测，并根据可能导致的灾害或者事故风险的大小，提出相应的安全对策措施，以实现工程、系统安全的过程。

③ 赵强：《城市健康生态社区评价体系整合研究》，博士学位论文，天津大学建筑学院，2012，第 198 页。

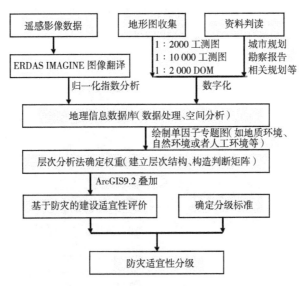

图 4-16　AHP 与 GIS 叠加结合的防灾评价技术路线图

帅向华等就利用 GIS 建立了城市社区模型 ①，模型综合考虑了城市社区的场地地质环境、场地自然环境、场地人工环境，结合社区建构筑物和居住人口状况，并通过叠加分析、数据库关联分析、空间检索、多变形点包含分析等手段，模拟分析城市社区的安全状况，其模拟结果可以对城市社区进行快速灾害评估，从而有效地指导城市社区防灾减灾规划与改造决策的制定，并为防救灾指挥人员提供决策信息指导。

1. 进行高层社区场地地质环境安全评价

高层社区场地地质环境安全评价指社区所在区域的地质环境评价。由于高层社区的建筑比一般社区的建筑高度高，其对地基承载力的要求自然也高很多，因此，高层社区选址尤其应该避开不利地段和危险区域，尽量选择地质条件好的地段。也就是说，高层社区的选址应避开矿山采空区、地震断裂带以及易发生泥石流、滑坡、崩塌等地质灾害的区域。高层社区主要建筑和应急避难空间也不能建设在湿陷性黄土、溶塌陷土质等松软地基上，以防止震后地基变形导致的建筑和各种设备设施的破坏。

2. 进行高层社区场地自然环境安全评价

社区场地自然环境安全评价指社区所在区域的自然环境状况评价。社区的选址应该避

---

①　该模型考虑了决定城市震害的 3 个主要灾害指数，包括震害指数、建筑物密度指数和人口密度指数。具体讲，就是将城市划分为等面积的单元网格后进行各项因素叠加分析。单元网格震害指数（I）划分为 5 挡，分别为 0.1、0.3、0.5、0.7 和 0.9，单元网格建筑物密度指数（B）划分为 5 挡，分别为 0.1、0.3、0.5、0.7 和 0.9，单元网格人口密度指数（P）划分为 5 挡，分别为 0.1、0.3、0.5、0.7 和 0.9。对每个单元网格，灾害指数对应为单元网格震害指数、单元网格建筑物密度指数（按照占地面积计算）和单元网格人口密度指数，然后对每个单元网格内的各项灾害指数进行加权计算得到对应的综合指数，称为高危害小区指数，该指数的值为 0～1，值越大，表示危害越重。较高指数值相对集中的地方，就是城市中灾害较为突出的区域，是救助地震灾害中首要考虑的地方。

开城市不利风向，防止其他区域火灾随风蔓延到社区；在沿海城市或者较易发生洪灾的地区还应该避开城市低洼区，以免受到洪水的侵袭。

3. 进行高层社区场地人工环境安全评价

社区场地人工环境安全评价主要指社区选址应该远离高压输电线路、远离生产易爆易燃品的工厂或仓库等容易产生次生灾害的人造建构筑物群[①]。该评价还包括对于社区内配备的电力、燃气、供水、通信等社区基础设施和城市生命线供应系统的安全评价。

4.2.3　既有高层社区空间结构与形态防灾改造策略

不同的社区空间结构与形态具有各自的空间特点，本书根据集中式结构、带形结构、自由分散式结构以及有机网络式结构的空间特点和防灾问题，分别归纳了其主要防灾改造策略[②]。

1. 集中式结构防灾改造策略

集中式结构的主要防灾改造策略具体如下（其示意图如图 4-17 所示）。

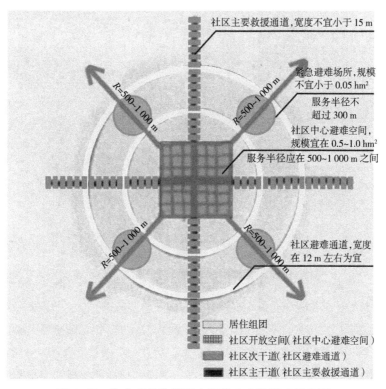

图 4-17　集中式结构社区主要防灾改造策略示意图

（1）在集中式空间结构社区的结构中心设置大规模广场、绿化或者小学等作为社区中

---

① 中国城市规划学会：《城市总体与分区规划》，中国建筑工业出版社，2003，第154页。
② 常健、邓燕：《社区空间结构防灾性分析》，《华中建筑》2010年第10期。

长期应急避难场地。中心避难场所的服务半径应在 500~1 000 m 之间，规模至少在 0.5~1.0 hm² 之间，其避难广场人均面积应大于 2 m²/人，并且避难场所内应配备完善的防灾救灾设施。社区内部宜均衡设置数量合理的紧急避难场所，其规模不宜小于 0.05 hm²。

（2）保障防灾通道具有足够的宽度和通行性。如承担主要疏散避难功能的主要救援通道应该大于 15 m。社区内部应根据社区规模设置一圈或者多圈环式社区避难通道，一般其宽度以 12 m 左右为宜。另外，社区中心避难场应具有良好的可达性，其周围应该至少有两条以上的通道可达。

（3）社区规模与人口密度应该控制在合理范围内，保证居民到达紧急避难场地的时间不超过 5 min，即步行 300 m 以内即可到达；居民达到社区中心避难场所极限时间不超过 20 min，即步行距离控制在 800~1 000 m。

2.带形结构防灾改造策略

带形结构的主要防灾改造策略具体如下（其示意图如图 4-18 所示）。

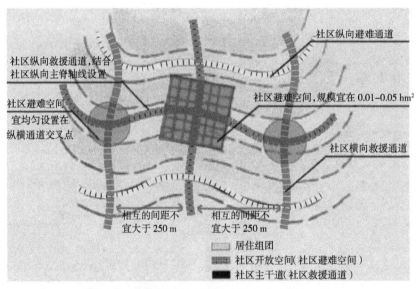

图 4-18 带型结构社区主要防灾改造策略示意

（1）带形结构社区需要在其纵向主脊轴线与横向疏散通道的交叉节点处设置避难场所空间，规模可在 0.1~0.5 hm²，位置可结合公交站点均匀分布，以保障避难资源的均好性。

（2）带形结构社区的横向防灾救援通道一般设置在与纵向主轴垂直的交通线路上，其相互的间距不应大于 250 m，宽度不宜小于 12 m，以避免横向救援通道阻塞而影响人员疏散。

（3）带形结构的社区规模也不宜过大，一般社区任一点到达与其最近的紧急避难场地（一般为横向路网的交叉节点）步行不应超过 5 min；社区任一点到达主脊轴线的距离也不宜大于 1.5 km，即步行不宜大于 30 min。

3. 自由分散式结构防灾改造策略

自由分散式结构的主要防灾改造策略具体如下（其示意图如图 4-19 所示）。

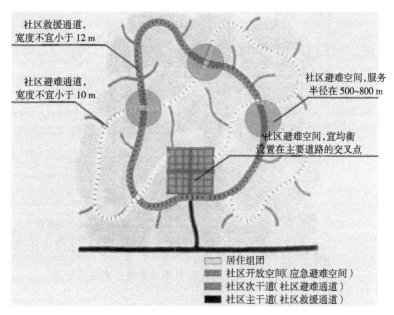

图 4-19 自由分散式结构社区主要防灾改造策略示意图

（1）自由分散式结构社区由于没有明显的避难中心，因此，均衡分布的主要道路的交叉点应该设置一定规模的避难疏散空间，避难广场面积一般不宜小于 1 m²/人，满足 500~800 m 服务半径内的居民避难疏散要求。

（2）自由分散式结构社区的各个避难场所要有良好的可达性，一般要求至少有两条以上的防灾救援通道与其相连。

（3）自由分散式结构社区的交通路网要有足够的宽度，一般主要防灾救援通道宽度不宜小于 12 m，社区避难通道宽度不宜小于 10 m，枝状道路的宽度也不宜小于 6 m。

4. 有机网络式结构防灾改造策略

有机网络式结构的主要防灾改造策略具体如下（其示意图如图 4-20 所示）。

（1）有机网络式社区结构的有机单元之间要有广场、绿化或者水体等开敞空间作为灾害隔离带或者中长期避难场所，各个有机单元之间的开敞地带形成社区防灾空间网络，以有效防止灾害蔓延。

（2）有机网络式社区结构各个有机单元内应设置社区固定应急避难场所，其规模不宜小于 1.5 m²/人，服务半径不宜超过 800~1 000 m。

（3）有机网络式社区结构的社区级防灾救援通道不宜小于 15 m，小区级救援通道不宜小于 12 m，组团级枝状通道不宜小于 6 m，各级道路形成层级化、网络化的防灾救援交通系统。

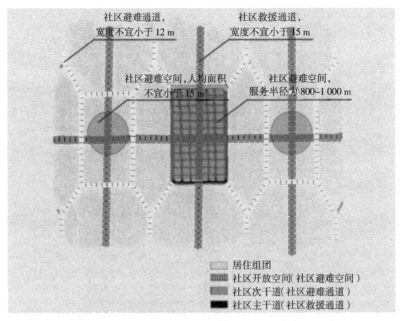

图 4-20　有机网络式结构社区主要防灾改造策略示意图

4.3　中观层面优化策略——既有高层社区防灾空间体系防灾改造

4.3.1　灾害隔离空间系统防灾改造策略

1.利用社区空间结构阻隔灾害

社区空间结构形态对阻隔灾害也存在一定影响。根据既有社区空间结构的规划设计，对社区空间进行改造，可以有效地阻隔灾害蔓延。如集中式空间结构社区，其中心一般有较大规模的开敞空间，我们可以结合其中心开敞空间进行防灾改造（图 4-21），如种植女贞、白杨、槐树、珊瑚树、银杏等防火性能好的树种，加建一定规模的水面等，还应该特别注重其防灾设施的设置，以便灾害发生时，能迅速救灾减灾。带形结构社区则应该重点加强其带形主脊轴线的阻灾功能（图 4-22）。如提高主脊轴线两侧建筑耐火等级，在主脊轴线上种植耐火植物等。自由分散式结构社区则应该充分利用分散在社区内的各个避难场所，注重提升它们的防灾性能（图 4-23）。有机网络式结构社区则应该强化有机设置在社区内的各个避难场所的阻灾性能，以充分发挥其防灾减灾功能（图 4-24）。

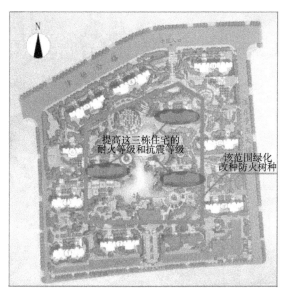

图 4-21　集中式社区中心开敞空间阻灾改造　　**图 4-22　带形社区主机轴线阻灾功能**

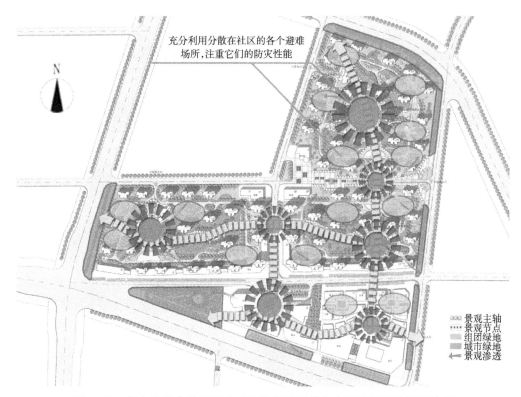

图 4-23　自由分散式社区宜注重分散在社区的各个避难场所的阻灾功能

图 4-24　有机网络式社区宜强化有机分布在社区内的各个避难场所的防灾功能

2. 虚实分隔相结合

社区灾害隔离空间系统可以分为实分隔和虚分隔两种类型。实分隔指利用耐火性较好的社区构筑物或者建筑物来形成灾害隔离空间以防止灾害扩张。虚分隔则指利用社区广场、社区防护绿带、卫生隔离带、滨水空间以及大型道路等具有一定规模的社区开敞空间进行分隔，以有效防止灾害蔓延。日本消防研究所（FRI）和结构研究所（BRI）对 1995年 1 月 17 日神户大地震的次生火灾进行了详细调查。其中，对 Mizukasa Nishi 附近阻止火灾蔓延因素的调查统计结果显示：防火建筑物、宽广的道路、公园或者大空地等都能阻止火灾蔓延。美国等其他国家也对阻止火灾的蔓延因素进行了调查，其调查结果也得出了相同的结论。

合理利用实分隔体阻止火灾蔓延的成功实例很多。如日本东京都墨田区的白须东小区就以建筑等级较高的建筑作为隔离带，并结合这些建筑设置避难广场和疏散道路。为了阻挡火灾发生时的辐射热和火焰流，并使疏散到广场的居民得到安全保障，小区内设置了墙式的连续成片的高层住宅隔离带。这些高层住宅采取了一系列的防火措施：如基础采用40 m 深的钢筋混凝土桩基加强其自身的抗震能力；建筑物的主要构件全是耐火性能好的构件；建筑的东侧开口部位均设有防火卷帘及水幕，以阻挡东面木屋区的火焰辐射热，地下室设置了总容量为 30 000 m³ 的两层消防水池和供 80 000 人一周饮用的 9 000 m³ 的储水池，以及事故发电设备、防灾指挥中心等。这样的高层建筑隔离带可以真正起到"防火墙"的作用，能够有效阻断该社区大火的蔓延① （图 4-25）。当然，用社区防护绿带、较大面积的滨水空间等虚分隔作为防灾隔离带也是社区防灾规划和改造常用的手段之一。如以社区常见灾害之一的火灾为例，日本的有关研究显示，各种虚实分隔要素在社区灾害隔离中都发挥着重要作用（表 4-3）。因此，我们在社区灾害隔离空间系统设计中，应该将虚实分隔体有机结合，使其共同防御灾害。

① 陈保胜、周健:《高层建筑安全疏散设计》，同济大学出版社，2004，第 16-17 页。

表 4-3　日本火灾隔离体分析表

火灾阻断物	比例
各类道路	40%
广场、绿地、水体、空地等开阔场地	20%
耐火建筑物或构筑物	30%
消防活动进行的火势隔离	10%
合计	100%

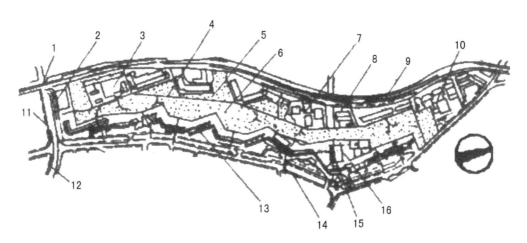

1—白须桥；2—工厂；3—小学；4—进入避难广场的路线；5—避难广场；6—白须公园；
7——防灾中心；8—医疗中心；9—高速公路；10—中学；11—明治路；12—主要疏散通道；
13—防火建筑带；14—堤路；15—钟渊路；16—商业中心

图 4-25　白须东堤路社区避难规划示意图

3. 因地制宜，充分利用已有资源

社区灾害隔离空间系统改造应该结合社区现状、社区景观系统等社区已有资源因地制宜地规划设计。如以火灾为例，谢旭阳参考国外的研究成果，基于 GIS 技术编制了模拟火灾蔓延范围和阻灾因素的模拟软件（其模拟流程示意图如图 4-26 所示），我们将社区现状输入该软件，软件可以模拟出不同起火点火灾的蔓延范围，探索出易被引燃建筑和可以阻止火灾蔓延的因素[①]。然后，我们的社区灾害隔离系统改造可以充分利用软件模拟出的阻止火灾蔓延的社区主干道、社区中心广场、社区内大面积水体或者社区内防火性能好的建构筑物，加以改造（如在已有的开敞空间内种植诸如白杨、槐树、银杏等耐火性能好的难燃植物，提高阻灾关键位置的易被引燃建筑的防火性能等）而使其成为阻止灾害蔓延、扩大

---

① 谢旭阳编制的模型为了模拟火灾的蔓延范围，在系统中对建筑的属性设置了一个字段（Burn Type）。该字段用来标记建筑物的燃烧状态。其中，"0"表示初始状态，"1"表示被引燃的建筑物，"2"表示已经查询过能被燃烧的建筑。

的重要防灾资源。

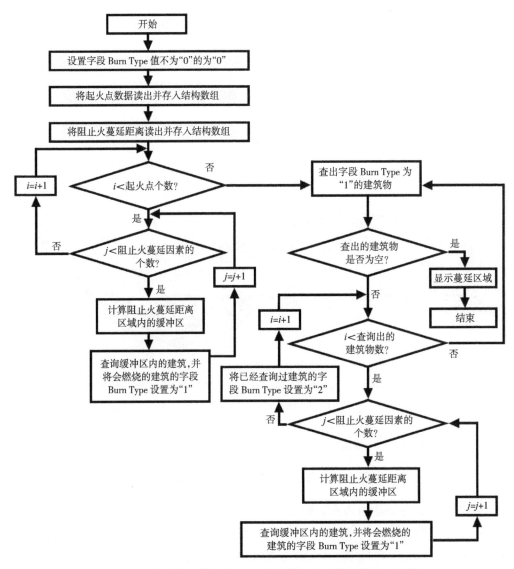

图 4-26 火灾蔓延范围与阻止火灾蔓延因素模拟流程示意图

4.3.2 防救灾通道系统防灾改造策略

灾害发生后，社区内的居民首先需要通过社区道路系统疏散逃生，救援人员也需要依托道路系统进驻灾害现场。可见，防救灾通道系统在社区防灾救灾中发挥着极为重要的作用，其可达性与畅通度直接影响到居民疏散的速率与抗灾救灾的时效性[1]。

---

[1] 周大颖、简甫任：《紧急避难场所区位决策支持系统建立之研究》，《水土保持研究》2001年第1期。

1. 优化防救灾通道的空间设计

灾害发生后，由于道路自身发生破坏或者道路两侧建筑物倒塌阻塞路面等种种原因，常常会导致道路交通功能的瘫痪，影响灾害救援工作。事实上，许多威胁道路灾时畅通性的情况完全可以通过优化防救灾通道的空间设计来避免。防救灾通道的空间优化改造主要可以通过保障防救灾通道自身的安全性和保障防救灾通道的有效救援性两个方面来实现。其防灾改造策略不仅包括提高防救灾通道防灾性能的工程性技术措施，还包括提高防救灾通道灾时有效畅通的非工程性管理措施。笔者通过对我国城市既有高层社区道路现状情况和防灾问题的实地调研和整理分析，归纳出防救灾通道空间优化策略[1][2]，见表4-4。

表 4-4　防救灾通道空间优化策略

改造方向	改造措施	改造原理与依据
保障防救灾通道自身的安全性	注重道路选址安全	防救灾通道首先需要在灾害发生时本身不发生破坏才能承担社区防灾功能。因此，防救灾通道的选址应该避免地理环境较差的区域，例如危险建构筑物附近或者低洼易积水区
	保障道路的避燃性	许多灾害除了直接灾害外，往往会引发二次灾害，例如地震极易引发火灾、爆炸等。因此，要满足防救灾通道救灾避难的需求，就需要其自身具有阻断火灾蔓延功能，常见的方法如在道路两侧种植难燃树木，提高道路沿线建构筑物耐火等级、抗震等级等等
	道路沿线建构筑物控制	灾害发生后，道路交通功能的瘫痪不只是因为其自身的破坏，更多的是由于道路两侧建构筑物的倒塌而使得道路无法通行。可见，防救灾通道两侧的建筑必须坚固，对于相对不坚固的建构筑物或者相对危险的活动应该实行严格的管制措施。另外，防救灾通道两侧的建构筑物的高度也不宜过高，建筑也应该后退道路红线一定距离，以免建灾时坍塌堵塞道路而使道路降低甚至失去救灾避难功能
	道路及其沿线上空空间管制	道路防救灾设备设施往往需要较大尺度的宽度和高度，这就要求防救灾通道上空应该保持合理的净空空间，以确保防救灾设施的顺利通过。例如，对穿越街道的电线、建构筑物等的延伸路面长度都应该予以严格限制
	道路两侧的使用管制	保障道路的流线通畅和充足有效宽度是保障其防灾避难功能的前提之一，而我国既有城市高层社区的现状则存在着诸多占用道路的现象，如路边停车、路边摆摊等。这样会降低道路的有效宽度、有效容量，造成交通阻力甚至导致交通阻塞。可见，我们应该实行防救灾通道两侧的使用管制措施
保障防救灾通道的有效救援性	实现灾时专用路权	防救灾通道在日常时要发挥一般交通功能，然而一旦灾害发生，就要以救灾避难功能为先，实现灾时专用路权，以提高救灾效率，减少灾害损失
	提高道路辨识度	在特殊灾害情况下，例如洪水或暴雨灾害，往往造成防救灾通道界限不清，辨别困难，以致延误救灾。因此，提高防救灾通道辨识度可以保障救灾工作的顺利开展

① 初建宇、苏幼坡、刘瑞兴：《城市防灾公园"平灾结合"的规划设计理念》，《世界地震工程》2008年第3期。

② 聂蕊：《基于可持续减灾的御灾性城市空间体系建构和设计策略研究》，博士学位论文，天津大学建筑学院，2012，第165页。

2. 分层次分功能设置防救灾通道，保证各级通道基本指标满足防救灾需求

我们依据国外经验和国内社区特点，可以分 4 个层次设置社区防救灾通道，具体包括：社区救援通道、社区避难通道、社区消防通道以及社区替代性通道。不同层次的防救灾通道承担不同的防灾机能。社区救援通道是应急救援队伍、救灾机械以及救灾物资进驻到灾害现场和避难空间的主要路径。而且，社区救援通道对外要直接与城市道路连通（该通道为联系外界的主要道路），可直接到达社区周边的城市应急避难空间与场所，对内则是联系各等级、各层次应急避难空间与场所的重要路线。社区救援通道宽度应该保障在 15 m 以上，沿路的建筑应该后退道路红线 5~10 m，道路红线两侧应该规划有 5 m 以上的绿化带，道路内严禁停放车辆，并保持其灾时的畅通性。社区避难通道是社区内居民灾时迅速疏散、逃生至社区应急避难空间的重要路径，路宽应该在 12 m 以上。该等级通道的主要作用是保障居民及时疏散至避难区、车辆及时输送防救灾物资到各个避难点。社区消防通道是保证消防车辆与器械能够畅通无阻地到达社区各个建构筑物，并且保证足够的消防机械操作空间的道路系统，路宽一般为 4~6 m。该通道必须确保整个社区无消防死角，还要特别注意满足消防车辆转弯半径的要求。社区替代性通道指在社区内救援通道瘫痪后，替代救援通道防救灾功能的道路。一般社区应该至少设置一条替代性通道，以保障救援通道堵塞后社区灾害救援工作仍能顺利进行。替代性通道可以考虑平灾结合，如平时可为活动场地、草地等，救灾需要时改为替代性通道。我们应该基于社区原有交通道路系统，结合社区周边防灾资源分布、社区空间结构形态、社区内建构筑物实际情况、社区应急避难空间布局、社区内居住人口密度以及人流疏散要求等因素，分层次、分功能设置防救灾通道，并保证各级通道基本指标满足社区防救灾需求（表 4-5）。

表 4-5　社区各级防救灾通道设置标准及其主要功能

通道等级	社区救援通道	社区避难通道	社区消防通道	社区替代通道
道路高度	满足大型机械车辆所需净高度	—	满足消防车辆与机械所需高度	满足大型机械车辆所需净高度
道路有效宽度	15 m 以上	12 m 以上	4~6 m	15 m 以上
连接主要场所	对外连通城市道路及社区周边避难场所，对内联系各等级、各层次应急避难空间	连接社区救援通道与各个社区应急避难空间	连接社区各个应急避难空间，并能到达社区各个建构筑物	对外连通城市道路及社区周边避难场所，对内联系各等级、各层次应急避难空间
主要功能	灾时用于救援、运输物资，灾后用于社区重建	灾时用于居民逃生、疏散	保障消防车通行，灾时也可用于灾害救援	救援通道瘫痪后，替代其救灾机能
设置要求以及管理注意事项	严禁构筑物、车辆等随意占用，灾时实行交通管制，保障其灾时畅通，设置通往各个应急避难空间的标识以及广播系统	设置通往各个应急避难空间的标识以及广播系统	满足消防车转弯半径要求，沿线配置消火栓、消防水池，禁止构筑物、车辆等占用消防车道	平时可以作为绿化或者景观，灾时开辟出来，设置通往各个应急避难空间的标识以及广播系统

3. 连接城市道路系统，并注重不同层次通道的连接

社区防救灾通道不能是封闭独立的，它需要与城市防救灾道路连通，以有效连接社区与城市防灾空间。因此，一般社区道路都要有几个进出口，在不同方向上与城市道路相连。这样，灾害发生时，能够迅速把居民疏散到城市防灾空间，也能保障救灾车辆和人员及时进入社区救援。

此外，我们还应该在不同级别道路的连接处设置必要的据点进行车辆与人员的疏通和指挥。连接处的据点可分为三级进行设置：一级连接据点为重要救灾通道与紧急救灾通道的连接据点；二级连接据点为紧急救灾通道与主要避难通道的连接据点；三级连接据点为主要避难通道与紧急避难通道的连接据点。各级据点可设置必要的指挥设施，以便于救灾物资的运输和人员疏散。

4. 优化道路结构，建构网状道路系统

社区防救灾通道系统应该脉络清晰，并注重连通性。因此，我们应该优先采用网状防救灾通道布局，使各级防救灾通道相互贯通。这样，即使部分通道堵塞或是道路本身发生毁坏，也可通过其他路径到达应急避难空间，而不影响居民逃生避难和抢险救援工作的展开。

我国的许多老旧社区道路结构极其不合理，其连续性、连通性与可达性较差，常常会出现不成环、不成网、瓶颈断头等现象，不能满足防救灾需求。对于这些不能满足避难疏散通行要求的社区道路，应适当增辟通道，拓宽路面，裁弯取直，打通丁字路，形成网络道路系统。

5. 加强应急避难空间周边通道的通行能力

社区应急避难空间周边路网的通行能力很大程度上决定着居民到达安全场所的时间长短。因此，首先要保障避难空间周边的道路畅通无阻，一般的应急避难场所要保障有两条疏散通道可以到达。通道的设计需要遵循道路笔直、视野开阔、没有视觉障碍死角、无断头路等原则。对于居住密度大的场所，还要根据实际情况增加辅助性通道或拓宽现有道路，以保证灾时密集人流的安全迅速疏散。

6. 构建多样化立体化防救灾通道系统

大灾难发生时往往可能导致建筑倒塌，地面道路被阻，救灾通道瘫痪，可见，单一的防救灾通道不能满足救灾需求。所以，我们应该依据社区环境和资源，结合水、陆、空，并整合地上和地下通道，因地制宜地构建多样化、立体化防灾救灾通道系统 [①]。

综上，笔者对天津春和仁居高层社区的现有交通道路进行了拓宽、整合，为其规划构建了层级分明的社区防灾通道系统。通过适当增辟防救灾通道，拓宽原有道路，打通丁字路等措施，消除了社区内原有道路的不成环、不成网、瓶颈断头等现象。改造后的社区防灾通道由环形的社区救援通道、环形的社区避难通道、均匀分布在社区内部的消防通道以及两条社区替代通道组成，形成了可达性良好的网络道路系统（具体如图 4-27 所示）。

① 曾光：《寒地城市社区防灾空间设计研究》，硕士学位论文，哈尔滨工业大学，2010，第 43 页。

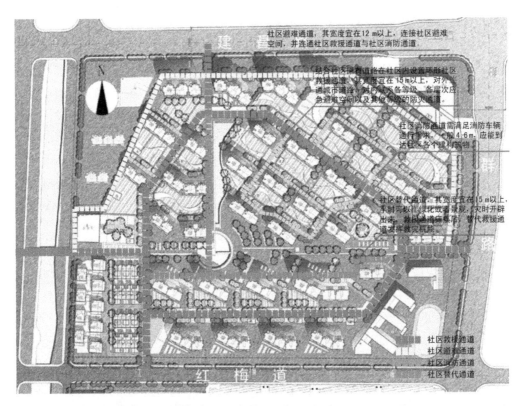

图 4-27 天津春和仁居高层社区防灾通道系统改造示意图

4.3.3 应急避难空间系统防灾改造策略

1. 与城市和社区其他防灾空间结合布置

城市防灾系统包括城市防灾、行政区防灾、社区防灾 3 个层面，每一个层次都具备自身完整的系统，承担着该等级的防灾任务。但是，各个层次又是互相联系和影响的一个整体。因此，社区级防灾空间系统应该以城市防灾规划布局为基础。而社区应急避难空间作为社区防灾空间系统最为重要的部分，其布置更应该以社区防灾空间系统为依托，与其他社区防灾空间（包括灾害隔离空间系统、防灾救灾通道系统、生命线工程系统、消防治安系统以及应急物资储备空间系统等）结合布置，通过应急避难通道的连接，形成较为完善和整体的空间布局。总之，社区应急避难空间系统要综合考虑城市防灾空间和社区其他防灾空间，并根据本社区规划情况与建设现状，依据安全、迅速疏散与安置受灾居民的原则，综合考虑既有建构筑物情况、开敞空间分布、社区人口密度、人群疏散要求等因素设置应急避难空间系统。

2. 分等级布置，构建全方位的避难空间整体

目前，我国普遍建设的社区一般规模较大，人口较多，因此，社区应该分等级设置避难空间，构建全方位的避难空间整体。依据我国大部分城市社区的规模大小和现状特点，我们将社区避难空间分为 3 个等级：紧急避难空间、小规模临时避难空间和社区临时收容空间①（图 4-28）。根据灾时人的避难行为特点与灾时疏散避难研究结果，我们可以按照表 4-6 的依据和公式确定社区各个等级避难空间的设置指标②。

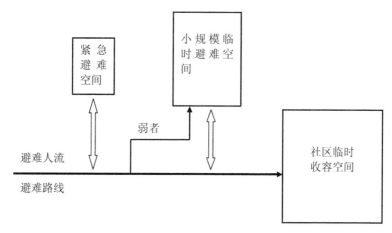

图 4-28　社区避难空间与避难路径

表 4-6　社区各级避难空间设置指标确定依据与公式

指标	依据	计算公式	计算结果
避难空间服务半径 R（m）	人在灾时的疏散速度和灾时社区环境状况	（其中，t 表示避难疏散过程的步行时间；v 表示人在灾时避难的行进速度，一般取值 0.8~1.2 m/s；表示道路的弯曲系数，一般取值 0.65）	灾时人们紧急逃离危险建筑的时间一般在 10 min 以内，因此，社区紧急避难空间的服务半径不应超过 300 m；灾时人的极限步行疏散时间为 1 h 左右，因此，社区临时收容空间服务半径不宜超过 2 km
避难空间服务面积 S_i（m²）	人在灾时的极限步行时间	（其中，R 为避难空间的服务半径）	根据人在灾时的避难时序特点和避难场所的空间服务半径，将避难空间系统分为社区紧急避难空间、社区小规模临时避难空间以及社区临时收容空间

①　丁石孙：《城市灾害管理》，群言出版社，2004，第 90 页。

②　邓燕：《新建城市社区防灾空间设计研究》，硕士论文；武汉理工大学，2010，第 33-34 页。

续表

指标	依据	计算公式	计算结果
避难空间规模 S（m²）	避难所需的人均避难空间面积和社区人口密度	（其中，D 表示社区避难人口平均密度；S_1 表示避难空间服务面积；S_2 表示人均避难面积）	社区紧急避难空间的人均避难面积不宜小于 0.5 m²，因此其规模不宜小于 500 m²； 社区小规模临时避难空间的人均避难面积不宜小于 1 m²，因此其规模宜在 0.5-1 hm² 左右； 社区临时收容空间的人均避难面积不宜小于 2 m²，因此其规模不宜小于 1 hm²

　　社区紧急避难空间主要由居住组团道路、组团绿地、组团内开敞空间构成，功能一般比较简单，作为灾时第一避难场所为居民提供一些急救措施，满足临时停留、避难的要求，一般规模也比较小，服务半径在 300 m 以内，规模宜在 500 m² 以上。社区小规模临时避难空间①主要指居住小区道路和小区级广场、绿化等开敞空间，规模宜在 0.5-1 hm² 左右，具备居民避难停留、应急水电、流动医疗以及厕所等功能，服务半径在 500~600 m 左右。社区临时收容空间②指居住区级中心广场、绿化等开敞空间、社区活动中心、中小学或者社区周边的广场、公园等规模较大的公共空间，承担集散物资转运、医疗救护、安置居民、救灾指挥等救灾功能，其面积宜在 1 hm² 以上，服务半径 1~2 km。社区临时收容空间可容纳居民灾后临时生活一段时间，因此其内部应该配备完善的供水、环卫、照明、能源、通信以及物资储备等防灾设施来保障居民的基本生活③④。这一系列的社区避难空间在灾害发生后发挥着不同的作用，综合考虑开敞空间分布情况、既有建构筑物情况、社区人口密度、人群疏散要求等因素分级设置（表 4-7）。

---

　　① 日本避难专家实验数据统计表明，一般来说，小规模临时避难空间服务半径在 500~600 m 为宜，即人步行 10 min 左右。

　　② 日本避难专家实验数据统计表明，人在避难途中，受到心理情况、身体状态和道路因素等影响，其步行极限时间为 1 h。所以任何区级避难场所的服务半径不宜超过 2 km。

　　③ 刘骏、蒲蔚然：《城市绿地系统规划设计》，中国建筑工业出版社，2004。

　　④ 参考《北京中心城地震及应急避难场所（室外）规划纲要》。

表 4-7 社区各级避难空间设置指标及其功能要求 [1][2][3]

空间等级	紧急避难空间	小规模临时避难空间	社区临时收容空间
避难时序	灾后 3~10 min	灾后 10 min~3 h	灾后临时生活
避难、救灾道路宽度	道路宽度不小于 4 m	道路宽度不小于 10 m	道路宽度不小于 12 m
空间规模	500 m² 以上	0.5~1 hm²	1 hm² 以上
人均有效避难面积	0.5 m²/人以上	1 m²/人以上	2 m²/人以上
服务半径	300 m	500~600 m	1~2 km
主要功能	灾害发生后居民第一时间避难空间，满足居民暂时停留、避难等需求	居民避难停留、临时医疗救护、情报收集、救灾物品发放以及灾民中转等	集散物资转运、医疗救护、安置居民、救灾指挥
适宜地点	居住组团道路、组团绿地、组团内开敞空间	居住小区道路和小区级广场、绿化等开敞空间	居住区级中心广场、绿化等开敞空间、社区活动中心、中小学或者社区周边的广场、公园等规模较大的公共空间

3. 均衡合理布置，形成点、线、面的应急避难空间网络

社区应急避难空间系统包括紧急避难空间、小规模临时避难空间和社区临时收容空间，它们在社区防灾空间中承担着不同的职能和任务，其服务半径、面积规模等也各不相同。因此，应急避难空间的配置应该充分考虑灾害发生时居民逃生避难的需求，参考不同区域地质地形、气候特点、人口密度等的特征，依照不同层面应急避难空间的救灾功能、服务半径以及面积规模等因素，充分利用 GIS 等数字信息技术进行分析、模拟、计算，并综合评估其接近性、有效性和风险性指标（表 4-8），遵循科学合理布局的原则，在规划设计时保证空间上的均衡分布，形成集点（社区紧急避难空间）、线（社区避难通道）和面（社区小规模临时避难空间和社区临时收容空间）于一体的社区应急避难空间网络。

表 4-8 社区应急避难空间评估指标一览表 [4]

评估指标	指标含义	具体子指标	详细说明
接近性	指应急避难空间与其他防灾据点的关系，用以判断应急避难空间与其他防救灾据点的联系能力	与消防据点最近距离	满足居民避难的安全性，提高据点的被救助能力
		与医疗据点最近距离	应急避难空间灾时也可作为临时医疗站，与医疗据点的距离决定着应急避难空间医疗救助功能的发挥

---

[1] 中国台湾城市救灾应急避难场所设置指标（2003 年）提出紧急避难场所的人均用地指标为 0.5 m²。

[2] 日本《强烈地震发生时的避难生活手册》中确定的集中避难用地人均安全面积标准为 2 m²（如果实在困难，也不得低于 1 m²）。

[3] 邓燕：《新建城市社区防灾空间设计研究》，硕士学位论文，武汉理工大学，2010，第 32~33 页。

[4] 聂蕊：《基于可持续减灾的御灾性城市空间体系建构和设计策略研究》，博士学位论文，天津大学建筑学院，2012，第 107-108 页。

续表

评估指标	指标含义	具体子指标	详细说明
有效性	指应急避难空间自身是否具有足够的空间规模以满足救援与避难的需求	可容纳避难人口	即有效开放空间总面积/人均避难面积,是应急避难空间服务能力的重要指标,可供避难的人数越多,该空间的有效性越高
		开放空间比	地震时建筑物倒塌常常会造成应急避难空间有效面积的减少,因此,开放空间相对越多,则其服务能力越强
		可服务人口	指社区应急避难空间服务半径内人口总数
风险性	指对应急避难空间灾害风险的考察,以避免防救灾据点受到灾害的波及而降低其防救灾功能	土壤液化趋势	考察震灾发生时建筑物由于基础破坏产生倾斜或者塌陷的危险度
		淹水趋势	是基于地区产生淹水高度的评估,以便进行相关的救助和补强措施
		震后火灾危险度	主要利用火灾发生的次数来评估,次数越多,波及的概率越大
		危险据点影响趋势	社区周边及社区内部的危险据点,包括加油站、餐馆、变配电室、垃圾站等,若应急避难空间临近危险据点影响的范围内,则会影响其安全性

4. 以中心广场、大规模绿化或中小学等为核心建构社区防灾空间单元

社区防灾空间单元 ① 通常应该以 1 000-10 000 m² 之间的广场或者绿地、中小学(图4-29)以及社区活动中心等规模较大的公共空间作为防灾单元的核心,该核心承担主要的应急避难功能,并足以为社区居民提供 2 m²/人的避难面积 ②。根据人的行为特点,社区防灾空间单元的合理服务半径一般为 300~800 m。另外,单元核心应该有畅通的避难通道与其连通,其周围还应该规划防火林带防止火灾蔓延,内部还应该配备完善的供水、环卫、照明、能源、通信以及物资储备等防灾设施。合理的社区防灾单元布局可以大大缩短人力、物资、能源以及信息等的流动距离和时间,提升社区防灾救灾的时效性和可达性。总之,灾害发生后,社区防灾空间单元的核心不仅承载着大部分救灾活动,还是疏散避难和临时性生活空间,并且通常成为灾后重建工作的据点 ③。

---

① 社区防灾空间单元是根据社区区位、防灾空间及救灾设施等所划定的一定区域,并且按照各个区域应达到的防救灾机能进行防灾设施建设。防灾空间单元的规划主要是使社区防灾的功能及设施落实在居民的日常生活中,作为疏散、避难、消防、医疗以及物资等社区防灾空间系统辐射范围的规划依据,实现防灾空间资源的整合。

② 顾林生:《日本国土规划与防灾减灾的启示》,《城市与减灾》2003 年第 1 期。

③ 许坤南:《日本阪神大地震勘灾访问报告》,建筑情报杂志社,1999,第 65 页。

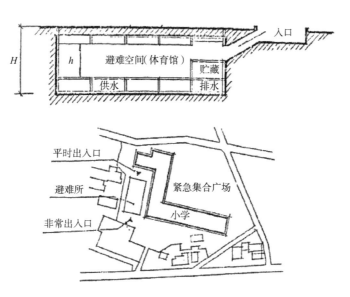

图 4-29　利用学校为核心构建社区防灾单元

5. 充分利用社区地下空间与设施，加强地下空间防灾功能

　　目前，我国既有社区的地下空间多用作地下人防或者停车库。由于私家车数量的急剧增长，许多高层社区配建有地下停车库，以弥补地面停车场地的不足。其实开发利用社区地下空间，不仅可以再造可使用空间，扩大空间容量，满足多种功能要求，而且在很多方面有着更为突出甚至不可替代的优点，有利于节能节地，改善环境，更有利于增强社区总体防护能力和防灾抗毁能力[①]。地下空间对地震、风灾、火灾、有毒物质、辐射、爆炸以及战争袭击等多种自然灾害和人为灾害有良好的防护能力（表 4-9），其优良的防灾特性使其成为避难空间和应急物资储备空间的首选。事实上，相比地面避难空间，社区地下空间具有高防护性、良好的热稳定性、易密闭性、低能耗性以及内部环境易控性等诸多优点[②]，因此，我们在社区防灾空间系统改造中，要结合防灾救灾要求，综合利用社区地下空间，充分发挥其防灾救灾优势，建立防御外部灾害的社区地下防灾空间系统，并且使其与社区其他防灾空间系统相结合，共同构建立体化社区防灾空间系统。

表 4-9　地下空间的防灾性能

灾害类型	防灾机理	防灾性能	地下空间防灾措施
地震	地下比地表的地震烈度低，其周围岩土可削弱地震破坏	地震时其良好的安全性能使其可作为紧急避难场所和临时生活空间	保障地下空间通向地面的路径和安全出入口不被破坏或者堵塞

①　周云、汤统壁、廖红伟：《城市地下空间防灾减灾回顾与展望》，《地下空间与工程学报》2006 年第 3 期。

②　本书编委会：《城市地下空间开发利用关键技术指南》，中国建筑工业出版社，2006。

续表

灾害类型	防灾机理	防灾性能	地下空间防灾措施
风灾	由于岩土覆盖层对地下空间的保护作用，风对地下建构筑物不产生荷载，也就不具备破坏力	地下空间对风灾具有先天的防灾优势和极强的防护能力，是飓风环境中最佳的避难场所	将易受风灾破坏的生命线系统置于地下空间，减少灾害损失，保障灾时必要设备的运行，增强灾后重建能力
火灾	岩土层将地面空间和地下空间隔开，地面火灾不容易向地下空间蔓延	地下空间对于地面火灾有较好的防护性能，灾时比地面空间更加安全	地面火灾可能导致地下空间的温度升高，因此，应该加强地下空间出入口处的防火措施
爆炸	岩土层能够削弱爆炸形成的空气冲击波，降低爆炸产生的伴生、次生灾害	地下空间对于爆炸有较强的抗力，更利于人员灾时安全	保障地下结构的结构安全，充分发挥其在爆炸、战争空袭中的防护作用
防毒防辐射	地下空间的覆盖层和结构层具有一定的厚度，对核辐射有很强的防护能力	能够较好地抵御战争中的核袭击或生化武器侵袭、有毒化学物质泄漏或者核事故引发的放射性物质泄漏	充分利用地下空间的易密闭性，采取能够有效防止放射性物质和各种有毒有害物质进入的防护措施，发挥其在战争和核事故中的防护功能

地下空间固然有着许多先天的防灾优势，但是我国目前的社区地下空间多是作为停车场建设，不满足灾时避难要求，应对其从如下方面加以改造：一是，优化地下空间平面布局。地下空间没有外部形态，人们较难感知其整体形态，因此，地下空间形态和内部空间划分应该在充分考虑地上空间对其限制的前提下，简化空间结构，尽量选用简单、完整的几何形态，采用形状、走向、边界清晰的空间；强化通向地面出入口的设计，并力求空间内路径清晰明了，方向明确。二是，改善地下空间采光条件。我们可以设置半地下室外墙开设高窗、突出地面的采光井、下沉广场、中庭等建筑布局引导自然光线进入[1]（图4-30），也可以采用定日镜跟踪系统等阳光收集器，将自然光通过孔道、导管等间接传递到地下空间中。三是，加强地下空间灾害源的控制。如果地下空间内部发生灾害，会造成严重的灾害伤亡和损失。因此，地下空间的各种设备设施要满足规范要求，避免使用易燃易爆装饰装修材料，还应该加强社区地下空间管理和维护，清理违章占用地下空间的危险经营场所。四是，采取防止火灾蔓延措施。首先，要严格划分防火分区，每个防火分区应有不少于两个安全出口，不同的防火分区之间应设置防火门、防火卷帘等；其次，设置防烟分区，防烟分区不应跨越防火分区，防烟楼梯间、消防电梯、避难间等应划分为独立的防烟分区；再次，按规范要求进行消防设计和施工。地下重要空间的墙、顶应采用不燃烧材料，管道穿越防火墙、楼板及设有防火门的隔墙时，应在穿孔处加设不燃烧材料套管，并应采用不燃烧材料将套管空隙堵塞密实。五是，配置消防设备设施。地下空间应该按照规范要求设置防排烟系统、火灾感应装置、有害气体检测装置、自动喷淋系统等消防设备设施，并使其可以通过社区控制中心联动控制[2]。

---

[1] 本书编委会：《城市地下空间开发利用关键技术指》，中国建筑工业出版社，2006。

[2] 王峤：《高密度环境下的城市中心区防灾规划研究》，博士学位论文，天津大学建筑学院，2013。

（a）半地下室外墙开设高窗　　　　　（b）突出地面的采光井　　　　　（c）地下空间下沉中庭

图 4-30　地下空间采光措施

6. 综合统筹规划，充分利用已有资源，实行可持续化建设

既有社区的建筑和道路形态都已形成，可建设使用的开放空间较少，因此，应充分利用现有的公园、绿地等作为应急避难空间，提高已有社区空间资源的利用效率。同时，还应该考虑应急避难空间系统与社区其他防灾空间系统的协调关系，实行可持续化建设，防止每个防灾系统各行其是，相互矛盾，导致各个防灾空间重复建设。

因此，结合以上社区应急避难空间系统防灾策略，笔者对于天津河北区的春和仁居高层社区进行了改造（图 4-31）。春和仁居社区中心现状存在一个约 0.6 hm² 的场地，可是社区主干道从其正中间穿过，将其分割为零散的两处空间，不能充分发挥其防灾避难空间场所的功能。笔者建议将穿过的社区主干道取消，在周边设置环路作为社区主干道。另外，社区内配置的紧急避难空间不足，建议加设几处社区紧急避难空间。笔者还建议提高原来的社区小学建构筑物的防火等级和抗震等级，完善其防灾救灾设备设施，将其改造为社区中心防灾单元，作为社区临时收容空间。这样，我们因地制宜，充分利用了春和仁居社区的已有资源，使其社区防灾空间形成了包括社区紧急避难空间、社区小规模临时避难空间以及社区临时收容场所 3 个等级的空间网络整体，并且结合相应的服务半径均衡分布在社区内部。

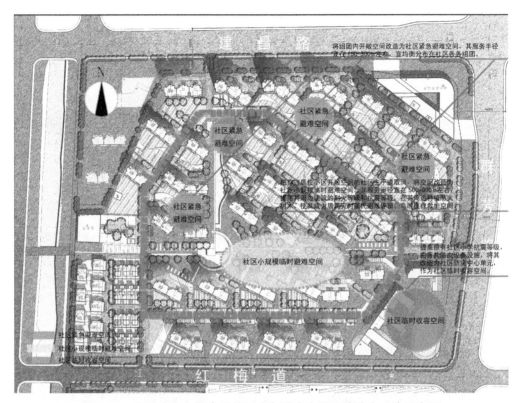

图 4-31 天津春和仁居高层社区应急避难空间系统防灾改造示意图

4.3.4 生命线工程系统防灾改造策略

1. 利用先进技术建立生命线工程数字化综合系统

1）利用 GIS 技术建立生命线工程系统数据库

近年来，GIS 技术 ① 开始应用于生命线工程系统的规划设计与信息管理。数据是实现 GIS 系统的基础，建立数据库也就成为实现生命线系统工程数字化的关键所在。社区生命线工程系统数据库主要包括社区地理基础信息数据、社区生命线工程管网图形数据以及社区生命线工程管网属性数据，具体见表 4-10。数据库建立完成后，可以在社区、市政部门以及防救灾机构存档，以便平时维护检修和灾时及时找到受灾点，提高防救灾效率。

---

① GIS 即地理信息系统，该技术利用计算机实现信息的采集、存储、分析、转换、显示、复合、分解以及输出等，最终为用户提供决策辅助与支持。该系统通常采用 C/S 和 B/S 相结合的构建模式。C/S 部分的开发利用 MapInfo 的 GIS 组件 MapX5.0 和空间数据库引擎 Spatial ware，数据库管理系统为 MicroSoft SQL Server2000，开发语言为 VisualBsaic6.0。

表 4-10 社区生命线系统工程数据库具体内容 ①

社区生命线系统工程数据库	社区地理基础信息数据	通常以 1:500 的社区地形图数据作为系统背景底图，能够直接与 AutoCAD 的 DXF 格式的图形数据存储文件对接。数据可以清晰地表示出社区的地理位置及其整体地形情况，具体可以分为地形地貌、水系、道路、建构筑物以及文字标注等图层
	社区生命线工程管网图形数据	通常建立 1:500 的模型，模型将同一空间的管线建立在同一个文件，并将同一空间内存在的多种不同类别管线分层叠加显示，图层名称常用管线名称命名（如电力、排水管线可以分别命名为 DL、PS）。每种管线保持相对连续，遇有管线变径及不同材质、性质的地方，用结点方式连接，以便于系统分类提取和统计
	社区生命线工程管网属性数据	生命线工程管网属性数据主要包括管线段和管线节点的属性信息。其中，管线结点可分为管径变化点、埋深变化点、管径和埋深皆变化点、管材变化点、平面上管网交点以及管网附属设施点（如检查井、阀门等）。根据该属性信息，可以确定管线实体的基本组成及其相互关系，便于数据库机构的设计、改造以及各种空间分析功能的实现

2）评价既有社区内生命线工程系统的防灾能力，以制定相应防灾对策

社区生命线工程主要包括供排水、供气、供电、通信等方面。依据既有社区内生命线工程系统的现状、存在主要问题以及可能发生的主要灾害，通过数学模拟计算、历史灾害搜集整理、防灾减灾经验教训以及科学研究成果，利用 GIS 技术评价既有社区生命线工程系统的抗灾能力，特别要评价生命线工程系统对破坏力比较大的地震灾害、洪涝灾害、台风、火灾以及战争空袭等的抗灾能力，然后根据存在的主要薄弱环节和减灾防灾工作需要，制定适合本社区的、相应的灾时应急对策和快捷、有效的灾后恢复与重建的合理方案 ②。

3）利用 GIS 技术建立生命线工程灾害监控与警报系统

充分利用信息基础设施、数据基础设施、计算机网络、GIS 技术等先进的数字技术，建立生命线工程系统灾害监控系统、灾害警报系统以及断路控制系统（其系统模块结构示意图如图 4-32 所示），对生命线工程系统实施自动网络化管理控制。

① 王璐、李锐：《GIS 在城市小区地下管线管理中的应用》，《自动化与仪表》2006 年第 2 期。
② 尚春明、翟宝辉：《城市综合防灾理论与实践》，中国建筑工业出版社，2006，第 154-155 页。

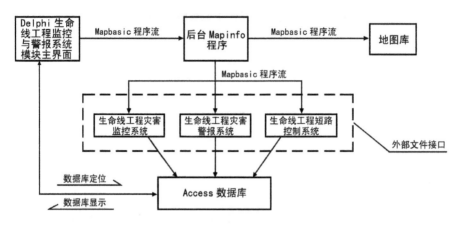

图 4-32　生命线工程灾害监控与警报系统模块结构示意图

4）利用 GIS 系统提高生命线工程灾害与事故处理能力

震灾、火灾、洪灾等许多自然或人为灾害常常会导致社区生命线工程系统被破坏或者发生故障，引发爆管、管路堵塞等问题。目前，大部分管路故障的排查与维修都依赖于相关部门存档的管线蓝图以及现场施工工人的经验，这种传统方式不仅需要较长的时间，还不能保障准确性。而利用 GIS 系统的社区生命线工程系统数据库，能够及时找到故障点，缩小处理范围，避免人工挖掘查找事故点的盲目性①。利用 GIS 系统辅助灾害事故处理，可以通过虚拟模型，迅速推敲制定多个维修方案，并分析确定最佳维修方案。计算机及网络技术的普遍应用使得管理人员不再依靠翻查图纸或者经验记忆来管理管线管网，GIS 技术使生命线工程系统实现数字化成为现实。可见，利用 GIS 系统能够极大地提高生命线工程灾害与事故处理能力，提高灾害救援效率，降低灾害伤亡和损失。

5）利用 GIS 技术建立生命线工程数字化管理系统

基于 GIS 技术的社区生命线工程系统数据库为建立生命线工程数字化管理系统提供了数据基础。社区生命线工程系统数据库可以不断录入新数据，更新原有空间数据和属性数据结构，实现系统的动态发展。利用 GIS 技术图文并茂的优点，生命线工程管理部门可以快速准确地查询管线管网的地理空间信息和相关属性信息，实现其地理空间定位和相关属性查询。还可以利用 GIS 模型进行管线管网设计施工或者改造分析，为管理部门提供辅助决策依据。同时，生命线工程数字化管理系统（图 4-33）可以为管理部门提供数字化、一体化的工程管线管理方法②。

① 李开源：《住宅小区供水管网管理的地理信息系统研究与开发》，硕士学位论文，西南交通大学，2004，第 55 页。

② 王璐、李锐：《GIS 在城市小区地下管线管理中的应用》，《自动化与仪表》2006 年第 2 期：9-11.

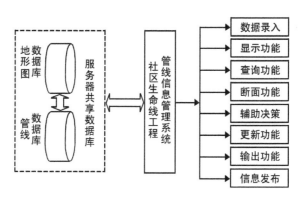

图 4-33　生命线工程数字化管理系统功能结构示意图

2. 利用常态技术改造未达到防灾要求的生命线工程系统

1）成立专业化抢修队伍，改造未达到抗灾设防标准的设备设施和构筑物，推广抗灾型设备设施

成立专业化的生命线工程抢险抢修队伍，并配备必要的交通工具、设备、仪表和防护设施，备足易损设备的部件。对既有社区现有生命线工程进行抗灾诊断，对未达到抗灾设防标准的设备设施和构筑物及时实施技术改造、加固或者更新。在生命线工程改造和维修时，推广采用抗灾型设备设施部件，地下管线连接宜采用强度高、变形吸收能力好的材料与结构。

2）增加藤状辅助系统，建立独立单元核子系统

优化我国目前生命线工程系统的树枝型整体布局，适当增加藤状辅助系统。在社区一定范围内以独立单元核为子系统建构基础设施网络，并保证子系统自身的完整性和相对独立性。确保在发生灾害时，单元的主辅系统能够独立运行，不会因为任何局部设施的损坏而导致整个生命线工程系统的瘫痪[①]。

3）建立生命线工程备用系统，形成灾后支援体制

建立生命线工程设备设施的备用系统，使生命线系统供给源复数化、多样化，各供给源形成相互替代功能（例如配置平灾两用发电设施、备用发电机、干电池等，或在生命线网路上安装断路设置，实现网络微区划，缩小机能障碍区域），或者采用非生命线系统的服务手段（例如灾后用移动电源车为居民临时供电，用给水车等设备为居民提供临时用水等），对受灾地区进行临时性的替代服务，形成灾后支援体制。

4）加强生命线工程应对各种灾害的防灾减灾方法研究，建立生命线工程灾后恢复预案

积极开展防灾教育，积累防灾减灾实践经验，有目的地进行生命线工程应对各种灾害的防灾减灾方法研究，提高生命线工程系统的灾害应对能力。实现生命线工程系统的科学化、现代化防灾。依据灾种和受灾程度制定生命线工程系统的灾后恢复顺序，按照优先恢复生命线之间相互影响度大的系统、重要设备设施、受灾轻的地域地段、对恢复起关键作

---

① 余翰武、伍国正、柳沂：《城市生命线系统安全保障对策探析》，《中国安全科学学报》2008 年第 5 期。

用的设备设施的原则，利用动态规划法建立灾后恢复预案①。

4.3.5　消防空间系统防灾改造策略

1.完善消防站点布置

消防站点是不可或缺的救灾设施，但是我国许多社区内部都没有设置消防站点。由于社区级消防站点不需要太大大规模，我们可以将其与社区居委会或者社区医疗站等其他公共设施设置在一起。这样一来，灾时各部门综合统筹救灾，共享信息与资源，紧密协作，更加有利于救灾工作的有序开展。此外，社区级消防站点的设置应该满足表 4-11 中的几点要求②。

表 4-11　社区级消防站点的设置要求

序号	设置要求
1	每个社区设置一个消防站点，并且配备一定的消防设施和消防人员
2	以消防设施为核心，划分安全区域和选定安全责任人
3	确定重点防护单元（易燃易爆单位），加强防护措施
4	建立社区消防通道体系、社区消防供水体系、社区消防通信体系

2.优化社区消防通道与消防场地

社区消防道路和场地是开展消防、救护、工程抢险的必然要求。消防通道与消防场地的设计与建设对于灾时消防人员救灾效率有着重要影响。我们应该结合既有社区道路和空间场所现状情况，优化社区消防通道与消防场地，具体改造措施见表 4-12③。

表 4-12 社区消防通道与消防场地改造措施

序号	改造措施
1	保证社区消防路径最短，对外连接最少两个出入口
2	保证社区消防场地的开阔性，尽量减少高差错落和景观障碍
3	尽量不设置尽端路，保证消防车的回车半径

3.加强消防设施的维护与管理，建立消防长效宣传机制

消防设施④ 在社区防灾中具有重要作用，是构成消防力量的基本因素。但是许多既有社区消防设施设置不足或者疏于管理与维护，导致灾时不能正常使用，发挥其应有的救灾

---

① 尚春明、翟宝辉：《城市综合防灾理论与实践》，中国建筑工业出版社，2006，第154-155页。

② 曾光：《寒地城市社区防灾空间设计研究》，硕士学位论文，哈尔滨工业大学，2010，第45页。

③ 同上。

④ 消防设施包括火灾自动报警系统、自动灭火系统、消火栓系统、可提式灭火器系统、防烟排烟系统、应急广播和应急照明以及安全疏散设施等。

功能。因此，消防部门应及时改造与完善不符合设防标准的社区消防设备设施，更新与围护老旧的设备设施，这是消防空间系统改造的重中之重。消防部门定期维护与检查消防设施固然重要，但是，我国社区居民对消防设施不加爱护，随意占用、埋压、损坏，一旦灾害发生，消防设施仍然不能发挥其应有的救灾作用。因此，我们应该建立消防长效宣传机制，积极推进消防教育和宣传，还可以组织居民参加救灾演习和培训，使居民意识到消防设施的重要作用，自觉加以维护。

4.3.6　应急物资储备空间系统防灾改造策略

1. 选择合理安全的场地，建立社区灾害应急物资储备空间

一旦大型灾害发生，社区救灾和社区重建都将会持续很长一段时间。在这段时间里需要与社区规模相契合的应急物资储备空间发挥保障作用。但是，我国已建成的社区内很少配备灾害应急物资储备空间，以致灾害发生后，常常因为救灾物资的运输和配送不及时而延误救灾。因此，在大型社区内建立社区灾害应急物资储备空间可以有效提高社区救灾效率。建立社区灾害应急物资储备空间，首先要根据物资存储、配送和发放的具体要求选择合理安全的场地，然后根据社区具体情况确定合理规模，并使社区应急物资储备空间满足相应的要求（其示意图如图 4-34 所示）。

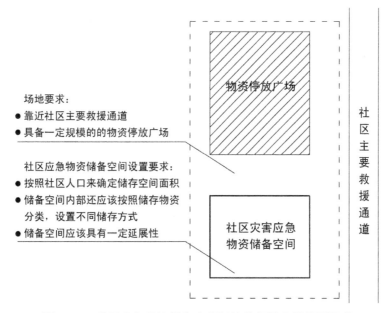

图 4-34　社区应急物资储备空间场地选择及空间设置要求

2. 充分利用社区地下空间储备防救灾物资

地下空间具有易密闭性和高稳定性的特点，相比地面空间，它具有相对恒温、恒湿、恒压且免受大气污染等属性，因此，地下空间非常适合用来储备防灾救灾物资。而且地下空间还可以作为避难空间和灾后临时生活空间，若在地下空间建立地下应急物资贮存库，受灾居民就可以及时获得救灾物资，从而节省了运送救灾物资的人力、物力。

3.加强应急物资储备空间的管理

现在我国城市社区应急物资储备空间建设相对落后，管理层次也不到位。许多物资常常因管理不善而过期或者损坏，造成资源浪费。我们可利用计算机技术建立数字化资源数据库，及时更新数据，实行动静结合管理。同时，还可以将一定区域的多个社区的物资储备资源共享，互相调配，取长补短。此外，我们还应该充分利用社区中心、医药、商场等建筑的仓储，并宣传教育民众在紧急情况下"自筹自备"。

4.4 微观层面优化策略——既有高层社区防救灾设施体系防灾改造

4.4.1 环境要素防灾改造策略

1.注重社区地面铺装的平灾功能转换，并满足无障碍设计的相关指标

社区地面铺装不仅可以美化社区环境，也对社区避难防灾功能的发挥有一定影响，因此，其设计要充分考虑平灾功能转换。社区地面一般可以分为硬质铺装和软质铺装两种。硬质铺装因为具有较高的地面强度和方便清洁等诸多优势而被大量应用。但是，硬质地面透水能力较差，不利于水资源的循环，因此，在满足防救灾道路强度和避难场所功能要求的前提下应尽量采用植草砖、胶粘石等可透水的软质铺装，以达到滞雨蓄洪、回收水资源，减轻社区洪涝灾害等作用（图4-35）。另外，地面铺装形式除考虑美观外，还应该加强防救灾区域的区分和引导。

（a）草皮砖透水地面　　　　　　（b）胶粘石透水地面

图4-35　可透水地面

灾害发生时居民受伤率往往较高，所以社区地面铺装还必须充分满足无障碍设计的各项指标，使弱势群体能够立足自救。我们需要按照相关规定在下列场所强化无障碍设计

（图 4-36 ）。

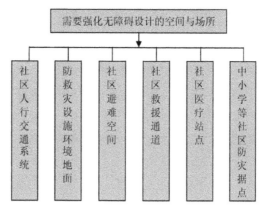

图 4-36　需要强化无障碍设计的空间与场所示意图

2. 依据绿化植被的不同特征和防灾作用进行防灾规划

不同的植物有着迥异的防灾功能，社区绿化规划设计在满足植被观赏要求的前提下，还应该充分考虑植物对于防护灾害的影响，根据社区易发灾种选择绿化植被的种类。如为抑制火灾，应该尽量选择女贞、白杨、槐树、珊瑚树、银杏等难燃树种；在洪灾、旱灾或者泥石流易发地区的社区应该优先选择胡桃、柳树、杉类树等树冠高大、根系发达的树种；在风雪灾害易发区域，推荐选用榆树、柽柳、杨树等树冠尖塔型的树种；在社区医疗站点周围或需要隔绝的场所四周，则推荐种植油松、桑树、核桃等抗菌性好的植被和树种[1]。

绿化植被的布置还应该注意不能遮挡居民视线和不能阻断疏散路线。另外，防护绿带的宽度对隔灾的效果也有直接影响，因此应该根据隔灾需求和避难空间特点来考虑绿带宽度。一般认为，大于 10 m 的植被才能发挥一定的防火、抗菌和隔离作用。避难场所周围的绿带还应根据其规模适当加大设定绿化安全带的宽度。如社区紧急避难场地绿化防护带的宽度宜在 10~15 m，社区中长期应急避难场地的则应大于 25 m。社区大型应急避难场地内还应划分成若干区块，区块之间也应设绿化隔离带。另外，植被布置还可以结合场所内的生活娱乐设施设计。

3. 考虑水体水系与应急消防水源和应急储水池、供水池结合布置

水是救火、抗旱以及灾后重建不可或缺的重要资源。社区景观水体与水系的蓄水平时可以作为景观观赏，调节社区小气候，灾时又可将其作为生活用水、灭火备用水、灾后重建用水等。例如社区内的喷泉池、景观池、荷花池等水体设计时可以考虑与地下空间进行联系或者与地下应急储水池、供水池结合布置，以保障灾时的供水补给。同时，景观水体还应考虑与消防通道结合布置，以作为应急消防水源。另外，基于水资源循环利用的原则，可在社区中积极推进雨水收集。通常可在雨水收集主管或者雨水收集主管系统中设置

---

① 曾光：《寒地城市社区防灾空间设计研究》，硕士学位论文，哈尔滨工业大学，2010，第 58 页。

贮留管，用于雨水储留，灾时城市给水系统瘫痪时，可以启用储备性水槽。

4.景观构筑物考虑平灾结合，景观小品与防灾设施结合设计

社区景观构筑物的规划布局与设计建设应贯彻平灾结合的设计原则。如社区入口构架、廊架、亭子等社区标志性构筑物的规划布局，一方面要考虑美化环境，丰富空间，满足居民提供休憩娱乐需求，另一方面，还要考虑如何避免灾时构架倒塌阻塞交通、影响人员疏散；它们的设计建设不仅要满足平时居民游憩的需求，灾时还应该能够转变为居民临时生活空间。另外，我们可以将抗震防灾级别高的建筑物、构筑物和开敞空间、避难场所结合布局，以便灾时提供医疗救助、指挥通信、物资储备等服务。同时，轻型构筑物还可以作为社区防救灾标志，引导人员疏散 ①。

现在许多社区为了盲目追求丰富的景观空间，立大柱、筑高墙、堆陡坡、挖深坑，这些危险因素使空间失去了避难防灾功能。可见，景观小品也在一定程度上影响着社区空间防救灾能力，注重景观小品的多功能性和适灾性设计可以有效地降低后续灾害破坏力。另外，我们还可以将消火栓、应急照明设备、通信广播设备等防救灾设施与景观小品设计相结合，如具备照明功能的景观灯座（图4-37），可以转换为应急灶具的景观座椅，与广播设备结合的景观雕塑等，除美观实用外，也兼有各自的防救灾功能。

图4-37　有照明功能的景观灯座

5.提升社区停车场的防灾功效

社区停车场（包括地上和地下）的大面积硬质地面灾时可以成为紧急避难场地。因此，我们应该基于满足平灾两用的原则，充分发挥社区停车场的防灾功效。我们可以参照避难服务半径的标准来设置停车场，使停车场的分布既能满足住宅组团停车的服务距离，又能满足灾时避难空间的辐射半径。停车场的区位选择还应该与各级救援通道相连，与社

① 邓燕：《新建城市社区防灾空间设计研究》，硕士论文，武汉理工大学，2010 第，47页。

区重要的避难场所毗邻，以便于救灾物资与人员的及时中转与调动。

4.4.2 防救灾设备设施改造策略

1. 环卫设施贯穿平灾结合原则，并考虑无障碍设计

一般环卫设施规划其实就是临时厕所的规划与设计。顾名思义，临时厕所是指灾时避难临时使用而平时不使用的厕所，因此临时厕所首先要注重平灾结合设计。如元大都公园的避难场所附近的绿地中建有 4 处暗坑盖板式简易应急厕所，平时覆盖草皮盖板，灾时掀起盖板即可使用。再如日本的厚木市防灾公园内的坐凳型厕所，平时为景观座椅，灾时拆掉上部木板即可作为座式厕所使用。日本还大量推广了独立移动式自净型应急厕所。考虑一般灾后受破坏的自来水系统修复时间较长，临时厕所应尽量以免冲洗的存留式类型为主。另外，由于灾后受伤率通常较高，临时厕所的设计还应该充分考虑无障碍设计要求，如厕位采用一定数量的坐便，地面使用防滑铺装，为残障者设置活动或者可拆卸的扶手等 [1]。

2. 加强保障供水设施灾时用水安全的措施，并考虑将其与环境要素结合设计

灾害发生后，社区防救灾设施首先要能够为居民提供安全充足的饮用水，满足居民基本的生活需求。社区抗灾供水设施主要有备用水井、地下抗震贮水设施、储备性水槽以及洒水装置等。在社区供水设施设计中我们可以采取以下措施保障用水安全：将储水设施与城市供水系统连通，在两者接口处加设自动启闭器，确保灾时接口自动关闭，以保障用水安全；设置备用电源或者加设人工抽水泵，以防止灾时电力系统中断而影响备用水井的使用；安装过滤、杀菌等水处理装置，严格控制水质安全。

另外，社区供水设施还可考虑与社区环境要素结合设计，如将贮水设施与社区水体水系景观等结合设计，灾时为避难居民提供临时用水。再如，日本的厚木市防灾公园将 3 个 100 t 的抗震性贮水槽与绿化景观结合设计，一旦灾害发生就可以启用，足以提供 2 万避难者 3 天的生活用水。

3. 提高指挥通信设施的安全系数和抗震级别

指挥通信设施是社区防救灾设施系统的重要设施之一。灾害发生时，它承担着收集信息、整合数据、发布指令以及统一调度和协调等功能。因此，我们在规划设计中建议：提高指挥中心建构筑物的安全系数和抗震级别；提高广播通信系统的抗灾能力，为其配置备用电源，推荐采用太阳能、风能等绿色电力能源；在社区各个区域安装广播设备，并在应急避难场所、社区出入口、救灾通道等核心防灾空间增设一定数量的扬声器等广播装置；在指挥通信系统中设置移动通信系统与卫星通信系统，防止固定指挥通信系统在大灾时受到严重破坏而瘫痪。

---

① 柴丽君：《北方平原城市社区应急避难空间设计策略研究》，硕士学位论文，北京工业大学，2009，第86-87 页。

4.能源与照明设施推荐采用绿色可持续能源

电能是社区防救灾系统中不可或缺的能源之一，防灾救灾、避难、灾后重建等各个防救灾环节的顺利开展无一能够离开用电。但是灾害往往会破坏电力系统，导致电力系统瘫痪，因此，我们必须在社区中配备备用电力设施，或者尽量采用太阳能、风能、蓄电池等绿色可持续发电装置。

照明设施对于保障灾时人员的安全迅速疏散发挥着不可估量的作用。应急照明首先要具备一定的照度，以满足最低的使用照明需求。相对于传统的应急照明设施，我们更推荐使用新型、绿色能源提供电力的照明灯具。日本在研究新能源方面有长足的发展，如图4-38所示的应急照明路灯和图4-39所示的应急疏散标识就是以风能、太阳能等可再生自然资源为驱动能源的新型节能LED灯具，它具有节能省电、寿命长等多个优点。另外，照明设施的设计也要遵循平灾结合原则，即社区内平时使用的照明系统在灾时通过电源转换设备，线路能够瞬时转接到备用电源，满足平灾兼用的需求。

图4-38　太阳能风力应急照明路灯　　　　图4-39　太阳能风力应急疏散标识

5.合理设置飞机停机坪设施

目前，社区防灾救灾系统的研究很少涉及救援飞机停机坪的相关设置标准，事实上，严重灾害发生时，救援飞机可以不受救援道路堵塞的限制，迅速高效地运输紧急救灾物资，还可以紧急运送受伤严重的灾民。尤其是灾害发生的第一时间，通道、电力、通信等救灾设施中断时，航空救援的优势就不言自明。因此，我们应该参考已有的屋顶直升机停机坪的设计标准，在社区的重要避难场所、医疗站点以及人员密集的高层、超高建筑屋顶等处合理设置停机坪。一般来说，停机坪的面积要大于200 m²，在其周围还要安装相应色彩的各种信号灯，以满足直升机夜晚降临的需求（图4-40）。

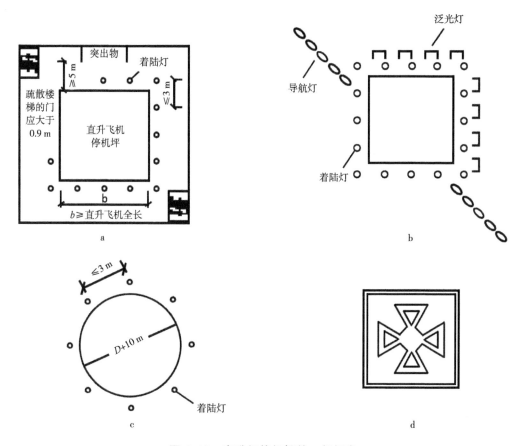

图 4-40　直升机停机坪的一般规定

4.4.3　防救灾标识系统改造策略

1. 防救灾标识系统注重易识别性

简洁明确易识别是标识系统设计的基本原则之一。标识符号、文字和图像清晰、醒目、可读性好，才能实现向人们快速明确传达导向性信息的功能。标识的设计主要利用文字、色彩、造型等的元素来简单明确地传达各种防灾信息。我们在其规划设计时要注重以下几个方面：文字、图形的规范性；语义语法的易懂性；图底色彩的互补性；还可结合高科技手段，利用三维空间化图形和多感官识别体系，来加大信息量，增加标识吸引力。另外，标识的醒目与否还可以通过其形状与颜色设计、尺度大小以及安装的高度与位置等设计手法来实现。如社区通向安全场所的引导设施位置必须醒目，无其他物体遮挡，还应尽量采用自发光工艺或者反光性好的材料，以保障其夜间的导向功能。

2. 防救灾标识系统遵循系统性、规范性原则

社区防灾空间作为一个有机的整体，其标识导向系统自然也应该关联统一，相互呼应。因此，社区防救灾标识应该具有统一的字体匹配、色彩匹配、材质匹配、形态匹配等等。如日本工业标准 JIS 规定了国家统一的防震救灾标志牌。另外，防救灾标识设计还应该依据防灾场所与设施的类别和功能，设置系统化、多级别的标识系列。如救援通道标识、应急出入口标识、应急避难空间标识以及各种应急设备标识等共同组成了社区防救灾标识系统 [1]。

不规范、不标准的标识不能被大众广泛识别，快速认知，从而影响使用者应急避难效率。因此，社区防救灾标识系统还必须规范化、严格化、标准化，才能更好地发挥其功能。应急避难场所中的应急出入口、应急通信广播、应急供水设施、应急厕所等一系列标识通常采用统一的、规范的字体、图形、颜色和形状来设计，以保障其可以清晰明确地引导使用者。

3. 防救灾标识系统满足无障碍设计相关指标

防救灾标识系统还应该加入无障碍设计环节，考虑受伤居民和残弱人员的使用。因此，标识的设计应该依据不同人群行为特点的个性和共性，并参考无障碍设计相关指标。如应依据人体工学原理，其位置和高度要充分考虑残疾人、儿童、老人等在垂直方向和平面上的触及范围和视线范围，所以导向性标识应设置在 100~150 cm 高度之间不影响通行的位置，标识中字体的高度也要考虑老年人视力弱而适当加大。

4. 防救灾标识系统趋于生态化、智能化

随着全球环境的日益恶化，生态设计 [2] 越来越引起人们的关注。防救灾标识系统也日渐趋于生态化、环保化，因此，其制作应该尽量利用可回收利用或者自然生态的材料，强调节约、自然以及生态循环。随着信息技术的不断发展，智能化概念也越来越深入人心，防救灾标识系统的智能化则表现为导向设施具备智能化性质。利用高科技手段设计的多感官识别体系的应用也越来越广泛，如应用可识别语言，将图像和声音相结合，在短时间内传递给使用者最大量的信息。

4.5 既有高层社区防灾空间系统平灾一体化改造策略

4.5.1 结合防灾轴线组织防灾分区，塑造间隙式防灾空间结构

为了阻断灾害的蔓延，我们依据日本制定的《都市防灾设施基本规划》中"火不出，也不进"的基本原则，用阻断燃烧带（其示意图如图 4-41 所示）为骨架，构建如下社区防灾轴网系统（表 4-13）。

---

① 修济刚、胡平、杨国宾：《地震应急避难场所的规划建设与城市防灾》，《防灾技术高等专科学校学报》2006 年第 3 期。

② 生态设计也称绿色设计或生命周期设计，生态设计要求在产品开发的所有阶段均考虑环境因素，从产品的整个生命周期减少对环境的影响，最终引导产生一个可持续性系统。

表 4-13　社区防灾轴空间表现形式

层次	道路宽度	空间网络尺度	社区空间表现形式
骨架防灾轴	25 m 以上	2 km 空间网格	社区主要救援通道与开敞轴线空间
主要阻断燃烧带	15 m 以上	1 km 空间网格	社区耐火建筑、避难道路和绿化体系
一般阻断燃烧带	12 m 以上	0.5 km 空间网格	社区耐火建筑、其他道路

（1）以主要救援通道与开敞轴线空间为"骨架防灾轴"。

（2）以避难道路和绿化体系为"主要阻断燃烧带"。

（3）以普通道路为"一般阻断燃烧带"。

（4）构建以开敞空间为防灾主体，以不同功能用地形态为防灾组团，以几个标志性极点为中心统领防灾分区的空间体系。

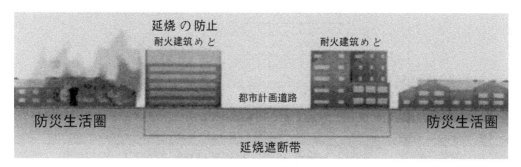

图 4-41　阻断燃烧带示意图

4.5.2　保障社区防灾空间的整体结构性，形成疏散避难体系

在社区防灾空间设计中，一定要注重其空间的整体结构性，将各类防灾空间节点整合成有机网络，形成疏散避难体系，以满足灾时社区各个区域受灾群众的避难要求。其优化措施如下（图 4-42）。

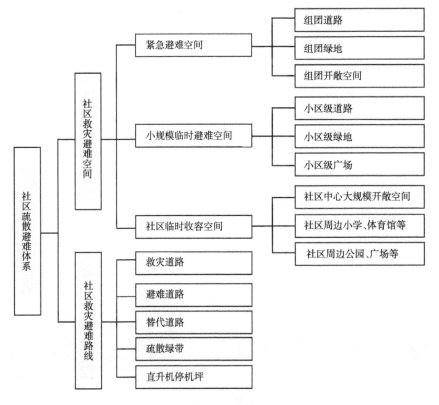

图 4-42 社区疏散避难体系框架图

（1）摒弃现有规范按照固定距离划定服务半径的模式，依据人员疏散时间来确定社区各级别避难场所的服务半径。

（2）将应急疏散、救灾和替代道路规划设计成相互贯通的网络状布局，并辅以飞机等航空救援手段，这样，即使灾时部分救援通道堵塞，也能保障社区各个区域的人员得到及时救援。

（3）根据社区规模和社区空间结构形态，合理分布各级别避难空间，形成集点、线、面于一体的有机网络系统。并将地上、地下以及高层建筑停机坪组合成立体避难空间系统，保障均衡布局、就近避难和综合利用，最大可能地减轻灾害的伤亡与损失。

4.5.3 构建功能复合的用地结构，推广平灾转化的设备设施

社区的绿化开敞空间、大小广场、水体水系、交通系统以及地下公共空间等各类用地，不仅是居民日常生活、休闲游憩以及社区生态功能的物质支撑，也直接影响着防灾减灾、避难疏散以及应急物资供应等问题。社区的照明系统、环卫系统、供水系统等多种设备设施也应满足平时和灾时不同的使用功能。因此，我们在社区的规划设计中，应构建功能复合的用地结构，推广平灾转化的设备设施（表 4-14）。

表 4-14　社区常态、防救灾以及生态功能的有机统一概要表 ①

功能＼元素	社区开放空间（绿化、广场、水体等）	社区道路系统	地下空间	社区公共活动中心、学校等	社区基础设施	社区环境要素
常态功能	满足居民日常休闲、娱乐、交往等功能	满足社区日常车辆和行人交通功能	满足居民停车需求	满足居民娱乐、交往、商业等需求	满足社区供水、供电、供暖、通信等功能	满足社区景观需求
安全功能	作为应急避难空间，满足居民紧急或者临时避难需求	承担应急疏散、物资供给、防火阻隔带功能	作为人防空间、防震场所和应急储备空间	作为应急避难空间和应急储备空间	保障社区防救灾工作正常进行，防止次生灾害	减少地面径流，防止暴雨灾害，引导居民避难疏散
生态功能	通风、阳光、保持水土、调节社区微环境、降低污染以及病毒传染	通风、阳光	提高土地利用率，减少土地破坏	—	绿色、生态化设备设施可以节约资源，降低污染	渗透、保持水土

（1）有机组织绿化、广场、水体等社区开放空间系统，建构复合型生态和防灾网络体系。这种复合系统可以承担多种功能，如系统中的广场等可以为居民提供户外活动场地；大面积水体、绿化等作为社区绿肺改善社区空气质量，抑制病毒的传播；一定规模的开阔空间有利于改善日照、通风；开敞空间灾时作为隔离阻断火灾、洪灾等的自然屏障；各类绿化、广场等灾时可以作为应急避难空间；社区场地的竖向处理得当可以起到防风避水的作用 ②。

（2）合理规划社区各级道路红线宽度与结构布局，使其既满足普通道路的交通使用要求，又可以作为灾害救援、物资供应、应急疏散通道以及灾害阻隔带。

（3）有机组织地下停车与商业空间，使其满足人防工程设计要求，灾时作为人防避难空间与应急物资储备空间。

（4）社区公共活动中心、社区内部及社区周边学校等的设计与建设遵循平灾双向弹性转换机制。如日本的学校通常被考虑为灾时的重要建筑与场地，其平灾结合的考虑已经融入前期的规划选址、空间布局、建筑设计和基础设施配套等整个实施过程之中。日本的学校空间除满足日常学生学习功能之外，灾时往往作为防灾生活圈的核心。一旦灾害发生，学校校园便可以迅速转变为灾害指挥与避难中心：多功能厅转变为救灾指挥中心，教室转变为临时避难场所，室外运动场地转变为物资集散与分发的主要场所，屋顶可供直升机临时起降、游泳馆储水可作为灾时水源和消防用水，屋顶太阳能板可以提供备用能源 ③。

（5）加强社区基础设施和生命线工程的抗灾能力。大灾发生时，社区的基础设施瘫

---

① 朱强、俞孔坚、李迪华：《景观规划中生态廊道的宽度》，《生态学报》2005 年第 9 期。

② 邹德慈：《城市设计概论》，中国建筑工业出版社，2003，第 140-160 页。

③ 腾五晓、加藤孝明、小出治：《日本灾害对策体制》，中国建筑工业出版社，2004。

痪，严重影响救灾效率；而生命线工程的破坏则易引发次生灾害，从而加剧灾害破坏程度，因此，我们应该提高社区基础设施和生命线工程的设计等级，使其满足平灾两用的要求。

（6）提升社区环境要素和设备设施的平灾转化功能。社区防灾规划与环境要素、设备设施要素的平灾转化设计，使社区景观要素既体现美学价值，又能实现一定的防灾救灾功能。

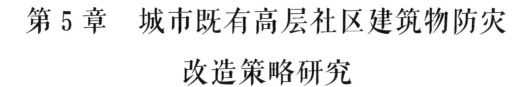

第 5 章　城市既有高层社区建筑物防灾改造策略研究

5.1　软件模拟既有高层社区建筑灾时情景与人员安全疏散过程

本节拟建立一栋城市既有高层住宅模型，模拟火灾时既有高层住宅内的烟气和火焰状况，计算不同疏散方案指导下的起火建筑内居民安全疏散时间，从而分析既有高层社区建筑灾时情景与人员安全疏散过程以及高层住宅存在的防灾问题，探索提升其防灾能力的关键因素。

5.1.1　FDS 软件简介

FDS① 是国内外最常用的建筑防火软件之一，该软件通过虚拟模型运算模拟火灾发生发展的动态过程，模拟求解后可图文并茂地显示出相关测量点的烟气浓度、温度、能见度等一系列数据。目前，该软件多应用于追踪预测火灾气体的产生和流动、烟气控制和水喷淋及探测器启动等方面的研究。FDS 假设较少，基本是对火灾发展过程的再现，因此，其模拟结果比较准确可靠②。

5.1.2　模型中安全疏散的基本原则与疏散时间计算方法

1. 安全疏散的基本原则

安全疏散必须遵循可用安全疏散时间（ASET）不小于必须安全疏散时间（RSET）的基本原则。必须安全疏散时间与可用安全疏散时间的主要影响因素见表 5-1。

---

① （Fire Dynamics Simulator）是美国国家标准技术研究院 NIST（National Institute of Standards and Technology）开发的火灾模拟程序。该程序利用数值方法求解一组描述热驱动低速流动的 Navier-Stokes 方程，重点计算火灾中的烟气流动和热传递过程。此外，用户可以通过 SMOKEVIEW 程序直观地查看 FDS 的运算结果。

② 马骏驰：《火灾中人群疏散的仿真研究》，博士学位论文，同济大学，2007，第 34-35 页。

表 5-1　必须安全疏散时间 RSET 与可用安全疏散时间影响因素 [①]

时间	定义	影响因素	
必须安全疏散时间 RSET	指从起火时刻到人员疏散至安全区域的时间。一般为火灾探测时间 t_{alarm}、预动作时间 t_{pre} 与人员运动疏散时间 t_{move} 之和，其计算公式为： $RSET = t_{alarm} + t_{pre} + t_{move}$（公式 5-1）	火灾探测时间 t_{alarm}	一般为人为察觉时间或者火灾探测系统探测与报警时间
		预动作时间 t_{pre}	主要取决于人员密度、人员疏散速度、安全出口宽度等，可以利用简单的经验公式或者疏散模型进行预测
		人员运动疏散时间 t_{move}	预动作时间与人员的心理行为特征、人员的年龄、对建筑物的熟悉程度、人员反应的灵敏性甚至与人员的集群特征密切相关，可通过实验和调研推断
可用安全疏散时间 ASET	指从起火时刻到火灾发展到对人员安全构成威胁的危险状态的时间	火灾危险状态	可根据热辐射量、烟气温度以及烟气中有毒有害气体浓度等来判定
		承灾体耐火情况	与建筑材料与建筑结构、控火或灭火设备设施等密切相关

2. 疏散时间的计算方法

1）火灾探测时间 t_{alarm} 的计算

在没有设置火灾探测器的住宅内，火灾探测时间 t_{alarm} 一般取人为发现火灾并报警所用的时间，而在安装有火灾探测器的住宅内，火灾探测时间 t_{alarm} 则取火灾探测器探测到烟气并联动报警所用的时间[②]。由于人为发现火灾的时间在不同情况下差异较大，因此本书在 FDS 虚拟模型中设置感烟探头，通过软件模拟烟气流动，烟气到达一定浓度后，感烟探头即能探测到烟气并报警，此时的时间即为火灾探测时间 t_{alarm}。

2）预动作时间 t_{pre} 的计算

预动作时间 t_{pre} 即受灾人员从接到火灾报警信号到开始疏散逃生行为的时间，又称人员反应时间。由于不同的人、不同的建筑环境、不同的灾害情况所产生的反应时间是不同的，因此，预动作时间 t_{pre} 很难通过精确计算得出，目前这个时间通常取经验值。经过调研和资料研究比较，本书推荐采用日本《建筑基准法》中提供的计算方法，具体见表5-2。

① 伍东：《高层住宅建筑火灾情况下人员安全疏散研究》，硕士学位论文，天津理工大学，2009，第24-26页。

② 陈南：《建筑火灾自动报警技术》，化学工业出版社，2006。

表 5-2 预动作时间 t_{pre} 的计算方法①

t_{pre} 计算过程	定义	计算公式
第一步：计算着火房间的疏散开始时间（$t_{start,room}$）	无论任何区域发生火灾，肯定是火灾发生区域的现场人员最先感触到危险并开始疏散行动。可以将火灾发生区域的现场人员察觉火灾所需要的时间，作为由火源产生的烟气、气味影响到区域内或室内全体人员的时间	$t_{start,room} = 2\sqrt{A}(s)$ （公式 5-2） 式中 A 表示室内面积（m²）
第二步：计算着火楼层的疏散开始时间（$t_{start,floor}$）	$t_{start,floor}$ 指发生火灾的房间以外的，本楼层的全体现场人员开始疏散之前的那段时间	$t_{start,floor} = 2\sqrt{A_{floor}} + \alpha$ （公式 5-3） 式中 A_{floor} 表示发生火灾楼层里所存在的需要疏散的人员所占据的房屋的地面面积之和；对于住宅楼、宾馆，α 取 300 s，其他建筑设为 180 s。

3）人员运动疏散时间 t_{move} 的计算

目前人员疏散运动时间 t_{move} 可以通过两种方式得出：一是通过经验公式②计算而得，二是通过人员疏散模型③模拟而得。国内外已经探索出了一系列关于灾时人员疏散运动时间的公式和模型，具体见表 5-3。不同的公式或者模型对于人疏散行为的侧重点不同，其适用的场所也就不同。各个模型都有其优势，但是也存在着自身的不足④。因此，本书根据不同疏散阶段的特征分别选择适合的计算方法，力求更准确地计算出人员疏散所需要的时间。

---

① 伍东：《高层住宅建筑火灾情况下人员安全疏散研究》，硕士学位论文，天津理工大学，2009，第28-29 页。

② 经验公式是一种量化人员疏散时间的工具，它在人员疏散研究的初期以及现在的性能化防火设计中发挥着重要的作用。

③ 人员疏散模型是能够对于人员疏散运动进行量化研究的虚拟模型。

④ EXIT89 与 EVACNET4 虽然可以用来模拟计算高层建筑人员疏散的时间，但是其建立模型的理论依据过于理想，没有考虑到火灾烟气对人的影响及人在火灾情况下本身的恐慌行为，而人的行为反应时间直接左右着人员疏散的时间。FDS+Evac 虽然考虑到了人的行为，但是又不适合用于模拟高层建筑火灾时的人员疏散。

表 5-3 人员运动疏散时间 t_{move} 的各种计算方法和模型 [1]

各种计算方法和模型	计算原理	计算公式
Melinek 和 Booth 公式	由 Melinek 和 Booth 提出的人员疏散经验公式主要用来计算高层建筑的最短总体疏散时间。该模型假设所有建筑物中待疏散人员均等候在出口楼梯处，然后开始疏散，离开地面层的人并不会降低从上面楼层下来的人流速率。式中的安全疏散时间由人流时间和穿行时间两部分时间组成，其中人流时间表示人群经过楼梯的排队等候时间，而穿行时间则是指人员穿过楼梯的时间	$$t_{move\text{-}r} = \frac{\sum_{i-r}^{n} N_i}{w_r C} + r t_s \qquad （公式 5\text{-}4）$$ 其中 $t_{move\text{-}r}$ 表示 r 层及以上楼层人员的最短疏散运动时间；N_i 表示第 i 层上的人数；w_r 表示 $r\text{-}1$ 层和第 r 层之间的楼梯的宽度；C 表示下楼梯时单位宽度的人流速率（通行系数）；t_s 表示行动不受阻的人群下一层楼的时间，通常设为 16 s。式中右边第一项为人流时间，第二项为楼梯中的穿行时间。 公式 5-4 给出了 $t_{move\text{-}r}$（$r=1\text{-}n$）的 n 个值，就整幢建筑而言，最短疏散运动时间 t_{move} 等于这些 $t_{move\text{-}r}$ 中的最大值
日本《建筑基准法》中提供的计算方法	整个计算过程一般分为由火灾发生区域的疏散（房间疏散）和由火灾发生楼层开始的疏散（楼层）。即第一步：计算起火房间的疏散行动时间 $t_{move, room}$；第二步：计算起火楼层的疏散行动时间 $t_{move, floor}$	$$t_{move,room} = t_{travel} + t_{queue} = \frac{l_{max,room}}{v} + \frac{P_{room}}{NB} \qquad （公式 5\text{-}5）$$ 式中 $l_{max, room}$ 表示最大步行距离（m）；v 表示步行速度（m/s）；P_{room} 表示室内人数；N 表示通行系数，一般取 1.5 人（m·s）；B 表示出口宽度（m） $$t_{move,floor} = \frac{l_{max,floor}}{v} + \frac{P_{floor}}{NB_{min}} \qquad （公式 5\text{-}6）$$ 式中 $l_{max, floor}$ 表示由疏散对象区域的各个部位，到达火灾楼层的指定疏散场所的最大步行距离（m）；P_{floor} 表示利用通向火灾楼层的疏散场所的出口需要疏散的人数；B_{min} 表示疏散过程中最小的出口宽度（m）
EXIT89		EXIT89 是一个适用于大型建筑的疏散模型，它能跟踪单个人的行走轨迹。它的计算结果结合火灾与烟气流动的模拟结果，能够预测火灾造成的毒性环境对人体的影响。该模型需要对建筑物进行网络描述，输入各个房间及出口的尺寸，每个节点居民的数目，考虑烟气阻塞的影响时，还要输入烟气的有关数据
EVACNET		该模拟软件确定人员的疏散路线以使疏散的时间最小，并描绘了建筑物的疏散状态随着时间的变化。但是，它对人员的个体特性没有考虑，而是将人群的疏散作为一个整体运动处理，并假设疏散人员具有相同的特征，且均具有足够的身体条件疏散到安全地点，一般不考虑残疾人员的疏散；疏散人员是清醒的，在疏散开始的时刻同时并然有序地进行疏散，且在疏散过程中不会中途返回选择其他疏散路径；在疏散过程中，人流的流量与疏散通道的宽度成正比分配，即从某一出口疏散的人数按其宽度占出口总宽度的比例进行分配；人员从每个可用的疏散出口疏散且所有人的疏散速度一致并保持不变
FDS+Evac		FDS+Evac 是 FDS 的疏散模拟模块。该软件用于模拟疏散情况下人员的活动情况。疏散模拟与火灾情景紧密联系。FDS+Evac 的主要特征：基于人的行为；遵循 Panic model 的行动运算法则；选择假定场景；利用 Smokeview 软件进行分析处理；利用 FED（Fractional Effective Dose）的理论计算火灾效果

① 伍东:《高层住宅建筑火灾情况下人员安全疏散研究》，硕士学位论文，天津理工大学，2009，第29-31页。

5.1.3　软件实例模拟与安全疏散计算

本节拟通过 FDS 软件模拟天津东瑞家园的一栋高层住宅的火灾情景，计算灾时居民疏散时间。

1. 实例简介

该高层住宅楼建筑高度标准层面积 420.24 m²，88.5 m，共 30 层，建筑耐火等级为一级。每层 8 户，设有一部剪刀楼梯，3 部电梯，其中一部为消防电梯，其余两部为普通楼梯，首层设有两个安全出口。该建筑楼道内配备了消火栓、火灾探测器、应急照明和应急广播，没有设置自动喷淋灭火系统，其首层平面图如图 5-1 所示。

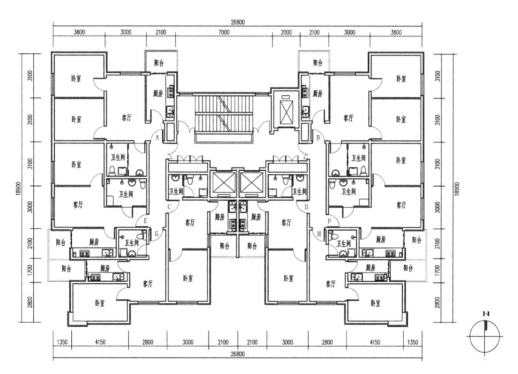

图 5-1　东瑞家园某高层住宅标准层平面图

2. 火灾场景设定

通常实验模拟会依据最不利原则选取模拟点，如果能够使最不利点满足要求，其他部位也就自然能够满足要求。由图 5-1 可见，每层布置的 A-H 8 户中，住户 G 与住户 H 到达楼梯间的距离最长，灾时安全疏散时间也就最长，可见住户 G 与住户 H 为模拟建筑单元中的最不利住户，该住户的户型平面详图如图 5-2 所示。卧室和厨房是住宅中最容易引发火灾的空间①，而卧室易燃物较多，为居住空间中的最不利地点②，因此我们假定火灾发生于住户G的卧室中。

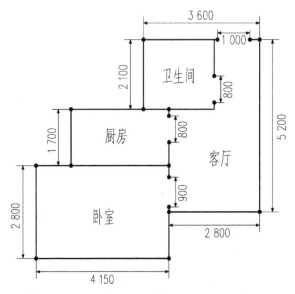

图 5-2 住户 G 户型平面详图

3.火灾时烟气和火焰情况

本书在 FDS 中建立了住户 G 的虚拟模型，并依据一般家庭的装修情况，在模型卧室中布置了一组床和衣柜，客厅中布置了沙发和电视柜。模型中还设定卧室和客厅顶棚中央分别安装有感烟火灾探测器Ⅰ、Ⅱ，楼道安装有感烟火灾探测器Ⅲ，电梯门附近安装有感烟火灾探测器Ⅳ。最后设定住户 G 卧室的床中部某方块为着火点（图 5-3），热释放功率为 1.5 kW/m²。设定模拟区域最小网格尺寸为 0.12 m × 0.12 m × 0.12 m，网格总数为 112 500，总运算时间为 1 200 s。各项相关指标设定完毕后，FDS 开始运算，运算结束后，我们可以观测火灾发生发展的动态全过程。该过程可以清晰显示出发生火灾后各个时间段住户 G 内各个空间的烟气粒子、温度的变化情况。根据模型导出图我们可以读出各个感烟火灾探测器的动作时间。住户 G 的烟气粒子扩散情况及火场温度变化情况分别如图 5-4 和 5-5 所示。由图可见，火灾初期烟气较少，火焰较小，温度升高也较为缓慢，此时是灭火的最佳时机，也是人员疏散逃生的最佳时间。火灾随着时间推移逐渐增大，开始产生大量烟气，火焰也渐大，温度急剧升高，人员如果停留在灾害现场将会越来越危险。

---

① 美国消防协会（NFPA）2005 年的统计资料表明：12%的家庭火灾是从卧室开始的，从卧室开始的火灾所引发的死亡人数占家庭火灾的 26%，占家庭火灾伤害的 25%，并导致 17%的直接财产损失。另外，以 2000 年北京发生的 856 起住宅火灾为调查对象的一项调查显示：厨房发生的火灾总数占 40%，卧室发生的火灾占 38%，原因主要是：前者多为煤气器具引发，后者多为吸烟引发。

② 当厨房等处起火时，部分燃烧扩大的比率为 10%-15%左右。而居室起火时，部分燃烧扩大的比率则达到 44%。可见，厨房等处起火时，初期灭火的成功率较高，而居室的成功率相对较低。

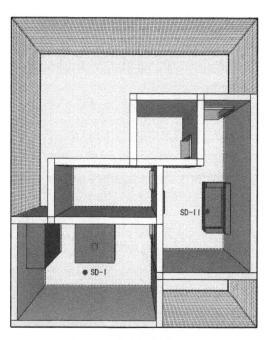

图 5-3　火灾场景模拟图

资料来源：作者通过软件模拟

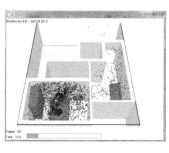 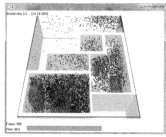 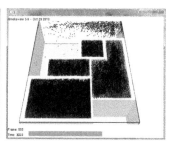

（a）　　　　　　　　　　（b）　　　　　　　　　　（c）

图 5-4　烟气粒子扩散图

资料来源：作者通过软件模拟

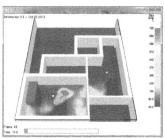 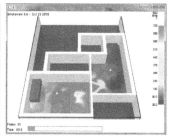 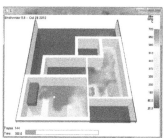

图 5-5　温度变化示意图

资料来源：作者通过软件模拟

4.居民安全疏散时间计算

1）传统疏散时间计算

由公式（5-1）可知，必须安全疏散时间 RSET 为火灾探测时间 t_{alarm}、预动作时间 t_{pre} 以及人员运动疏散时间 t_{move} 之和。

（1）火灾探测时间 t_{alarm}。

FDS 模型的重要研究方向之一就是探索火灾自动报警与灭火系统中探测器与喷淋装置的激活和启动。因此，本书中的火灾探测时间 t_{alarm} 采用 FDS 模拟计算出的数据，具体如图 5-6 所示。图中显示，安装在着火房间（即卧室）的感烟火灾探测器 I 在发生火灾后 16.5 s 探测到火灾信号，即火灾探测时间 t_{alarm} 取 16.5 s。

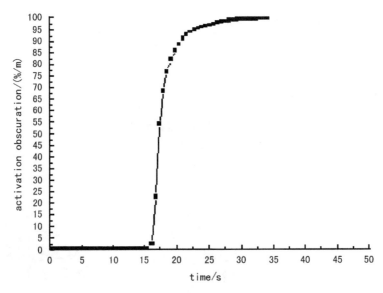

图 5-6　感烟火灾探测器 I 动作时间示意图

资料来源：作者通过软件模拟

（2）预动作时间 t_{pre}。

着火楼层居民最先接触火焰和烟气，其面临的火灾危险最大，该楼层所有居民必须首先迅速安全疏散出去。由公式（5-3）计算该着火楼层的疏散开始时间为：

$$t_{start,floor} = 2\sqrt{A_{floor}} + \alpha = 2\sqrt{420.24} + 300\,\text{s} = 341\,\text{s}$$

（3）人员运动疏散时间 t_{move}。

假设火灾发生在中部楼层 15 层，由图 5-3 可知，楼梯间每层的宽度均相等（1.15 m），我国以三口之家为主，因此设每层居民约为 25 人。由文中表 3-8 可知，水平疏散人流平均步行速度 v 为 0.8~1.2 m/s，为保障所有居民都可以安全疏散出去，故取较小值。由公式（5-6）计算该着火楼层的人员疏散至楼梯口的时间为：

$$t_{move,floor} = \frac{l_{max,floor}}{v} + \frac{P_{floor}}{NB_{min}} = \frac{20.75}{0.8} + \frac{25}{1.5 \times 1.2} = 39.8\,\text{s}$$

由 Melinek 和 Booth 提出的公式（5-4）计算第15层居民的最短疏散运动时间为 $t_{\text{move-r}}$：

$$t_{\text{move-r}} = \frac{\sum_{i=r}^{n} N_i}{w_r C} + rt_s = \frac{\sum_{i=15}^{30} N_i}{1.5 \times 1.5} + 15 \times 16 = 254.5 \text{ s}$$

则当第15层着火时，该楼层的人员运动疏散时间为：

$$t_{\text{move}} = t_{\text{move,floor}} + t_{\text{move-r}} = 39.8 \text{ s} + 254.5 \text{ s} = 294.3 \text{ s}$$

按以上方法可计算出各个楼层起火时该层人员运动疏散时间 t_{move}。再根据公式（5-1）：RSET $= t_{\text{alarm}} + t_{\text{pre}} + t_{\text{move}}$，即可计算出通过楼梯疏散各楼层人员的必须安全疏散时间 RSET，具体见表5-4。

表5-4 通过楼梯疏散各楼层人员的必须安全疏散时间 RSET

着火楼层（F）	火灾探测时间 t_{alarm}（s）	预动作时间 t_{pre}（s）	人员运动疏散时间 t_{move}（s）	必须安全疏散时间 RSET（s）
1	16.5	341	70.3	427.8
2	16.5	341	86.3	443.8
3	16.5	341	102.3	459.8
4	16.5	341	118.3	475.8
5	16.5	341	134.3	491.8
6	16.5	341	150.3	507.8
7	16.5	341	166.3	523.8
8	16.5	341	182.3	539.8
9	16.5	341	198.3	555.8
10	16.5	341	214.3	571.8
11	16.5	341	230.3	587.8
12	16.5	341	246.3	603.8
13	16.5	341	262.3	619.8
14	16.5	341	278.3	635.8
15	16.5	341	294.3	651.8
16	16.5	341	310.3	667.8
17	16.5	341	326.3	683.8
18	16.5	341	342.3	699.8
19	16.5	341	358.3	715.8
20	16.5	341	374.3	731.8
21	16.5	341	390.3	747.8
22	16.5	341	406.3	763.8
23	16.5	341	422.3	779.8

续表

着火楼层 （F）	火灾探测时间 t_{alarm}（s）	预动作时间 t_{pre}（s）	人员运动疏散时间 t_{move} （s）	必须安全疏散时间 RSET（s）
24	16.5	341	438.3	795.8
25	16.5	341	454.3	811.8
26	16.5	341	470.3	827.8
27	16.5	341	486.3	843.8
28	16.5	341	502.3	859.8
29	16.5	341	518.3	875.8
30	16.5	341	534.3	891.8

2）利用应急电梯的疏散时间计算

国内外已经有一些案例表明，高层建筑灾时利用电梯进行疏散是可行的[①]。对于高层住宅，特别是超高层住宅，若居民仅依靠楼梯疏散需要较长的时间，如果在火灾初期利用电梯进行疏散，是不是能节约一些时间呢？我们在模型中假设三部电梯中一部为消防楼梯，一部为应急疏散电梯，另一部仍为普通电梯（灾时停止使用）。

为了便于比较，我们依旧假设 15 层起火，起火部位也不变，探测器设置位置和数量也相同。但这次我们假设用电梯进行疏散，该住宅楼的电梯与疏散楼梯共用一个合用前室，因此，火灾探测时间 t_{alarm}、预动作时间 t_{pre} 都保持不变，发生改变的只是人员运动疏散时间 t_{move}。

此时的人员运动疏散时间 t_{move} 包括人员疏散至电梯口的时间 $t_{move, floor}$、人员上下电梯时间 t_e、电梯运行至首层时间 t_m。

人员疏散至电梯口的时间 $t_{move, floor}$ 由公式（5-6）计算：

$$t_{move,floor} = \frac{l_{max,floor}}{v} + \frac{P_{floor}}{NB_{min}} = \frac{19.90}{0.8} + \frac{25}{1.5 \times 1.2} = 38.8 \text{ s}$$

人员上下电梯时间 t_e 可用公式 5-7 计算：

$$t_e = (P_{floor} \times \beta) / (N_{elv} + W_{elv}) + (T_{op} + T_{cl}) \qquad \text{公式（5-7）[②]}$$

当 15 F 发生火灾时，着火层居民危险最大，消防控制中心发出指令使电梯停于 15 F，

---

① 1996 年 10 月 28 日，日本广岛一栋 20 层的住宅大楼发生火灾，起火点在位于 9 楼的某一住宅单元，并且火势在不到 30 min 内经由阳台向上快速蔓延至顶楼。此次火灾中，有 47% 的人员使用电梯进行疏散逃生；42% 的人员使用楼梯；7% 的人员同时利用楼梯和电梯来完成疏散逃生。2001 年 9 月 11 日，美国纽约世贸中心两座 411.5 m 高、110 层的大厦被恐怖分子用飞机袭击，造成冲天大火，并完全坍塌。当时两座大厦内共有 25 000 余人，接到报警后，南楼内的 10 部快速电梯中有 4~5 部投入了运行，除 2 749 人死亡外，有 20 000 多人得以安全疏散，其中南楼里的很多人就是通过乘坐电梯安全疏散的。

② 公式（5-7）中，P_{floor} 表示楼层需要疏散的人数（人）；β 表示使用电梯疏散比率（0~1.0）；N_{elv} 表示电梯门通行系数（人/m·s），一般取 1.5 人/m·s；W_{elv} 表示电梯门有效宽度（m）；T_{op} 表示电梯门开启所需时间（s），一般为 3 s；T_{cl} 表示电梯门关闭所需时间（s），一般为 4 s。

这样着火层的居民才能迅速疏散。15 层的高度为 42 m，一般电梯的运行速度为 1.2 m/s，电梯的运行加速度为 0.08 m/s²，该住宅电梯门宽 1.10 m，将这些数值代入公式 5-7 即可计算出住宅内人员上下电梯时间 t_e：

$$t_e = (P_{floor} \times \beta) / (N_{elv} + W_{elv}) + (T_{op} + T_{cl}) = (25 \times 10) / (1.5 + 1.10) + (3.0 + 4.0) = 16.6 \text{ s}$$

电梯运行至首层时间 t_m 可按公式 5-8 进行估算：

$$t_m = \sum H_i / V_{elv} + V_{elv} / a \qquad\qquad 公式（5-8）①$$

将计算住宅的相关数据带入公式计算出电梯运行至首层时间 t_m：

$$t_m = \sum H_i / V_{elv} + V_{elv} / a = 42 / 1.2 + 1.2 / 0.08 = 50(s)$$

则利用电梯疏散的人员运动疏散时间 t_{move} 为：

$$t_{move} = t_{move,floor} + t_e + t_m = 38.8 \text{ s} + 16.6 \text{ s} + 50 \text{ s} = 105.4 \text{ s}$$

依据此方法可计算出各个楼层起火时利用电梯疏散的该层人员运动疏散时间 t_{move}。再根据公式 5-1：RSET $= t_{alarm} + t_{pre} + t_{move}$，即可计算出通过电梯疏散各楼层人员的必须安全疏散时间 RSET，具体见表 5-5。

表 5-5　通过电梯疏散各楼层人员的必须安全疏散时间 RSET

着火楼层（F）	火灾探测时间 t_{alarm}（s）	预动作时间 t_{pre}（s）	人员运动疏散时间 t_{move}（s）	必须安全疏散时间 RSET（s）
1	16.5	341	70.3	427.8
2	16.5	341	72.9	430.4
3	16.5	341	75.4	432.9
4	16.5	341	77.9	435.4
5	16.5	341	80.4	437.9
6	16.5	341	82.9	440.4
7	16.5	341	85.4	442.9
8	16.5	341	87.9	445.4
9	16.5	341	90.4	447.9
10	16.5	341	92.9	450.4
11	16.5	341	95.4	452.9
12	16.5	341	97.9	455.4
13	16.5	341	100.4	457.9
14	16.5	341	102.9	460.4
15	16.5	341	105.4	462.9
16	16.5	341	107.9	465.4
17	16.5	341	110.4	467.9
18	16.5	341	112.9	470.4

---

① 公式（5-8）中，H_i 为第 i 层的高度（m），v_{elv} 为电梯运行速度（m/s），a 为电梯运行加速度（m/s²）。

着火楼层 （F）	火灾探测时间 t_{alarm}（s）	预动作时间 t_{pre}（s）	人员运动疏散时间 t_{move}（s）	必须安全疏散时间 RSET（s）
19	16.5	341	115.4	472.9
20	16.5	341	117.9	475.4
21	16.5	341	120.4	477.9
22	16.5	341	122.9	480.4
23	16.5	341	125.4	482.9
24	16.5	341	127.9	485.4
25	16.5	341	130.4	487.9
26	16.5	341	132.9	490.4
27	16.5	341	135.4	492.9
28	16.5	341	137.9	495.4
29	16.5	341	140.4	497.9
30	16.5	341	142.9	500.4

对比表 5-4 和表 5-5 可以发现，利用电梯疏散的时间通常短于利用楼梯疏散的时间，尤其是 10 层以上，其疏散时间大大缩短。由图 5-7 可知，火灾发生后 480 s，安装在电梯前室的感烟火灾探测器Ⅳ开始动作，这时，利用电梯疏散将存在安全隐患，不过，据表 5-4 的数据显示，此时居民也已经基本疏散完毕。可见，如果在高层住宅中安装应急疏散电梯，在火灾初期综合利用电梯和楼梯同时对居民进行安全疏散，其所用时间将会比单独利用电梯疏散的模型所用时间更短。

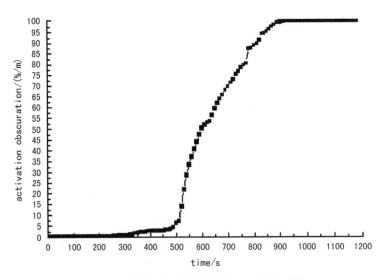

图 5-7　感烟火灾探测器Ⅲ动作时间示意图

资料来源：作者通过软件模拟

5.1.4　模拟与计算结果分析

根据 FDS 火灾场景模拟和人员安全疏散时间计算过程可以得出如下结论，用以指导既有高层住宅防灾减灾改造。

（1）消除和控制点火源，居室和厨房是火灾高发空间，需重点加强其防火措施。

（2）火灾发展过程通常可分为起火、火灾初期、充分发展和衰减等阶段，而火灾达到危险状况之前的起火和初期发展阶段与人员安全疏散密切相关。可见，越早探测到火灾，人员疏散逃生机会越大。因此，火灾探测器的安装位置、数量等对于高层住宅防灾减灾有着重要影响。

（3）在火灾初期的阴燃阶段到剧烈燃烧之前，火灾较容易被扑灭。如果我们没有及时发现火灾并在这个时间段内将火灾扑灭，火灾将很快发展为立体火焰，引发轰然，很难被扑灭。可见不仅要及时探测到火灾，警示居民逃生，还要尽早进行灭火，而一般消防人员到达灾害现场开始灭火最短也需要 5 min 以上的时间，因此，在高层住宅中安装自动喷水灭火装置可以及时扑救火灾。

（4）火灾产生的高温火焰和烟气会迅速增长到屋顶后形成顶棚射流充满整个房间，继而通过户门和外窗蔓延到本层公共交通空间和上下相邻层室内空间，到达楼梯井的高温烟气也会由于烟囱效应向上蔓延至楼顶。而公共交通空间尤其是疏散通道是居民安全逃生的必经之路。如何有效控制公共交通空间（特别是楼梯间前室、消防电梯前室以及合用前室、楼梯间和消防电梯）的火焰和烟气，是高层住宅安全疏散的重中之重。

（5）火灾产生的烟气与材料类型、材料的热释放速率以及材料的热物性有关。因此，建筑材料的选择也会影响建筑的防灾性能。

（6）建筑疏散通道与安全出口的数量、位置及其通行能力对于人的安全疏散有着重要影响。综合利用楼梯和应急电梯同时进行疏散，受灾居民的疏散时间明显短于只利用楼梯疏散。这个模拟结果为我们提供了高层建筑安全疏散的新思路。

5.2　既有高层社区建筑内部空间防灾改造策略

一直以来，建筑师以及其他相关领域的研究人员都在孜孜不倦地探索建筑的有效防火与安全疏散问题。如何防止火灾发生、控制火势、保障受灾者生命安全是建筑师以及其他相关科研人员极力探索的。目前，建筑防火与疏散设计主要有两条不同思路，一为"防"，二为"逃"[①]（图 5-8）。

---

① 陈晓红：《高层住宅的防火与疏散设计》，《住宅科技》2005 年第 10 期。

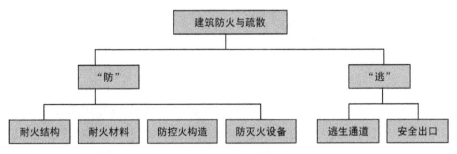

图 5-8　建筑防火与疏散设计思路

5.2.1　既有高层住宅公共交通空间的防灾改造策略

与多层住宅相比，高层住宅建筑自身的许多特点导致其灾时人员疏散难度更大（见表 5-6）[1]。因此，高层住宅的安全疏散设计是建筑防灾救灾设计的重要内容之一，是涉及居住者生命财产安全的重要问题，而安全疏散设计的载体就是住宅公共交通空间。可见高层住宅防灾救灾改造的关键之一就是优化其公共交通空间。

表 5-6　高层住宅灾时人员疏散不利因素

序号	高层住宅特点	人员疏散不利因素
1	层数多，高度大	垂直疏散距离长，居民疏散到安全场所需要较长时间
2	竖向空间多，高度大	在"烟囱效应"作用下，烟气和火势竖向蔓延快，增加了安全疏散的困难
3	居住人口多	居民行为能力差异大，疏散时人员集中，容易出现恐慌、混乱、拥堵、踩踏等现象
4	居民日常交通功能主要依靠电梯，而很少使用楼梯	灾时电梯停止使用，但人们习惯性地向熟悉的路线疏散，致使疏散存在折回现象，延长了疏散时间

高层住宅的公共交通空间承担着室内外空间过渡、人流集散、方向转换的作用，包括整座建筑的垂直交通部分——楼梯和电梯；水平交通部分——防烟前室和联系走廊；配套设施部分——各类管道管井等，具体要求如下。

1）楼梯

楼梯在高层住宅中的日常作用不是很突出，它主要在突发事件时供人们紧急疏散使用。楼梯由梯段与两端平台组成，《住宅设计规范》（GB 50096—1999）中详细给出了相关规定和要求[2]。

---

① 欧阳玉如：《高层建筑安全疏散设计初探》，《工程建设与设计》2005 年第 9 期。

② 《住宅设计规范》（GB 50096—1999）规定：楼梯梯段净宽不小于 1.10 m。梯井宽度大概取值 0.10~0.20 m 左右。在实际设计中考虑家具搬运、消防疏散等因素，楼梯间开间尺寸多取值 2.50~2.70 m 之间（均为轴线尺寸）。进深方面，《住宅设计规范》要求楼梯平台净宽不应小于楼梯梯段净宽，并不得小于 1.20 m；楼梯踏步宽度不应小于 0.26 m，踏步高度不应大于 0.175 m；梯段的踏步数不宜超过 18 级，也不宜少于 3 级。

《高层民用建筑设计防火规范》中将高层住宅楼梯间分为开敞楼梯间、封闭楼梯间、防烟楼梯间几种类型。另外,我国塔式高层住宅中还常常采用剪刀梯。楼梯间的各种特征及其设计要求见表 5-7[①]。

表 5-7　高层住宅楼梯间不同类型分析

分类	开敞楼梯间	封闭楼梯间	防烟楼梯间	剪刀梯
示意图例				
设计要求	楼梯间应靠外墙,并应直接天然采光和自然通风; 楼梯间应设乙级防火门,并应向疏散方向开启	楼梯间应靠外墙,并应直接天然采光和自然通风。当不能自然采光通风时,应按防烟楼梯间设置; 楼梯间应设乙级防火门,并应向疏散方向开启; 首层紧接主要出口时,可将走道、门厅包括在楼梯间内,但应采用乙级防火门	楼梯间入口处应设前室、阳台或凹廊; 前室面积不小 4.5 m²,合用前室面积不小于 6 m²; 前室和疏散楼梯间的门应为乙级防火门,并应向疏散方向开启; 前室不能靠外墙设置时,必须在前室和楼梯间采用机械加压送风系统	剪刀梯楼梯间应为防烟楼梯间; 剪刀梯的梯段之间应设置耐火极限不低于 1 h 的实体分隔墙; 剪刀梯应分别设置前室,塔式住宅确有困难时可设置一个前室,但两座楼梯应分别设置加压送风系统

2）电梯

根据调研发现,在设有电梯的住宅中,只有 2~3 层的居民会经常使用楼梯,4~5 层的居民在下楼时会偶尔使用楼梯,6 层及 6 层以上的居民在日常生活中很少使用楼梯,而电梯无疑成为居民上下的主要垂直交通工具。尤其在超高层住宅中,电梯的作用更是无可取代的。我国对于高层住宅中的普通电梯与消防电梯[②]设置数量和要求分别作了明确详细的规定,具体见表 5-8[③]。

_____

① 孙晓娜:《大连地区高层集合住宅的发展演变与设计策略研究》,硕士学位论文,大连理工大学,2011,第 82 页。

② 消防电梯是在建筑物发生火灾时供消防人员进行灭火与救援使用且具有一定功能的电梯。

③ 孙晓娜:《大连地区高层集合住宅的发展演变与设计策略研究》,硕士学位论文,大连理工大学,2011,第 83 页。

表 5-8　高层住宅电梯与电梯厅设计要求

图例说明	普通电梯———————电梯厅———与剪刀梯合用前室———消防电梯	
分类	**普通电梯**	**消防电梯**
设计要求	11层及以下的高层住宅可设置1台电梯，12层及以上的高层住宅每栋楼设置电梯不应少于2台； 高层住宅电梯宜每层设站。塔式和通廊式高层住宅电梯宜成组集中布置。单元式高层住宅每单元只设一部电梯时应采用联系廊连通； 候梯厅深度不应小于多台电梯中最大轿厢的深度，且不得小于1.5 m	塔式高层住宅、12层及以上的单元式住宅和通廊式高层住宅应设消防电梯； 消防电梯间应设前室，前室面积不应小于4.5 m²，合用前室面积不应小于6 m²； 消防电梯间前室宜靠外墙设置，前室的门必须是防火门或防火卷帘，合用前室的门必须是防火门
数量选择	为简化设计，方便使用，北京、上海等地设计院大都根据各自经验确定基本数据。北京首规委专家组经讨论认为一台电梯适宜服务户数为60~90户	每层面积不大于1 500 m²时，应设1台； 大于1 500 m²，但不大于4 500 m²时，应设2台； 大于4 500 m²时，应设3台

注：消防电梯宜设在不同的防火分区内。

3）防烟前室

我国高层住宅中出现了多种形式的防烟前室，笔者根据规范规定和大量案例调研分析，将其分为以下几类，详见表 5-9①。

表 5-9　高层住宅常见防烟前室类型

类型	独立前室	合用前室	扩大前室	其他前室
描述	防烟楼梯间与消防电梯各自独立设置防烟前室	防烟楼梯间与消防电梯共用同一个防烟前室	将电梯厅扩大化，将走道包括在内，作为前室使用，但前室中的入户门应为乙级防火门	通过住户阳台进入剪刀梯间，进行疏散活动
来源	《高层民用建筑设计防火规范》	《高层民用建筑设计防火规范》	住宅实际设计中研究摸索	住宅实际设计中研究摸索

---

① 孙晓娜：《大连地区高层集合住宅的发展演变与设计策略研究》，硕士学位论文，大连理工大学，2011，第84页。

续表

类型	独立前室	合用前室	扩大前室	其他前室
评价	安全疏散流线最清晰，安全性能最高，但是交通面积较大	现实案例中应用最多，既满足规范要求，又缩小交通面积	疏散流线不明确，技术要求较高，但是交通面积较小	通常用于剪刀梯中，交通面积小，但是局限性高，仅限于一梯两户

注：扩大前室补充——《高层民用建筑设计防火规范》中仅提到户门不能直接开向前室，当确有困难时，部分开向前室的户门应为乙级防火门。但是，设计单位却演绎出了多种多样的扩大前室。

4）联系走廊

顾名思义，联系走廊即联系住户套内空间与住宅公共交通核的走廊空间。我国相关规范对其长度和宽度都有详细规定[①]。联系走廊是住户到达交通核的必经之路，因此其消防设计也不容忽视。走廊内一般应设置火灾探测器、消火栓、应急照明等消防设施。

5）管道管井

高层住宅设备管道管井比多层住宅更为复杂多样，通常结合住宅交通核心体集中或者分散布置于住宅公共交通空间内。设备管井的常见种类和尺寸见表 5-10[②③]。

表 5-10　设备管井的常见种类和尺寸一览表

分类	强电井	弱电井	水管井	暖通井	风道井
设备	同层电表箱、相应电缆以及开关等	电梯机房、电缆、电视、电话、网络、对讲以及三表远传采集器等	给水立管、同层水表以及配套阀门等	上水管、下水管、锁闭阀、过滤器以及热计量表等	正压送风、排风系统
面积/m²	3	1.5~2.5	2~3	2~3	0.6~1
常见尺寸/mm	1 000 × 3 000	900 × 3 000	800 × 400	800 × 350	400 × 1 500
备注	水暖井可合并，强弱电井之间应有分隔，净空深度一般不超过 800 mm				剪刀梯需加倍

在实际工程中，开发商往往过度追求所谓的"出房率"和过度追逐房地产利润，而许多设计人员对住宅安全疏散设计的意义也缺乏深刻的认识，总以为只要应付了消防审批单位，"红图章"一盖就"万事大吉"。因此，许多已经建成使用的高层住宅的公共交通空间

---

① 长度规定：位于两个安全出口间的住宅户门这一段的水平疏散通道长度不应超过 40 m；位于袋形走道两侧或尽端的住宅户门即袋形疏散通道长度不应超过 20 m。宽度规定：高层住宅内走道的单面布房不小于 1.20 m，双面布房不小于 1.30；单面布置房间的住宅，其走道出垛处的最小宽度不应小于 0.90 m。同时，考虑到住宅公共通道应保证搬运家具以及各种意外情况发生，可适当加宽走道宽度。

② 中华人民共和国住房和城乡建设部，GB 50096—2011，住宅设计规范，北京：中国建筑工业出版社，2011。

③ 孙晓娜，大连地区高层集合住宅的发展演变与设计策略研究，硕士学位论文，大连理工大学，2011，第 85 页。

存在不少原则问题。下面就既有高层住宅公共交通空间普遍存在的问题提出防灾改造策略。

1. 保障每个防火单元的楼电梯和安全出口设计满足规范基本要求

我国《高层民用建筑设计防火规范》将高层住宅分为塔式高层住宅、单元式高层住宅和通廊式高层住宅3种类型。从灾时安全疏散角度考虑，规范对这3种类型的高层住宅的交通空间设计作了明确的规定。不同类型的高层住宅有不同的要求，表5-11简要概括了其核心要求和规定，我们在高层住宅设计和改造中，首先应该保障每个防火单元的楼电梯和安全出口设计满足规范中制定的这些基本要求。

表 5-11　不同类型高层住宅楼电梯间的基本要求

层数	塔式高层住宅		单元式高层住宅			通廊式高层住宅	
	楼梯	电梯	楼梯		电梯	楼梯	电梯
10-11 F	2个，但每层不超过8户，每层建筑面积不超过650 m²可设1个	防烟楼梯间	1台电梯，应为消防电梯	2个（注1）	开敞楼梯间	1台电梯	2个	封闭楼梯间	1台电梯
12-18 F			2台电梯，其中一台为消防电梯	2个（注1）	封闭楼梯间	2台电梯，其中一台为消防电梯	2个	防烟楼梯间	2台电梯，其中一台为消防电梯
19 F及以上	2个			2个（注2）	防烟楼梯间		2个		
备注	注1：十八层及十八层以下，每个单元设有一座通向屋顶的疏散楼梯，单元与单元之间设有防火墙，单元之间的楼梯能通过屋顶连通且户门为甲级防火门、窗间墙宽度、窗槛墙高度为大于1.2 m的实体墙的单元式住宅。 注2：超过十八层，每个单元设有一座通向屋顶的疏散楼梯，十八层以上部分每层相邻单元楼梯通过阳台或者凹廊连通（屋顶可以不连通），十八层及十八层以下部分单元与单元之间设有防火墙，单元之间的楼梯能通过屋顶连通且户门为甲级防火门、窗间墙宽度、窗槛墙高度为大于1.2 m的实体墙的单元式住宅						

注：表中数值是在每一层为一个防火分区的基础上确定的最小值。另外，当住宅类型模糊不清时，笔者认为应该按照其中较严格的规定执行。

2. 增设应急疏散电梯，构建"安全核"疏散体系

一直以来，在建筑发生灾害时，楼梯都是传统的且唯一的疏散逃生方式，但是，随着高层住宅的大量建设，尤其是超高层住宅，人们灾时利用楼梯疏散便面临诸多问题，具体见表5-12。

表 5-12　灾时高层住宅内受灾人员利用楼梯安全疏散所面临的问题与防灾不利因素

序号	面临问题	防灾不利因素
1	通过楼梯所用疏散时间较长	高层住宅发生火灾时火势蔓延快，允许疏散时间为5-7 min，大部分居民很难在这么短的时间通过楼梯安全疏散至室外，相当多的居民因来不及疏散而被困在住宅楼里

续表

序号	面临问题	防灾不利因素
2	残疾人和行动不便的老人、儿童无法通过楼梯疏散	目前可使用的垂直疏散方式还有云梯、缓降机等，但这些逃生装置都只能满足少数人的逃生需求，且其具体的应用还要受到很多方面的限制，无法应用于高层住宅内大规模的居民逃生疏散。以致行动弱势群体在灾时不是在疏散楼梯里缓慢行进，就是在家里等待消防队员前来救援（一般从接到报警至及时赶到需耗时 5~8 min）。
3	消防人员救援负担重	消防人员除了灭火外，还要救援无法通过楼梯疏散的行动弱势群体。

可见，电梯运送时间短的优势，对于高层住宅，尤其是超高层住宅灾时居民疏散逃生具有重要的意义，而且，电梯疏散不受逃生人员年龄、健康状况等因素的影响，可以满足多样人群疏散的需求。美国、加拿大、英国、日本等多个发达国家早已开始了灾时利用电梯疏散的研究，并取得了许多成果。国内外也有一些灾时利用电梯疏散的成功实例。如1996 年 10 月，日本广岛一栋 20 层的高层集合住宅失火，在火灾中，有 50%以上的居民利用电梯成功疏散至室外。再如 2009 年 4 月，我国江苏省南京市的高层商住楼中环国际广场起火，消防队员在启动室内防排烟系统的情况下，在确保安全的前提下，指挥 400 余名群众使用电梯疏散逃生，没有一名人员伤亡。

因此，我们应该在高层住宅中增设应急疏散电梯，将电梯疏散与楼梯疏散有效结合，构建一个"安全核"疏散体系，以保障居民在最短的时间内安全疏散逃生。所谓"安全核"疏散体系就是加强日常交通路线与设施灾时的安全性能，使日常的交通路线与安全疏散路线合二为一，即将电梯、电梯厅、楼梯、楼梯前室及周围通道设置为安全区，使居民灾时进入该区域可以同时利用电梯和楼梯疏散[①]。值得注意的是，应急疏散电梯需要能够设置着火层不停靠指令，否则，在着火层消防人员会和疏散人员流线形成对撞，降低灭火效率与疏散速度。"安全核"疏散体系中的应急疏散电梯灾时保障措施要符合甚至高于消防电梯的安全标准。具体见表 5-13[②]。

表 5-13　"安全核"疏散体系中的应急疏散电梯灾时主要保障措施

序号	主要措施	具体做法与要求
1	提供可靠的电梯电源	采用两路独立电源同时供电，两路电源当中须保证一路取自社区变电所或自备柴油发电机房，以便于楼内变电所发生火灾时，能继续保障供电
		在电梯机房两路电源末端互投，同时保证每对双电源回路对应一部应急疏散电梯，且双电源回路应在电梯井剪力墙墙体内暗敷设，以保证在墙体耐火极限时间内电梯电源的供应
2	采用防水防火电线电缆	应急疏散电梯的动力与控制电线、电缆也应该采取防水、防火措施，以保障其灾时的正常使用

①　张鹏、朱昌明：《高层建筑危急情况下的电梯疏散系统》，《中国安全科学学报》2004 年第 8 期。

②　徐海宁：《浅议电气民规中关于消防电梯的规定——在塔式高层住宅中设置应急疏散电梯》，《中国住宅设施》2010 年第 1 期。

续表

序号	主要措施	具体做法与要求
3	加强电梯间的防水措施	在电梯间门口、电梯门口设置挡水缓坡，防止积水流入
		消防电梯前室应增加排水设施，及时排走积水
		消防电梯的井底也应设排水设施，规范规定：电梯的排水井容量不应小于 2 m³，排水泵的排水量不应小于 10 L/s
4	设置应急电梯前室，并在前室内设置防排烟措施和感烟装置	应急疏散电梯前室应该做好防烟措施，防止烟气进入电梯井。例如设置挡烟垂壁和正压送风系统等。应急疏散电梯井亦应采取严格措施避免烟囱效应的发生
		在电梯口设置感烟装置，并联入火灾自动报警系统，一旦感烟装置报警，应急疏散电梯应立即停止使用
5	应急疏散电梯应由社区控制中心控制	应急疏散电梯间前室及应急疏散电梯轿厢内应设置监控摄像机、消防广播以及消防电话分机
		当发生应急突发事件时，小区控制中心应能手动控制应急疏散电梯在每一层的启停，并能通过监控、广播、消防电话等设备组织人们进行有序地疏散
		专业消防人员可在应急疏散电梯内手动控制电梯，指挥居民有序疏散
6	建立应急预案，加强防灾教育	高层社区应该建立自己的应急疏散预案
		定期组织防灾疏散训练和培训，加强人们应急疏散教育，保障居民能够安全快速疏散

3. 完善存在安全隐患的防烟前室

1）改造剪刀梯与消防电梯的"三合一"前室

我国规范中提到塔式高层住宅在特殊情况时一部剪刀梯可以设置一个前室[①]。但是，开发商为了降低公摊面积，增加出房率，往往使防烟楼梯和消防电梯合用一个前室，形成剪刀梯与消防电梯的"三合一"前室，如图 5-9 所示[②]。这种前室其实存在很大的安全问题，一旦发生火灾，烟气和火焰进入前室内，两条安全疏散通道将同时被堵死，使受灾居民无路可逃。另外，消防救援人员乘坐消防电梯进入合用前室后与疏散逃生的居民形成"对撞"，出现扑救流线与疏散流线冲突问题，而受灾居民还可能抢占消防电梯，以致降低消防人员救援效率，影响居民迅速疏散。

---

① 我国《高层民用建筑防火规范（2005 年版）》规定：剪刀楼梯应分别设置前室。塔式住宅确有困难时可设置一个前室，但两座楼梯应分别设加压送风系统。

② 孙晓娜：《大连地区高层集合住宅的发展演变与设计策略研究》，硕士学位论文，大连理工大学，2011，第 88 页。

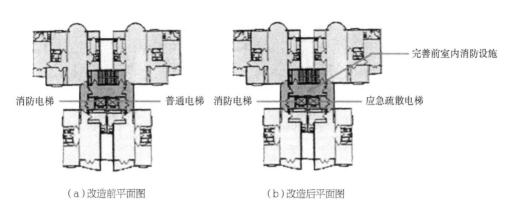

（a）改造前平面图　　　　　　　（b）改造后平面图

图5-9　大连海昌欣城G栋——剪刀梯与消防电梯的"三合一"前室改造

由于既有高层住宅现状条件的限制，这种"三合一"前室改造相当困难。我们只能增设应急疏散电梯，构建"安全核"疏散体系，并完善其消防设施，配备火灾探测设备和自动灭火装置等主动防火灭火设施，保障其防排烟系统正常工作，还要采用防火性能好的建筑装饰装修材料。这样可以最大程度地防止火焰和烟气的进入和蔓延，同时利用应急疏散电梯和楼梯，在最短的时间内尽快疏散受灾居民。

2）改造存在安全隐患的"扩大前室"

我国规定仅在特殊情况下可以将走道和门厅等包括在楼梯间内，形成扩大楼梯间前室[①]。但是，我国既有高层住宅中却存在着五花八门的"扩大前室"。典型实例如图5-10（a）中所示的扩大化剪刀梯前室，该前室将走道、候梯厅以及消防电梯以及剪刀梯前室多者合并。这样的"扩大前室"存在很大安全隐患。虽然我国规范规定在特殊情况下部分户门可直接开向前室[②]，但并不是说所有住户门都能够不加限制地开向前室。如图5-10（a）中所示的"扩大前室"[③]，这个单元的所有住户门都直接开向前室，以致消防电梯厅无法形成封闭防烟空间，而封闭防烟楼梯间与走廊也只是通过一道防火门隔离，很容易进入烟气和火焰。一旦发生火灾，烟气和火焰便可迅速蔓延至"扩大前室"的整个空间，使受灾居民的所有逃生路径同时被堵死，造成严重后果。笔者针对此问题提出了改造措施，具体如图5-10（b）所示。

---

① 我国《高层民用建筑防火规范（2005年版）》第6.2.2.3条规定：楼梯间的首层紧接主要出口时，可将走道和门厅等包括在楼梯间内，形成扩大的封闭楼梯间，但应采用乙级防火门等防火措施与其他走道和房间隔开。

② 我国《高层民用建筑防火规范（2005年版）》第6.1.3条文规定：高层居住建筑的户门不应直接开向前室，当确有困难时，部分开向前室的户门应为乙级防火门。

③ 孙晓娜：《大连地区高层集合住宅的发展演变与设计策略研究》，硕士学位论文，大连理工大学，2011，第89页。

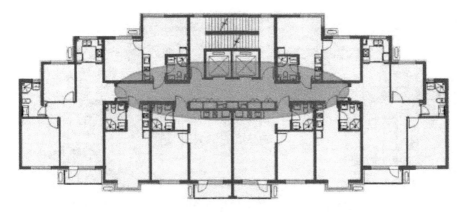

（a）改造前平面图

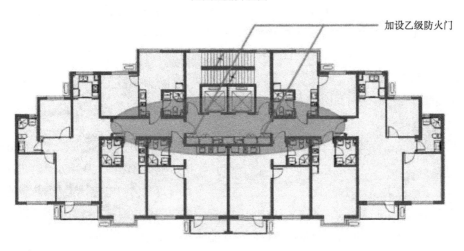

加设乙级防火门

（b）改造后平面图

图 5-10　存在安全隐患的"扩大前室"改造措施示意图

3）力求"专室专用"

相关统计显示，火灾中80%的死亡人员不是被火焰烧死，而是由于烟气熏呛窒息而死。可见，保障人员安全疏散的重要措施之一就是确保防烟前室的良好防烟排烟效果。在实际工程中，设计者对于扩大化前室的诸多演绎，导致许多既有高层住宅不具备独立的、封闭的防烟前室，存在许多安全问题。因此，我们在既有高层住宅改造中，应该力求做到"专室专用"。图 5-11（a）为一高层住宅典型交通核平面图，这种类型的前室建议按照图5-11（b）中的思路改造①。

---

① 孙晓娜：《大连地区高层集合住宅的发展演变与设计策略研究》，硕士学位论文，大连理工大学，2011，第93页。

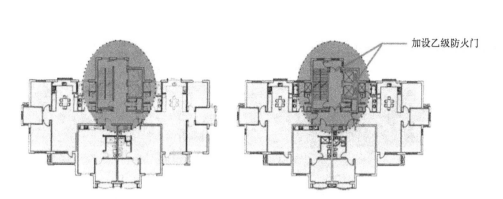

（a）改造前平面图　　　　　　　　（b）改造后平面图

图 5-11　"专室专用"改造措施

4.加强各种管井与管道的防火处理

火灾发生后，由于热气流向上运动的特性，火总是要向上蔓延。而高层住宅内往往设有各种竖井管道，它们贯穿若干楼层甚至所有楼层，在建筑火灾发生时，会产生烟囱效应，造成火势迅速向上面楼层蔓延。因此，加强各种管井的防火处理也是防止高层住宅火灾蔓延的有效途径之一，具体措施见表 5-14。

表 5-14　加强各种管井与管道防火处理具体措施

序号	具体措施
1	电梯井、电缆井、管道井、排气道、垃圾道等竖向管井应单独设置，并应避免与房间、吊顶和壁柜等连通
2	各种竖井应该保证灾时自身的完整性、密闭性，井壁应为耐火极限不低于 1 h 的不燃烧体，且每 2~3 层要用非燃烧材料封隔，其耐火极限不小于楼板的耐火极限
3	穿越墙体的管道及其缝隙、开口等应按照防火规范有关规定采取防火措施，具体的防火封堵措施在中国工程建设标准化协会标准《建筑防火封堵应用技术规程》中有详细要求，可供我们参考
4	管线、线缆等敷设也应满足防火要求，宜尽量选取烟密度等级低、燃烧产物毒性小、火灾蔓延缓慢的材料

5.2.2　既有高层住宅套内空间的防灾改造策略

住宅的套内空间主要包括厨房、居室（卧室和起居室）、阳台以及卫生间 4 种不同使用功能的空间。其中，厨房和居室是最容易引发火灾的场所，而阳台和卫生间往往可以发挥一定的救灾作用。下面将提出这 4 种类型空间的详细防灾改造策略。

1.厨房的防灾改造策略

由于厨房设备复杂集中，且做饭时常使用明火，因此，相比住宅其他套内空间，厨房发生煤气泄漏、火灾甚至爆炸等的概率要高得多。据统计，厨房失火引发的火灾在我国社区火灾总量中所占据的比例超过 40%。我国已经建成的居住建筑，尤其是 20 世纪八九十年代的住宅，其厨房除了空间狭小，操作流线交叉混乱，室内环境脏、乱、差等问题外，还大多存在管线多而乱,线路老化,采光、通风、排气差等等一系列问题,这些安全隐患使厨房很容易成为火灾的引发点,从而致使整套住宅甚至整栋住宅楼陷入火灾之中。而厨房又多位于距离整套住宅入户门较近的位置,一旦起火,很可能封锁居住者唯一的逃生出口,从而危及居住者的生命安全和财产安全。

在我国的老旧住宅改造研究与实践中,针对厨房的改造也不少,但是大多数改造项目都重点关注于空间拓展,操作流线的重组与优化以及厨房美化装修等使用功能方面,对于厨房这个"危险空间"的防灾减灾改造却并不多见。因此,基于厨房优化与改造的整体性原则,在紧密结合以上厨房使用功能优化与改造的宗旨下,我们探索归纳了以下住宅厨房防灾减灾改造策略。

1)更换厨房老旧线路,厨房电源插座设置独立回路

随着家用电器的普及与发展,厨房内的电气器具越来越多,这无疑大大增加了厨房的用电负荷,表 5-15 为我国大部分家庭厨房常用电气的容量表。而许多老旧居住建筑的电气线路老化,电容量不足,厨房内电源插座数量也不能满足居民需求。居民往往要依据电气器具的摆放位置重新拉线,增加电源插座,甚至使用接线板,因此当居民使用大功率电器时,很容易引发短路,从而发生火灾。

表 5-15　厨房主要电器的容量

电器名称	用电容量/W
抽油烟机	200
电冰箱	150
电烤箱	1 000~2 000
电磁炉	600~2400
微波炉	50~900
电饭煲	500~900
电压力锅	900~1 100
电热水壶	1 500~1 800
果汁机	200~500
电子消毒柜	600
洗碗机	1 000~1 800
洗菜机	100

我国 2011 年实施的《住宅设计规范》规定,厨房电源插座宜设置独立回路,该回路必须设置漏电保护器以及专用 PE 线。厨房内应至少分别设置一组单项三线插座和一组单项二线插座,还应为电冰箱与排气机械分别单独设置专用单项三相插座[①]。因此,住宅防灾改造的关键点之一就是更换厨房老旧线路,按照 2003 年实施的住宅设计规范要求进行老旧

① 中华人民共和国住房和城乡建设部,GB50096-2011,住宅设计规范,中国建筑工业出版社,2011 年。

住宅的电气改造。根据抽油烟机、电冰箱、电烤箱、微波炉、电饭煲、洗碗机等用电设备位置，用电负荷需要，增加预埋线路，增加导线截面，并设置多种电插座（图 5-12）。

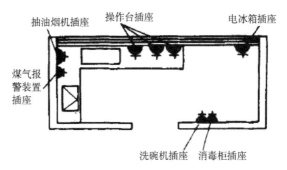

图 5-12　厨房插座配置示意图

2）更新老旧燃气管道，并推广加装燃气泄漏报警装置

我国大部分老旧住宅厨房内的管线往往分散布置、杂乱无章、各行其是，还存在表位不合理、煤气灶具位置不当等诸多问题，致使居民入住后不得不私自拆改燃气管道，重新布置燃气设备，从而造成了极大的安全隐患。可见，我们应该系统地更新改造老旧住宅的不合理燃气管道，具体措施包括：有条件的建筑可将煤气表改造出户；尽量采用新管材、新工艺替换老的管道设备（如引进接插式接头等）；推广漏气自熄型灶具等新设备。

今天，我国社会人口结构中老龄化人口比例不断增加，老年人经常忘记及时关掉燃气灶具，很容易发生煤气泄漏。而燃气是一种危险性很大的气体，如果一旦泄露，后果不堪设想。例如，2002 年 12 月 12 日，长春市南关区滨河西区 205 栋居民楼发生火灾，火灾起因是煤气泄漏而发生爆炸事故，共导致 3 人死亡。可见，广泛推广在厨房内加装燃气泄漏报警装置[①]（其探测器的安装示意如图 5-13 所示）是势在必行的。

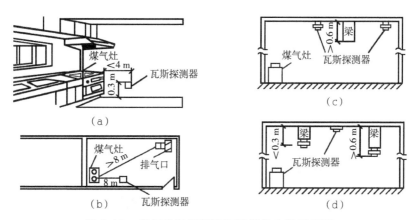

图 5-13　燃气泄漏报警器探测器的安装示意图

①　这方面日本做得比较好，日本消防部门采取各种措施在家庭中推广和普及安装煤气泄漏报警器，新建的居民住宅在施工时就已将煤气泄漏报警器安装好。对其他住户，则推广使用一种价格低、性能好的简易小型煤气泄漏报警器。此外，日本还推广使用简易火灾报警器和家用小型灭火器等。

3）在厨房和入户门处设置简易自动喷淋系统，酌情配置家庭用小型灭火设备

我国大部分既有住宅的厨房往往邻近住户入户门，而厨房又是火灾发生概率最高的套内空间，这样一旦发生火灾，居民逃生的唯一通道——入户门也就很容易被烟气和火焰封堵，致使居民困在住宅内无法逃生①。因此，在厨房和入户门处加装简易喷淋系统②是控制家庭火灾的有效手段之一。而住宅的入户门处地下一般埋设有自来水干管，厨房也大多设有进水主管，加装喷淋配水管用于灭火从技术上是可行的③。如美国的家庭住宅中普遍安装有小型火灾自动报警器和自动喷淋灭火器。据统计，在美国城市居民家庭中，大约75%的家庭安装了火灾自动报警器、自动灭火器和煤气泄漏报警器。对于无法加装简易自动喷淋系统的老旧住宅，我们可以酌情配置家庭用小型灭火设备。其实，2010年12月8日，公安部消防局颁布的《家庭消防应急器材配备常识》中也提出家庭中应配备一些基本消防器材，其中就包括手提式灭火器④。

2. 居室的防灾改造策略

我国住宅火灾的调查数据统计表明，住宅中的火灾易发地点一是厨房，二则是居室。客厅和卧室的沙发、地毯、被褥等均为易燃烧材料，人吸烟时未熄灭的烟头抑或不慎残留的火星很可能会引燃室内的易燃织物而导致火灾的发生。许多高层住宅的客厅和卧室设有落地外窗，这样一旦一户发生火灾，火焰很可能沿外窗窜出窗外，蔓延至上下层，从而加大火灾危害。另外，空调机位设置不当也容易加大灾情。因此，我们归纳了以下防灾改造措施。

1）加强住宅大面积落地窗的防火处理，以防止火灾沿外墙窗纵向蔓延

我国许多既有住宅的居室设计有大面积落地外窗，且没有采取特殊防火处理措施，这无疑加大了灾时火焰纵向蔓延的可能性。另外，随着空调在家庭中的普及，一个家庭往往安装有数台空调，如果空调机位设计在住宅居室窗槛墙下，火灾时也会加剧灾害蔓延。因此，我们可以采取表5-16中的措施加强住宅大面积落地窗及其上下层窗槛墙内空调机位的防火处理，以防止火灾沿外墙窗纵向蔓延⑤。

---

① 魏永、虞亮：《住宅自动喷淋灭火系统技术应用》，《科技信息》2011年第11期。

② 简易自动喷淋系统是指直接从自来水管上接出配水支管，加装闭式喷头，用以灭火。

③ 从实际情况来看，入户门附近一般分布着自来水干管，可以通过预埋、采用边墙型喷头等方法加装简易自动喷淋系统。而住宅的自来水进水主管通常设在厨房，从主管上接出配水支管切实可行。而且自来水主管直径也在25 mm左右，压力在9.8×10^4~$9.8 \times 4 \times 10^4$ Pa，可以满足喷水强度的要求。

④ 2010年12月8日，公安部消防局颁布的《家庭消防应急器材配备常识》中建议家庭中配备手提式灭火器、灭火毯、消防过滤式自救呼吸器、救生缓降器以及具有声光报警功能的强光手电等。规定中指出：居民应根据家庭成员数量、建筑安全疏散条件等状况适量选购上述或者其他消防器材，并仔细阅读使用说明，熟练掌握其使用方法。

⑤ 杨正国：《高层居民住宅防火设计应注意的几个问题》，《消防技术与产品信息》2003年第5期。

表 5-16　加强住宅大面积落地窗及其上下层窗槛墙内空调机位的防火处理措施

目的	措施
加强住宅大面积落地窗的防火处理	设置足够高度的窗槛墙
	设置足够出挑宽度的防火挑檐
	增设室外阳台
	在一定范围内安装防火安全玻璃
	避开窗槛墙的位置安装空调
加强上下层窗槛墙内空调机位的防火处理	保证安装洞口与下层住户之间有良好的防火分隔,其防火分隔材料的耐火极限一般不应低于楼板的耐火极限
	下层住户的外窗应设防火挑檐

2）加装与物业管理中心连通的报警装置

我国城市双职工家庭占有很大比重,这些家庭白天家中无人,如果由于煤气泄漏或者电气线路短路等原因引发火灾,则很难人为及时察觉。因此,我们应该推广在住户套内空间（如厨房、居室等容易发生火灾的地点）安装火灾探测报警装置[1],并将这些火灾探测报警装置与社区中央控制室的防灾监控网络系统相连。这样一来,一旦发生火灾,当烟气积聚到一定浓度,火灾探测装置就会启动,发出报警提示,并将火灾信号传输至社区中央控制室,值班人员就可以按图索骥,迅速通知消防人员并赶往火灾现场,及时采取灭火措施,将灾害损失降到最低。

在门窗加装磁控开关、玻璃破碎报警器,这样,一旦有人非法闯入,报警器就会发出声响,提示住户有异常情况发生,并将信号发送给物业管理中心,其安装示意图如图 5-14 所示。在套内空间的墙上或者屋顶上安装红外温度探测报警器,如果有盗贼在屋内活动,探测器可以及时探测到,并警示住户,向值班中心发送报警信息[2],其布置示意图如图 5-15 所示。

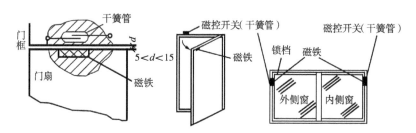

（a)磁控开关安装示意图　(b）门上磁控开关安装示意图　（c)窗上磁控开关安装示意图

图 5-14　磁控开关的安装示意图

资料来源:何滨,住宅小区智能化工程,机械工业出版社,2011,74

---

① 厨房内应安装燃气泄漏报警装置,卧室、客厅等居室则宜设置智能型烟感探测器。

② 何滨:《住宅小区智能化工程》,机械工业出版社,2011,第 74 页。

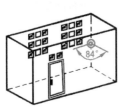 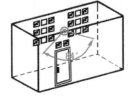 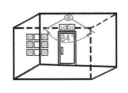

（a）安装在墙角监视门窗　　　（b）安装在墙面监视门窗　　　（c）安装在房顶监视门窗

图5-15　红外温度探测器报警器的布置示意图

资料来源：何滨，住宅小区智能化工程，机械工业出版社，2011，75

另外，还应该在住宅客厅、卧室等处设置紧急呼救按钮（图5-16），该按钮与社区物业管理中心的监测系统相连。这样，当家中有灾情发生或者居民身体不适等突发状况需要求助时，只要居民按下紧急呼救按钮，社区物业管理中心的值班人员就能马上接收到求救信号，按照系统中显示的住户位置迅速赶往现场处救助居民。

 紧急呼叫按钮与社区控制室连通

图5-16　紧急呼叫按钮

3）尽量选用防火性好的不燃性或者难燃性装饰装修材料

住宅室内装饰装修是指室内墙、吊顶、地面等暴露于室内空间表面的材料或材料组合。随着生活水平的提高，人们越来越重视室内装饰装修，装饰装修材料也是种类繁多，琳琅满目。但是，如果室内装饰装修材料选择不当，会埋下火灾隐患，因为可燃的室内装修材料会加剧火势蔓延，产生大量的烟雾和有毒气体，甚至高温时可燃室内装修材料还会引发建筑物内的轰然①。可见，做好室内装饰装修防火工作，对于避免和减轻火灾危害，具有十分重要的意义。

我国《建筑材料燃烧性能分级法》（GB 8624—1997）将装修材料燃烧性能分为不燃

_____

① 轰然即室内燃烧达到一定温度时，使得整个房间内突然发生全面燃烧的现象。

性 ①、难燃性 ②、可燃性 ③、易燃性 ④ 四个等级，见表 5-17⑤，不同等级的装修材料其燃烧特性不同。因此我们在住宅居室装饰装修时应该尽量选择防火性好的不燃性或者难燃性材料，最大程度地防止或减少火灾的发生 ⑥。

表 5-17　装修材料燃烧性能等级

等级	装修材料燃烧性能	具体装修材料举例
A	不燃性	金属材料、水泥砂浆等
B1	难燃性	经防火处理过的木材、水泥刨花板等
B2	可燃性	各种木材
B3	易燃性	有机玻璃、聚氨酯泡沫塑料、未阻燃处理的布匹

3. 阳台的防灾改造策略

在既有住宅防灾改造中，防火灭火措施固然重要，疏散逃生也不可忽视。基于该理念，各国都提出了"两个安全出口"的规定。但是，各国对于该项规定的理解却不尽相同。如我国和日本对于"两个安全出口"的理解差异就很大 ⑦。因此，我国既有住宅中入户门是唯一的逃生出口，日本的住宅则利用阳台或者疏散外廊开辟了第二条安全通道，其集合住宅对阳台在安全疏散中的作用作出了明确的规定和设计引导 ⑧。其实，阳台不仅可以作为住户疏散的备用通道，同时也能成为灭火时消防队员进入室内救火的重要通道。综上，我们可以借鉴日本住宅的防火措施，充分发挥阳台在高层住宅防火疏散中的重要作用。（图 5-17）。

---

①　不燃性装修材料是指在空气中受到火烧或者高温作用时不起火、不燃烧、不碳化的材料。

②　难燃性装修材料是指在空气中受到火烧或者高温作用时难起火、难微燃、难碳化，当火源移走后燃烧或微燃立即停止的材料。

③　可燃性装修材料在空气中受到火烧或者高温作用立即起火或者微燃，且火源移走后仍继续燃烧或微燃。

④　易燃性装修材料是在空气中受到火烧或高温作用时极易起火，而且火焰传播速度很快的材料。

⑤　公安部四川消防科研所，GB 8624—1997，建筑材料燃烧性能分级法，中国标准出版社，2004。

⑥　陈保胜、周健：《高层建筑安全疏散设计》，同济大学出版社，2004，第 58-59 页。

⑦　我国住宅设计的防火规范认为，高层住宅的防火分区以一个单元为单位，以户门为疏散起点，"两个安全出口"定义为两部疏散楼梯。而日本防火规范中高层住宅的防火分区以户为单位，"两个安全出口"以"室"为原点，即保证每户室内有"两个安全出口"。

⑧　陈晓红：《高层住宅的防火与疏散设计》，《住宅科技》2005 年第 10 期。

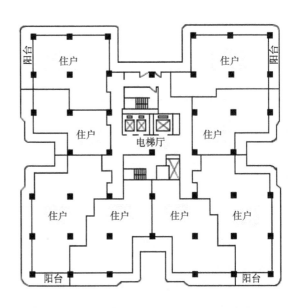

图 5-17 日本新川崎花园 G 栋 30 层高层住宅，四周皆环绕阳台，户与户之间以薄板间隔

1）结合节能改造加强阳台的防火性能

我国既有高层住宅中，大多建有阳台，有的还建有南、北两个或者多个阳台，但是居民认为阳台的作用要么是堆放杂物、晾晒衣物，要么是拓展居室空间，养花种草，美化居室环境，很少有居民会把阳台和防灾逃生联系在一起。其实，阳台经过合理的设计或者改造，可以在防灾救灾中发生很重要的作用。首先，消防人员可以利用云梯从建筑外部接近着火楼层，通过阳台进入着火现场，及时灭火或者救出被困受灾人员。其次，建筑内受灾人员如果无法通过楼梯或者住户门逃生，可以躲在阳台，以便于消防人员救援。但是，目前我国既有高层住宅中大部分阳台上的外门、外窗的耐火性能很差，无法长时间抵受火焰燃烧产生的高温高压，以致阳台的安全滞留时间十分短暂，逃往阳台的受灾人员如果不能在短时间内获救将非常危险。因此，我们应该结合节能改造，加强阳台的防火防爆性能，使之成为火灾时人们无法通过户门逃生的"最后避难港"。具体改造措施如：阳台的外立面保温材料使用岩棉等不易燃烧的材料；阳台与室内隔开的门窗使用防火防爆门窗；阳台的内装修装饰材料使用不易燃烧和不易产生有毒有害气体的材料；不要在阳台堆放易燃易爆物品等等。

2）保障相邻单元的阳台消防连廊灾时畅通

目前，单元式高层住宅在我国住宅建设中已经占有越来越大的比重。单元式高层住宅常常通过阳台消防连廊来连通相邻单元，以满足规范中对于安全出口的设置要求①。图 5-18 为常见的单元式高层住宅阳台消防连廊的设计形式。从设计图纸上看，这种连通阳台满足规范要求，然后当住宅投入使用后，便会出现许多问题。居民由于私密性和安全性的需求，往往不希望阳台消防连廊任人进出，因此住户装修时经常会私自加装分隔门或者直接砌墙将其堵死。灾害发生后，绝大多数居民惊慌失措，各自逃生，被锁闭或者堵死的分隔门无人打开，阳台消防连廊不能发挥其疏散功能，以致灾时人们无法使用该疏散通道逃生②。

这就要求我们综合考虑住户防盗和防灾需求，加强日常的管理和检查，防止消防连廊被堵死。采用能达到乙级防火门耐火极限要求的分户防盗门，配备钥匙交由无连廊的同单元住户保管，以保证本层人员灾时的应急疏散。更好的方式是采用电磁锁具，由消防控制室控制，平时锁闭，失火时切除电磁锁电源，这时可以手动打开，人员向相邻单元疏散③。

3）将普通楼改造为剪刀梯，使住户阳台与其平台连通

一梯两户的单元式住宅户型很受人们喜爱，在我国近十几年来的住宅建设中占有相当大的比重。我国有相当比重的单元式高层住宅会在十八层及十八层以上每层相邻单元设连通阳台或凹廊作为居民灾时逃生的第二疏散通道。这种连通阳台或凹廊的设计在日常使用中存在影响室内空间采光、通风及其私密性等问题。同时，挑出的阳台对结构抗震也是不利的。更为糟糕的是，如此大费周章设计和建设的连通阳台或凹廊却可能由于某些原因灾时不能保持畅通④。其实，许多一梯两户的单元式高层住宅可参考塔式高层住宅剪刀梯的设计手法，将楼梯改建为剪刀梯，将住户阳台分别与剪刀梯平台连通，这样每户就可以有两个安全出口（图 5-19 与图 5-20）。我们平时也可以通过楼梯进入阳台入户，把阳台设计为自家的入户花园。如此改造既可以增加安全出口，又可以美化住户居住环境，可谓一举两得。

---

① 《高层民用建筑设计防火规范》中 6.1.1.2 规定："高层建筑每个防火分区的安全出口不应少于两个。但是，超过十八层，每个单元设有一座通向屋顶的疏散楼梯，十八层以上部分每层相邻单元楼梯通过阳台或者凹廊连通（屋顶可以不连通），十八层及十八层以下部分单元与单元之间设有防火墙，单元之间的楼梯能通过屋顶连通且户门为甲级防火门，窗间墙宽度、窗槛墙高度为大于 1.2 m 的实体墙的单元式住宅，可设一个安全出口"。

② 李鹏、于芳芳：《高层单元式住宅消防设计合理性的探讨》，《房材与应用（材料·结构）》2006 年第 1 期。

③ 徐秋芳：《高层住宅连廊的设计探讨》，《低温建筑技术》2010 年第 6 期。

④ 杨健：《单元式高层住宅安全疏散出口设计探索》，《南方建筑》2005 年第 2 期。

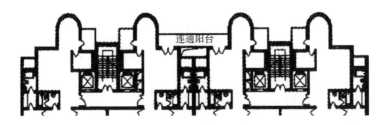

（a）高层住宅阳台消防连廊1

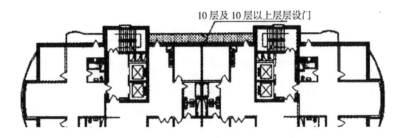

（b）高层住宅阳台消防连廊2

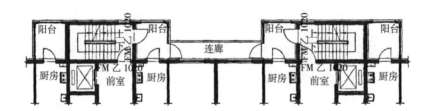

（c）高层住宅阳台消防连廊3

（d）高层住宅阳台消防连廊4

图 5-18　常见单元式高层住宅阳台消防连廊的设计形式

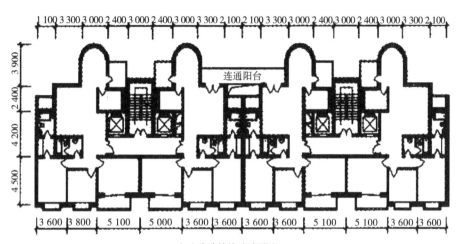

（a）改造前单元平面图

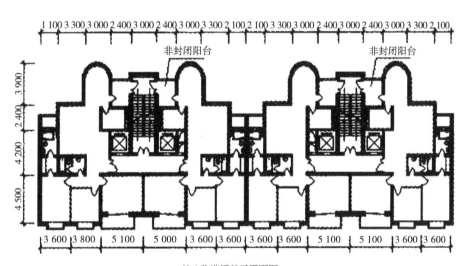

（b）改造后单元平面图

图 5-19 单元式高层住宅连通阳台改造

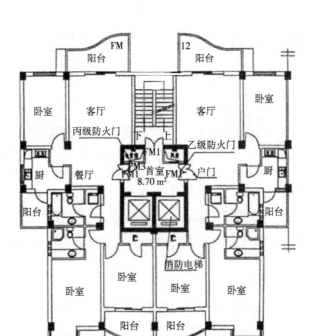

（a）改造前单元平面图

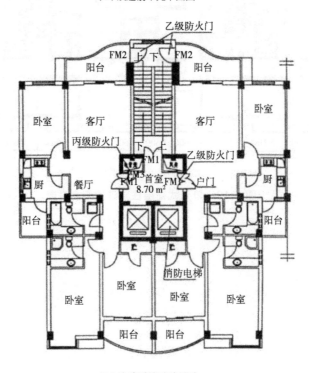

（b）改造后单元平面图

图 5-20　单元式高层住宅阳台防灾改造

4）在与邻居相邻的阳台隔墙设置逃生洞

相比于国外注重防灾安全的理念，我国的居民更加注重私密性。所以我国的高层住宅很少设计联系外廊、逃生外挂楼梯等。即使相邻住户的阳台连在一起，也会设计有实体墙将其隔开，以致各个住户都只有自家入户门这个唯一的逃生出口，各单元户与户之间再无其他联系。这样一来，一旦户门被烟气或者火焰封锁，居民将无法及时逃生。所以，我们可以在与邻居相邻的阳台隔墙设置逃生洞，平时用轻质隔墙材料堵隔，但标识出逃生洞位置，一旦发生灾害需要从此处逃生时，用工具砸开即可。为了加强两户的防盗安全，我们可以在逃生洞处设置联动装置，逃生洞一旦被砸开，另一户家中的报警装置将发出警报告知其居民并发送信号至社区中心控制室。这样，如果逃生洞在无灾时被蓄意砸开，居民也可及时知晓，社区保安人员也能及时赶到处理情况，最大程度地保障了居民的安全。

5）在阳台加装逃生设施

既有高层住宅中许多住户的阳台是独立设置的，不与其他住户的套内空间毗邻，这时，我们可以在阳台加装逃生设施，从而为居民开辟逃生的"第二通道"。从近期的高层住宅火灾案例可以看出我国消防应急救援能力严重不足，高层住宅发生火灾时的应急疏散逃生是亟待解决的问题。因此，在高层住宅中配备多种形式的逃生救援设备，保证受困人员能够有效自救和互救，快速疏散到安全区域，是防灾改造的有效措施之一。目前，比较有效的救生逃生设备主要有阳台逃生吊梯、壁挂式逃生吊梯、阳台固定逃生爬梯、缓降机、滑梯、钢桥、垂直式救助袋以及斜式救助袋等。

4. 卫生间的防灾改造策略

1）以卫生间为地震避难单元

住宅内部的卫生间空间布局极为紧凑，具有相对较强的结构稳定性，可以作为地震灾害时的临时避难空间使用。日本的普通住宅中大多使用一体成型材料制成的整体式卫生间，这种卫生间良好的结构稳定性使其具有一定的抗震能力，通常作为居民住宅内的紧急防震避难空间。当地震发生时，如果居民来不及逃出室外，便可以在卫生间等待救援。

2）将卫生间作为防火隔间

我们可以设置卫生间前室，使住户卫生间形成一定大小的防火隔间，作为住宅内部的防火避难空间。当火焰封锁了住户门和楼梯等逃生通道时，被围困在住户内的居民或者行动能力差的居民可以暂时躲避在卫生间内，等待消防人员救援。这就要求卫生间具有更强的耐火性能，配备一定的消防设施，其具体措施见表5-18[①]。

---

① 蔡庭嘉、陈贵川、刘杰艺等：《浅谈卫生间的功能优化》，《城市建设理论研究（电子版）》2011年第35期。

表 5-18　卫生间改造为防火隔间的具体措施

序号	具体措施
1	防火隔间墙体应使用耐火极限不低于 2 h 的不燃烧墙体和耐火极限不低于 1 h 的不燃烧体楼板与其他空间隔开，并在隔间的相邻区域设置灾时能自行开闭的甲级防火门
2	卫生间的防火隔间应该设置机械排烟装置，排烟装置与通道应该直接与外界联系；排烟口或排烟阀应与排烟风机联锁，当任一排烟口或排烟阀开启时，排烟风机应能自行启动；排烟口或排烟阀平时为关闭时，应设置手动和自动开启装置；排烟口的风速不宜大于 10 m/s；排烟风机应能在 280° 的环境条件下连续工作不少于 30 min
3	卫生间的防火隔间应配置消防用电设备，消防用电设备应采用专用的供电回路，当生产、生活用电被切断时，应仍能保证消防用电。有条件的情况下应配备备用蓄电装置，以给排烟风机等消防设备提供独立电源支持
4	卫生间内的消防用电设备暗敷时，应穿管并应敷设在不燃烧体结构内且保护层厚度不应小于 30 mm。明敷时（包括敷设在吊顶内），应穿金属管或封闭式金属线槽，并应采取防火保护措施
5	卫生间的防火隔间内还应配备必要的灭火设备

5.3　既有高层社区建筑结构防灾改造策略

2008 年 5 月 12 日，我国四川发生了震惊世界的汶川地震，其伤亡人数之多，经济损失之大，让我们再次深刻体验到震灾的可怕。一次次惨重的震灾教训，让我们意识到应该提高新建建筑的抗震要求，并对不满足抗震要求的既有建筑进行加固改造，提升建筑结构的抗震性能，让地震对建筑的损坏降到最低，以保障人民的生命和财产安全。

2010 年我国实施了新的《建筑抗震设计规范》，我国许多地区的不少老旧住宅已经不能满足新的抗震规范要求，而一举盲目拆除不符合新规范要求的社区也不现实，因此，逐步对这些住宅建筑进行结构加固与改造，提高其抗震能力便成为最好的选择。

5.3.1　依据新的抗震规范进行抗震变形验算，结合建筑立面改造、建筑节能改造等制定加固措施，确定加固方案

1. 依据新的抗震规范进行抗震变形验算，根据鉴定结果制定合理的加固草案

根据老旧高层住宅原有的设计图纸、建筑工程现状和建筑当前载荷要求，按照《建筑抗震鉴定标准》（GB 50023—2009）对既有高层住宅建筑进行抗震鉴定，检验出既有高层住宅建筑不满足现行规范的方面。一般而言，对既有高层住宅的鉴定主要基于两方面：一是，高层住宅建筑的整体结构是否满足新规范的抗震要求[①]；二是，检测高层住宅建筑的单个构件能否满足新规范的抗震要求[②]。最后，依据鉴定结果制定合理的加固草案。同时，应保证其满足现行《建筑抗震设计规范》（GB 50011—2010）的要求，并以提高高层住宅建

---

① 主要指整个住宅建筑的抗震设防烈度、建筑结构总体方案是否满足新规范要求。

② 单个构件的检测可利用回弹仪、超声仪、原位轴压仪、点荷仪、万向取芯机、拔出仪、水准仪、经纬仪、裂缝显微镜等仪器检测建筑构件的强度与缺陷，并评定建筑物抗震性能。

筑的综合抗震能力，作为衡量抗震加固草案的标志。

2. 结合建筑立面改造、建筑节能改造等制定加固措施，确定加固方案

对于依据新的抗震规范进行抗震变形验算制定的抗震加固草案，我们还需要结合高层住宅建筑的立面改造、节能改造等改造工程综合考虑，对将根据鉴定结果确定的抗震加固草案进一步细化深入①，最终确定加固方案。值得特别注意的是，改造方案应尽量避免损伤原有建筑构件，以防止加固过程中对原有结构造成新的破坏②。

5.3.2　老旧高层住宅建筑抗震加固方法研究

从抗震加固原理上出发，我们目前多从图 5-21 所示的两种思路对既有建筑进行加固③。虽然这两种思路理论依据截然不同，但都可以实现建筑抗震性能的提升。我们应该针对既有高层住宅现状情况分别选择适宜其自身的抗震加固方法加以应用。

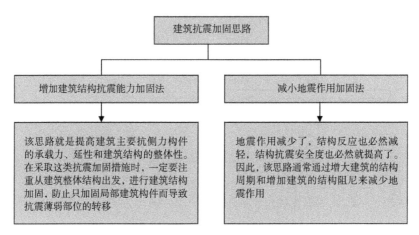

图 5-21　建筑抗震加固思路

1. 增加建筑结构抗震能力的加固方法研究

抗震加固的目标是提高房屋的抗震承载力，变形能力和整体抗震性能。我国常用的增加建筑结构抗震能力的加固方法主要包括增强自身加固法④、外包加固法⑤、增强连接法⑥、

---

① 其细化深入主要包括绘制施工图纸，并对施工工艺、施工方法、施工用料、施工注意事项等提出具体的要求。

② 李美东、张海：《房屋抗震加固方法初探》，《低温建筑技术》2008 年 4 期。

③ 张敬书、潘宝玉：《现行抗震加固方法及发展趋势》，《工程抗震与加固改造》2005 第 1 期。

④ 增强自身加固法用于加强结构构件本身，恢复或提高构件的承载力和抗震能力，主要用于震前修补结构缺陷或震后对出现裂缝的构件进行修复加固，一般不作为单独的抗震加固方法使用。

⑤ 外包加固法指在结构构件外面增设加强层，以提高结构构件的抗震能力、变形性能和整体性。这种加固方法是一种常用的抗震加固方法，某些方法能大幅度提高结构的抗震能力。

⑥ 构件的可靠连接是保证结构抗震性能、防止倒塌的一项关键措施，抗震要求结构构件必须可靠连接。如果原有结构构件承载力能够满足抗震要求，但构件间连接差，则必须采取增强连接的措施。

增设构件法 ① 和替换构件法 ②，这几类加固方法的具体加固措施如图 5-22 所示。

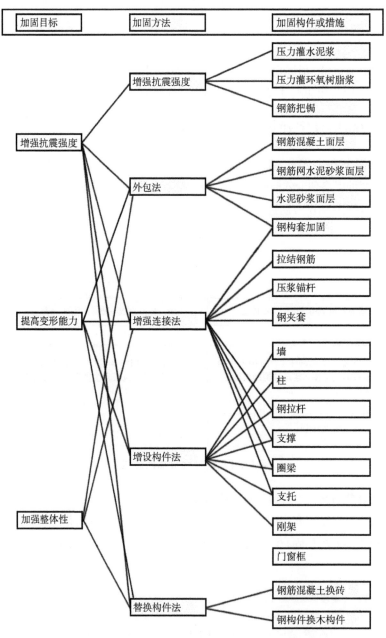

图 5-22　增加建筑结构抗震能力的加固方法示意图

---

① 增设构件法通过在原有结构构件以外增设构件能够有效提高结构抗震承载力、变形性能和整体性，对某些承载力、变形不足的构件进行补偿。在采用增设构件法进行抗震加固设计时，必须考虑增设构件对结构整体计算和抗震性能的影响。

② 替换构件法指对原有强度低、韧性差的构件用强度高、韧性好的构件来替换。

2. 减小地震作用的加固方法研究

传统的被动式抗震方式是通过增加建筑结构抗震力，达到减小建筑结构震动的效果。这种方式即使有效，在地震力作用下，楼板也容易出现裂缝，住宅室内物品容易掉落倒塌而使居民受到伤害。而通过减小地震作用的主动抗震方式加固后的免震建筑，即使遭受强烈地震，建筑物免震层上部的地震烈度也不超过5度。这种免震建筑的顶棚、楼板在地震中不容易受到破坏，室内物品的振动较小，不易倾倒掉落，能够更好地保障居民安全（图5-23）。日本在免震建筑的研究和实践方面都处于世界领先地位。日本已经建成了大量使用结构控制方式抗震的免震集合住宅，其良好的适灾性使这些住宅成为"不用逃跑的免震居所"。目前，我国常用的减小地震作用的加固方法主要有以下几种（表5-19）①。

表 5-19　结构减震技术的应用范围与技术成熟程度概要

名称	应用范围	技术成熟程度
隔震	刚度较大，自振周期较小（≤1 s）的结构	安全可靠，有效减震，其中夹层橡胶垫隔震技术已经基本成熟
消能减震	水平刚度较小的高层、超高层结构	安全可靠，能有效减震，技术较为成熟
被动控制减震	主振型较为明显稳定的高层、超高层结构	总体上基本成熟，减震效果视不同情况而异

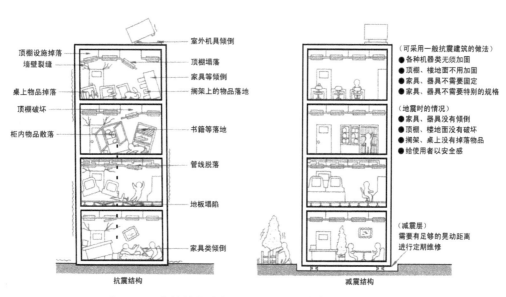

图 5-23　传统抗震建筑与免震建筑地震情景对比示意图

资料来源：姜勇，姜佑国，抗震救灾中的以邻为鉴，新建筑，2008（4）：96~99

1）隔震加固法

隔震加固法指在建筑结构底部通过设置隔离装置将地震震动与建筑结构隔离，减小地

---

① 张敬书、潘宝玉：《现行抗震加固方法及发展趋势》，《工程抗震与加固改造》2005 第1期。

震能对建筑上部结构产生的水平地震作用，延长建筑自振周期，从而减小建筑结构振动，降低地震破坏力（其隔震装置与隔震原理示意图如图 5-24 所示。隔离体系按照隔震层、隔震支座的组成，可分为三大类，具体见表 5-20。隔震技术在新建建筑中应用广泛，但在既有建筑抗震加固中应用较少。因为采用隔震加固法加固房屋，必须在既有房屋结构底部加装隔震垫，而且既有房屋结构还需与其围护部分脱开，这在实际施工中难度很大。我国还没有应用该技术抗震加固的工程实例，但是美国已经采用橡胶隔震垫成功加固了 16 幢既有老旧房屋。

表 5-20　隔震装置类别

基础隔震装置类别		优点	原理
夹层橡胶垫基础隔震	普通夹层橡胶垫支座	由天然橡胶或氯丁二烯橡胶制造，具有良好的线弹性性能，不仅能显著降低结构的地震作用，还能抑制结构的高阶反应，一般与各种阻尼器并行使用	利用夹层橡胶垫水平刚度小的特点，延长结构第一固有周期，避开地震波卓越周期，达到降低结构地震作用的目的
	高阻尼夹层橡胶垫支座	采用高阻尼橡胶材料制造，兼有隔震器与阻尼器的作用，可以在隔震系统中单独使用	
	铅芯夹层橡胶垫支座	在普通夹层橡胶支座中间开孔部位灌入铅，便形成铅芯夹层橡胶垫支座。该支座不仅有较高的阻尼比，还有适当的早期刚度，提高了控制风反应和抵抗地基微震的能力，兼有隔震器和阻尼器的作用	
	其他类型夹层橡胶垫支座	根据夹层橡胶垫中阻尼装置，还有多种夹层橡胶支座，如非满高铅芯夹层橡胶垫支座、带限位钢棒夹层橡胶垫支座。这些隔震支座与铅芯夹层橡胶支座有相似的隔震特点，但在经济性及与其他隔震支座配合使用时又有各自的特点	
滑移、转动基础隔震	普通滑移支座	以砂垫层、石墨垫层滑动支座以及用不锈钢板和聚四氟乙烯为滑动材料，没有明确的自振周期，对含各频段的地震波都不敏感，对各类场地地震波都有隔震效果，一般要和其他恢复力装置配合使用	利用上部结构与基础之间的解耦，控制结构底部剪力，达到降低结构地震作用的目的
	回弹滑移支座	由一组重叠放置又能互相滑动的四氟乙烯薄板和橡胶核组成，四氟乙烯板间的摩擦力对结构起着控制风和抗地基微震动的作用	
	滚动支座	包括双向滚轴加复位消能装置、滚球加复位消能装置、滚球带凹形复位板、碟形和圆锥形支座等几种形式。具有良好的稳定性、限位复位功能和显著的隔震效果	
	支承式摆动隔震支座	该支座是结构支承在两端呈球面状可摆动的端柱群上，利用仿生原理支承上部结构，可使地震作用降低60%	

续表

基础隔震装置类别		优点	原理
混合基础隔震	并联基础隔震	滑移支座与橡胶垫支座并列设置,共同承受上部结构的重力荷载,形成并联基础隔震。滑移支座起到阻尼器的作用,橡胶垫支座可采用普通夹层橡胶垫	充分利用夹层橡胶垫隔震与滑移隔震在经济和技术上的优点组成基础隔震系统。一般没有独立的隔震支座
	串联基础隔震	在隔震层中将橡胶垫与滑移支座上下设置,形成串联基础隔震,构造形式上又可分为分层式和一体式串联基础隔震。串联基础隔震体系的隔震层初始刚度小,多遇水平地震作用下隔震效果好,罕遇水平地震作用下,隔震层的可靠性也有一定保障	

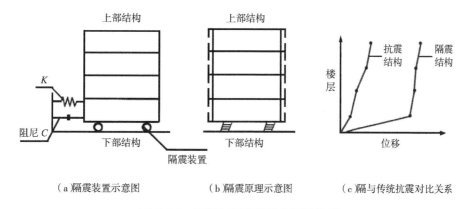

(a) 隔震装置示意图　　　　(b) 隔震原理示意图　　　　(c) 隔与传统抗震对比关系

图 5-24　隔震加固法的常见隔离体系

2）消能减震[①]加固法

目前,研究开发的消能减震装置种类很多,按照不同的属性我们可以将其分为若干类型,具体如图 5-25 所示[②]。消能减震加固法易于实现制品工厂化,结构布置灵活,适用范围较广。消能减震加固法是既有建筑防震改造应用最多的技术手段之一。日本、加拿大、新西兰、墨西哥等许多国家都已经采用该法进行既有结构的抗震加固和修复。我国也有不少实际工程已经成功应用消能减震相关技术进行了抗震加固(表 5-21),我国《建筑抗震设计规范》还将消能减震相关内容纳入其中[③]。

---

①　消能减震是通过在建筑薄弱部位设置消能器来控制预期的结构变形,增大结构阻尼,同时减少结构的水平和竖向地震作用,显著增强建筑结构整体刚度和建筑构建的抗震能力,从而使主体结构在地震作用下不发生严重破坏。我们应用消能减震加固方法改造既有建筑,即在既有建筑结构的某些部位(如支撑、剪力墙、节点、联结缝或连接件、楼层空间、相邻建筑间、主附结构间等)设置耗能(阻尼)装置(或元件),通过消能(阻尼)装置产生摩擦、弯曲(或剪切、扭转)弹塑(或黏弹)性滞回变形来耗散或吸收地震输入结构中的能量,以减小主体结构的地震反应。

②　佟建国、韩家军、仁思泽:《效能减震加固技术应用》,《四川建筑科学研究》2006 第 6 期。

③　刘海卿:《建筑结构抗震与防灾》,高等教育出版社,2010,第 232-233 页。

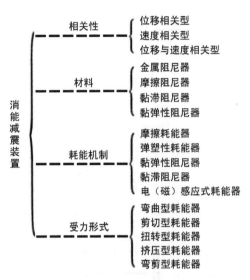

图 5-25　消能减震装置类别

表 5-21　国内外消能减震建筑一览表

国家		实际工程	应用具体消能减震装置与技术
国外	日本	Sonic 办公大楼	共安装了 240 个摩擦阻尼器
		东京日本航空公司大楼	使用了高阻尼性能油阻尼器
		NHK 大厦	X 形钢支撑上使用了剪切板耗能器，以减小其振动反应
	加拿大	将 Pall 型摩擦阻尼器大量应用于许多新建建筑和抗震加固工程中	
	新西兰	将铅阻尼器用于桥梁和建筑物中，惠林顿的一座 10 层交叉支撑的钢筋混凝土警察所，采用 28 个铅挤压阻尼器作为基础隔震系统	
	墨西哥	将 ADAS 装置应用于多幢房屋的加固中，其中一座 5 层钢筋混凝土结构的医院采用了 90 个 ADAS 装置进行了结构加固	
国内	沈阳市	沈阳市政府的办公楼	采用摩擦耗能器
	北京市	北京饭店和北京火车站	采用了黏滞-弹簧阻尼器（图 5-26）以减小建筑层间位移，提高原结构的抗震性能

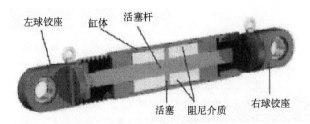

图 5-26　黏滞-弹簧阻尼器构造示意图

3）被动控制减震加固法 ①

被动控制减震加固技术经常与房屋加层结合应用，这样可以省去对房屋下部结构的加固措施而直接在房屋上部加层，加层部分通过隔震橡胶支座与原有房屋结构连接，既实现了房屋加层，同时又可以减小原有房屋的地震作用，进而实现对其整体抗震加固。我国已经有不少采用被动控制减震加固法实现既有房屋加层加固的工程实例。而一般高层住宅建筑上部均有质量不等的水箱间，在进行住宅结构抗震计算与设计时，水箱间需要作为建筑附加荷载计入其中，成为抗震不利因素。但如果利用被动控制减震加固法改造既有住宅，在水箱间下部加设隔震装置，将其作为被动谐调质量抵消部分下部结构地震力，便能实现既有住宅整体有效减震 ②。

5.4　既有高层社区建筑材料防灾改造策略

建筑主体结构材料一般为密度大，承载能力强的不燃烧材料，一般不会直接引发火灾。但是，建筑外墙保温材料和装饰装修材料却是建筑防灾救灾的又一个重要影响因素。有大量的火灾实例证明，很少有建筑在火灾中主体结构垮塌，每场火灾，烧毁最为严重的是建筑外墙保温材料和装饰装修材料，而且许多建筑外墙保温材料和装饰装修材料在火灾中还会产生大量的毒气，给居住者的安全疏散带来很大的威胁。但遗憾的是，大部分设计人员和许多居住者在建筑外墙保温材料和装饰装修材料的设计和选用过程中，对其灾时的安全性能缺乏足够的了解，往往只从节能、经济、美观等方面考虑，而不会从防灾救灾角度考量 ③。

5.4.1　既有高层住宅的外墙保温材料的防灾改造策略

2005 年，上海汤臣一品建筑工地发生火灾，起火原因是施工不当引燃建筑外墙保温材料挤塑苯板；2007 年 5 月 9 日，沈阳铁西区红盛小区 22 号楼外墙保温系统发生火灾；2010 年 9 月 9 日，长春一栋在建 32 层住宅楼外墙保温材料引发火灾，造成不小的经济损失；2010 年 9 月 15 日，乌鲁木齐长春中路神华总部一栋 26 层在建高层住宅楼外墙保温层起火；2010 年 11 月 15 日，上海市静安区胶州路 728 号公寓在节能改造施工过程中外保温层起火，致使 58 人死亡、71 人受伤，其原因是电焊人员违规操作引燃聚氨酯保温材料碎块、碎屑而酿成大火（图 5-27）；2012 年 10 月 27 日，无锡在建高层失火，外墙保温材料外侧美化铝塑板起火，过火面积 200 m²。此类火灾并不是特案特例，事实上，近年来建筑外保温材料引发火灾已呈高发势头，主要原因见表 5-22。可见，建筑采用易燃、可燃

---

① 被动控制减震加固法指运用被动控制的基本原理，通过在房屋顶部设置调谐质量，主要降低低阶振型的地震作用。

② 张敬书、潘宝玉：《现行抗震加固方法及发展趋势》，《工程抗震与加固改造》2005 年第 1 期。

③ 陈宝胜、周健：《高层建筑安全疏散设计》，同济大学出版社，2004，第 3 页。

外保温材料是极大的火灾隐患。因此在既有高层住宅防灾改造中，我们应该结合其节能改造，研发并推广新型耐火外保温材料，加强外保温材料消防安全管控，采取有效的火灾防控措施①。

图 5-27　上海市静安区胶州路 728 号公寓火灾现场

表 5-22　建筑外保温材料容易引发火灾的主要原因

序号	建筑外保温材料容易引发火灾的主要原因
1	目前常用的建筑墙体外保温材料多为易燃、可燃材料，本身就具有较大的火灾危险性，在施工和建筑使用过程中都容易引发火灾
2	多数保温材料燃烧速度快、燃烧热释放量大、燃烧产物毒性大，着火后蔓延迅速，极易形成建筑内外连通、大面积的立体火灾
3	现行消防技术标准规范的设防理念主要针对高层建筑内部发生的火灾，没有针对建筑外墙保温材料被引燃的设防对策，从而致使外保温材料火灾灭火扑救和人员疏散难度较大
4	外保温材料起火也容易对周边相邻建筑造成威胁

建筑外墙保温体系防火安全性能的影响因素主要包括 3 个方面②，具体如图 5-28 所示。因此，从以上 3 个方面出发，归纳主要防灾改造措施如下。

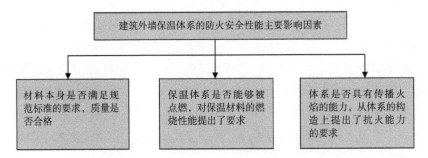

图 5-28　建筑外墙保温体系的防火安全性能主要影响因素

---

①　薄建伟：《建筑外保温材料的火灾危险性及防控对策》，《消防科学与技术》2012 年第 3 期。

②　徐乐：《建筑节能外保温材料防火问题探讨》，《安徽建筑》2012 年第 3 期。

1. 确保建筑改造工程中使用的外墙保温材料的燃烧性能满足现行规范标准的要求

外墙保温材料燃烧性能是评价民用建筑防火和安全性能的重要指标，其设计和施工是否达标直接影响民用建筑的使用功能和安全。因此，确保建筑改造工程中使用的外墙保温材料的燃烧性能满足现行规范标准要求，是建筑防灾改造应该遵循的首要条件之一。

目前我国外墙保温材料燃烧性能分级需要遵循《建筑材料及制品燃烧性能分级》（GB 8624—2012），之前实施的《建筑材料及制品燃烧性能分级》（GB 8624—1997）已经被废止。GB8624—2012 将建筑材料及制品的燃烧性能细分为 7 级[①]，分别为：A_1、A_2、B、C、D、E、F（表 5-23）。而我国《民用建筑外保温系统及外墙装饰防火暂行规定》中对民用建筑外保温材料的燃烧性能要求给出了详细的规定（表 5-24），我们应该严格执行。

表 5-23　建筑材料及制品燃烧性能标准分级对应表

GB 8624—1997	GB 8624—2012
A（不燃）	A_1、A_2
B_1（难燃）	B、C
B_2（可燃）	D、E
B_3（易燃）	F

表 5-24　墙体材料燃烧性能分级表

墙体类别		高度（m）	燃烧性能（旧）	燃烧性能（新）	水平防火隔离带
非幕墙式	住宅建筑	≥100	A	A_1、A_2	—
		≥60 且<100	≥B_2	D、E	=B_2 时每层均设（30 cm 厚 A 级）
		≥24 且<60	≥B_2	D、E	=B_2 时每层均设（30 cm 厚 A 级）
		<24	≥B_2	D、E	=B_2 时每层均设（30 cm 厚 A 级）
	其他民用建筑	≥50	A	A_1、A_2	—
		≥24 且<50	A 或 B_1	A_1、A_2、B	=B_1 时每层均设（30 cm 厚 A 级）
		<24	A	D、E	=B_2 时每层均设（30 cm 厚 A 级）
幕墙式		≥24	≥B_2	A_1、A_2	—
		<24	A 或 B_1	A_1、A_2、B	=B_1 时每层均设（30 cm 厚 A 级）

注：外保温系统应采用不燃或难燃材料作防护层，其基层墙体耐火极限应符合现行防火规范的有关规定。
资料来源：公安部，住房和城乡建设部，民用建筑外保温系统及外墙装饰防火暂行规定，2009

2. 在满足高层住宅建筑立面与屋面美化改造、节能改造的要求下，选择防火性能好的外墙保温材料

建筑外保温防火最基本的策略之一就是在满足高层住宅建筑立面与屋面美化改造、节能改造的要求下，开发和使用阻燃或不燃外墙保温材料。常用建筑节能保温材料种类很

———————————
① 公安部四川消防科研所，GB8624—2012，建筑材料燃烧性能分级法，中国标准出版社，2012。

多，按材料燃烧性能可以分为表 5-25 中的三大类。笔者结合实际检测工作，将几种有代表性的保温材料的导热系数、燃烧性能、表观密度列表比较（具体见表 5-26）。最后我们发现，岩棉、保温浆料等的保温性能较好，也几乎不存在火灾危险问题，我们应该积极推广其在外墙外保温系统中的应用。

表 5-25　常见建筑节能外保温材料类型及其特点

类别	常见材料	材料特点
不燃性保温材料	岩棉、膨胀玻化微珠保温浆料、玻璃棉、多孔混凝土等	为无机保温材料，材料自身不存在防火安全问题，但是保温性相对差一些
难燃性保温材料	胶粉聚苯颗粒保温浆料、酚醛泡沫塑料保温材料	多为有机—无机复合保温材料
可燃或易燃性保温材料	膨胀聚苯板（也称模塑聚苯板，EPS）、挤塑聚苯板（XPS）和硬质聚氨酯泡沫（PU）	为有机保温材料，材料保温性能好、价格低廉、轻便耐用、可以重复使用，在我国工程建设中应用最为广泛，但是高分子有机保温材料引燃火灾的可能性很大

资料来源：徐乐，建筑节能外保温材料防火问题探讨，安徽建筑，2012，184（3）：53-55

表 5-26　常见建筑节能外保温材料的性能比较

种类（匀质）	导热系数（上限）w/（m·k）	燃烧等级（旧标准）	燃烧等级（新标准）	表观密度（kg/m³）
岩棉	0.040	A 级	A_1 级	121~200
无积玻化微珠保温浆料	Ⅰ 型 0.070 Ⅱ 型 0.085	A 级	A_1 级	240~300 301~400
发泡水泥板	0.080	A 级	A_1 级	220~250
胶粉聚苯颗粒保温浆料	0.060	A 或 B_1 级	A_2 至 C 级	180~250
膨胀聚苯板	0.041	B_1 或 B_2 级	B 至 E 级	18~22
挤塑聚苯板	0.030（带表皮）	B_1 或 B_2 级	B 至 E 级	35~45
硬泡聚氨酯	0.024	B_1 或 B_2 级	B 至 E 级	35~40
酚醛泡沫板	0.035	B 级	B 或 C 级	≤60

资料来源：徐乐，建筑节能外保温材料防火问题探讨，安徽建筑，2012，184（3）：53-55

3. 在高层住宅建筑外墙保温改造工程中采取必要的防火构造

外墙保温系统的防火安全性能是以可燃材料的存在为前提的，影响外保温系统防火安全性能的要素主要包括系统的构成材料及构造方式。而影响系统防火安全性能的构造方式主要包括：防火处理方式、保护层的厚度、防火隔断的构造以及黏结或固定方式有无空腔构造等，因此，在高层住宅建筑外保温改造工程中采取表 5-27 中列举的防火构造，以有效增加建筑的防灾性能 [1][2]。

表 5-27　建筑外墙保温改造工程防火构造措施

主要措施	原理	具体做法
对外墙保温材料进行界面防火处理	降低有机保温材料的点火性和火灾蔓延性，提高其防火能力和工作性能	在外保温材料中加入适量的阻燃剂，如噁唑烷酮、异氰尿酸环、碳化亚二胺键、芳香族环以及聚合物纳米颗粒等
增强防火保护	有效减小材料的热释放量和热释放速率峰值，改善其火焰传播特性，以减小火灾的蔓延速度和阻止火焰传播，提高系统的防火等级	增加保温材料表面保护层的厚度
		设置挡火梁、防火分仓等将保温层分隔成若干块
		及时分段施工保护面层以减少可燃性保温材料裸露面积
采用防火隔断	阻止火焰的蔓延	防火隔断包括建筑层的防火隔离带、门窗洞口的隔火构造、系统自身的分仓构造等。如用高强度岩棉等不燃材料做防火隔离带，可以大大增强外保温系统的防火性能
采用无空腔构造	减小烟囱效应和保温层中的氧气含量	在铺设保温系统过程中尽量采用满粘法，使保温层与保护层形成整体，从而排除了空气在内部流动的空间，加强保温系统的阻火性能

5.4.2　既有高层住宅的室内装饰装修材料的防灾改造策略

　　1967 年美国西部海岸发生了众所周知的住宅火灾，1979 年加利福尼亚州一幢居民住宅由于火炉旁的地毯起火引燃室内地板和家具等而引发火灾，我国住宅装修易燃制品被引燃而引发火灾的例子也屡见不鲜，例如 2008 年 10 月 9 日，位于哈尔滨市经纬街和田地街交口处的 28 层"经纬 360"双子座新建公寓楼由于内部装修材料被引燃而发生火灾（图 5-29）。消防部门共调集派遣了 310 名消防指战员和 70 余台消防车辆，经过 3 小时的奋力扑救才控制住火势。此次火灾直接财产损失为 215.59 万元，致使 9 人一氧化碳中毒。一次又一次的火灾事例、一次又一次的惨重代价告诫我们，住宅室内装饰装修材料的防火不容忽视。

---

① 梁清泉、梁清水：《几种新型节能墙体保温材料的阻燃防火研究》，《中国公共安全》2012 年第 2 期。
② 徐乐：《建筑节能外保温材料防火问题探讨》，《安徽建筑》2012 年第 3 期。

图 5-29 哈尔滨"经纬 360"双子座新建公寓楼火灾场景

建筑的室内装饰装修包括对建筑物顶棚、墙面、地面、隔断的装修，以及家具包布、固定饰物、窗帘、帷幕、床罩等的装饰。近年来，人们越来越重视室内装饰装修，室内装饰装修材料也是种类繁多，材质各异。但是，人们在选用装饰装修材料时往往只片面关注其美观效果、施工工艺、材料造价等，很少关注其防火性能。殊不知，这些装饰装修材料的燃烧性能如何，直接关系到住宅建筑的消防安全。因此，我们选用室内装饰装修材料时应注意以下几个方面。

1. 结合高层住宅建筑空间改造、节能改造，选择不易燃烧的室内装饰装修材料

防范建筑火灾的重要措施之一就是使用较少可燃物，因此，在高层住宅建筑防灾改造过程中，在满足高层住宅建筑空间改造、节能改造需求的前提下，我们应该尽量选择不易燃烧的室内装饰装修材料，向家庭的不燃化方向发展。这方面，日本做得比较好，日本已经研制并推广了许多防火性能好的制品，其中包括家具、垫子、窗帘以及被褥等等。我国也在《建筑内部装修设计防火规范》（GB 50222—95）中对高层住宅内部装修各部位材料的燃烧性能等级做了要求（见表 5-28），我们应该严格执行，以保障高层住宅的消防安全。各种不同燃烧性能等级的常用装饰装修材料见表 5-29，我们应优先选用 A 级或者 B_1 级材料。

表 5-28 高层住宅建筑内部各部位装修材料的燃烧性能等级要求

建筑物	建筑物规模、性质	装修材料燃烧性能等级								
		顶棚	墙面	地面	隔断	固定家具	窗帘床罩			其他装饰材料
							窗帘	床罩	家具包布	
住宅	一类高级住宅	A	B_1	B_2	B_1	B_2	B_1	B_1	B_2	B_1
	二类普通住宅	B_1	B_1	B_2	B_2	B_2		B_2	B_2	B_2

资料来源：中华人民共和国建设部，GB 50222—95，建筑内部装修设计防火规范，北京：中国建筑工业出版社，2008

表 5-29 常用建筑内部装修材料燃烧性能等级划分举例

材料类别	燃烧性能等级	具体材料举例
各部位材料	A	花岗石、大理石、水磨石、水泥制品、混凝土制品、石膏板、石灰制品、黏土制品、玻璃、瓷砖、陶瓷锦砖、钢铁、铝、铜合金等
顶棚 材料	B_1	纸面石膏板、纤维石膏板、水泥刨花板、矿棉装饰吸声板、玻璃棉装饰吸声板、珍珠岩装饰吸声板、难燃胶合板、难燃中密度纤维板、岩棉装饰板、难燃木材、铝箔复合材料、难燃酚醛胶合板、铝箔玻璃钢复合材料等
墙面 材料	B_1	纸面石膏板、纤维石膏板、水泥刨花板、矿棉板、玻璃棉板、珍珠岩板、难燃胶合板、难燃中密度纤维板、防火塑料装饰板、难燃双面刨花板、多彩涂料、难燃墙纸、难燃仿花岗石装饰板、难燃玻璃钢等
	B_2	各类天然石材、木制人造板、竹材、纸质装饰板、装饰微薄木贴面板、印刷木纹人造板、塑料贴面装饰板、聚酯装饰板、复塑装饰板、塑纤板、胶合板、塑料壁纸、无纺贴墙布、天然材料壁纸、人造革等
地面 材料	B_1	硬 PVC 塑料地板、水泥刨花板、水泥木丝板、氯丁橡胶地板等
	B_2	半硬质 PVC 塑料地板、PVC 卷材地板、木地板、氯纶地毯等
装饰 织物	B_1	经阻燃处理的各类难燃织物等
	B_2	纯毛装饰布、纯麻装饰布、经阻燃处理的其他织物等
其他装饰材料	B_1	聚氯乙烯塑料、酚醛塑料、聚碳酸酯塑料、聚四氯乙烯塑料等
	B_2	经阻燃处理的聚乙烯、聚苯乙烯、玻璃钢、化纤织物、木制品等

资料来源：李风，建筑安全与防灾减灾，北京：中国建筑工业出版社，2012，105

2. 结合高层住宅建筑空间改造、节能改造，选择火焰传播速度指数低的室内装饰装修材料

高层住宅发生火灾后，室内可燃的内部装饰装修材料会致使火势蔓延，火势可以从地面蔓延至顶棚，从房间蔓延至走廊，抑或沿着管道井、楼梯间等垂直孔洞向上、下层蔓延，从而导致酿成大火。火焰还可能窜出窗口，引燃建筑外保温层或者通过上层外窗蔓延至上层住户居室内，引燃室内可燃物，使火灾进一步扩大。但是，在高层住宅建筑防灾改造过程中，在满足高层住宅建筑空间改造、节能改造需求的前提下，如果我们选择火焰传播指数低的室内装饰装修材料，就能在一定程度上降低火灾的蔓延速度，从而为扑灭和救援争取更多的时间和空间。一些常用建筑内部装修材料的火焰传播速度指数见表 5-30，可以为我们选择室内装饰装修材料提供一定的参考①。

---

① 陈保胜、周健：《高层建筑安全疏散设计》，同济大学出版社，2004，第 55 页。

表 5-30　建筑内部装修材料的火焰传播速度指数

名称	建筑装修材料	火焰传播速度指数（m/s）
吊顶	玻璃纤维吸声覆盖层	15~30
	矿物纤维吸声镶板	10~25
	木屑纤维板（经处理）	10~25
	喷制的纤维素纤维板（经处理）	20
墙面	铝（一面有釉质面层）	5~10
	石棉水泥板	0
	软木	175
	灰胶纸柏板（两面有纸表面）	10~25
	北方松木（未处理）	130~190
	南方松木（经处理）	20
	胶合板镶板（未处理）	75~275
	胶合板镶板（经处理）	10~25
	红栎木（未处理）	100
	红栎木（经处理）	35~50
地面	地毯	10~600
	油地毡	190~300
	乙烯基石棉瓦	10~50

资料来源：张树平，建筑防火设计，北京：中国建筑工业出版社，2009，197

3. 结合高层住宅建筑空间改造、节能改造，选择不易引发轰然的室内装饰装修材料

建筑内部装饰装修材料的可燃性除了会加剧火势的蔓延外，有时还能造成建筑物内部的轰然。轰然是建筑火灾发展过程中的特殊现象，指室内燃烧达到一定温度时，使得房间内的局部燃烧过渡为全室性的突然全面燃烧。大量的实验研究和实际火灾统计研究表明，火灾达到轰然的时间与室内可燃物装修材料有着密切的联系，不同的内部装修材料出现轰然的时间也不尽相同。而室内出现轰然现象所用的时间短，就意味着受灾居民的可用安全疏散时间短，火灾初期阶段持续的时间短，就意味着迅速灭火的概率低。因此，在高层住宅建筑防灾改造中，在满足高层住宅建筑空间改造、节能改造需求的前提下，如果我们选择不易引发轰然的室内装饰装修材料，就能很好地抑制火灾规模，减小火灾损失，也能够为受灾人员争取更多的疏散逃生时间，减少人员伤亡。表 5-31 是一些常用建筑内部装修材料是否能够引发全表面轰然的试验结果，图 5-30 是不同厚度、不同材质的内部装修与轰然时间的关系，表 5-32 是日本建筑科研所研究归纳的各种燃烧性能等级的内部装修材料出现轰然的时间表，这些数据可以为我们选择室内装饰装修材料提供一定的参考。

表 5-31　全表面轰然起火的试验和某些用不燃材料内装修房间里的实际火灾

试验表明会造成室内全表面轰然着火的陈设	试验表明不会造成室内全表面轰然着火的陈设
挂在木制衣柜里的衣服	无弹簧的棉花床垫
挂在壁柜里的衣服	
带弹簧的床垫	
少数聚氨酯基甲酸酯床垫	大多数聚氨酯基甲酸酯床垫
泡沫乳胶床垫	
装填过度的椅子	软垫靠椅
靠得很近的软垫椅和沙发	单张软垫椅

资料来源：陈保胜，周健，高层建筑安全疏散设计，同济大学出版社，2004，55

表 5-32　各种燃烧性能等级内部装修材料出现轰然的时间

内部装修材料	轰然出现的时间/min
可燃材料内部装修	3
难燃材料内部装修	4~5
不燃材料内部装修	6~8

资料来源：张树平，建筑防火设计，北京：中国建筑工业出版社，2009，196

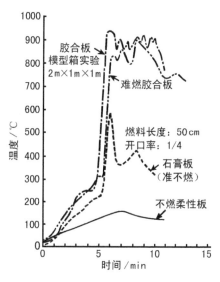

图 5-30　几种常用的内部装修材料与轰然时间关系图

资料来源：张树平，建筑防火设计，北京：中国建筑工业出版社，2009，196

4. 结合高层住宅建筑空间改造、节能改造，选择不易产生烟雾和毒气的室内装饰装修材料或对其进行防火处理

国内外大量的火灾统计资料表明，在火灾中丧生的人有大约 50% 是被烟气熏死的

（表5-33），而非直接被大火烧伤致死。因此，可以说火灾中的浓烟比烈火更可怕。内部装修材料大都是木材、棉、毛、塑料等可燃材料，近年来又大量使用PVC墙纸、聚氨酯、聚苯乙烯泡沫塑料以及合成纤维等新型材料，如果不经过防火处理，这些材料燃烧以后均会产生大量烟雾（表5-34）和有毒气体（表5-35），对人的生命安全造成极大的危害。因此，在高层住宅建筑防灾改造中，在满足高层住宅建筑空间改造、节能改造需求的前提下，如果我们选择不易产生烟雾和毒气的室内装饰装修材料或对其进行有效的防火处理，就能避免很多人在烟气中丧生。

表5-33　日本统计在大火中烟气中毒死亡情况

年份	总死亡人数（人）	烟气中毒死亡人数（人）	所占比例（%）
1968年	1 066	685	64.3
1969年	1 208	793	65.6
1970年	1 450	785	54.1
1971年	1 263	654	51.7
1972年	1 471	625	42.5
1973年	1 586	684	43.1
1974年	1 323	465	35.1
1975年	1 300	517	39.8

资料来源：陈保胜，周健，高层建筑安全疏散设计，同济大学出版社，2004，56

表5-34　各种材料产生的烟雾量　　　　　　m³/g

材料名称	300℃	400℃	500℃
松	4.0	1.8	0.4
杉木	3.6	2.1	0.4
普通胶合板	4.0	1.0	0.4
难燃胶合板	3.4	2.0	0.6
硬质纤维板	1.4	2.1	0.6
锯木屑板	2.8	2.0	0.4
玻璃纤维增强塑料	—	6.2	4.1
聚氯乙烯	—	4.0	10.4
聚苯乙烯	—	12.6	10.0
聚氨酯（人造橡胶之一）	—	14.6	4.0

资料来源：张树平，建筑防火设计，北京：中国建筑工业出版社，2009，35

表 5-35　各种材料的主要有害产物和浓度

材料	有害产物	有害浓度（m³/m³）
木材和墙纸	CO	4 000 × 10⁻⁶
聚苯乙烯	CO，少量苯乙烯	
聚氯乙烯	CO，盐酸，有腐蚀性	（1 000~2 000）× 10⁻⁶
有机玻璃	CO，甲基丙烯酸甲酯	
羊毛、尼龙、丙烯酸、纤维	CO，HCN	（120~150）× 10⁻⁶
棉花、人造纤维	CO，CO₂	（120~150）× 10⁻⁶

资料来源：陈保胜，周健，高层建筑安全疏散设计，同济大学出版社，2004，56

5.5　既有高层社区建筑设备设施防灾改造策略

5.5.1　既有高层住宅基本设备设施的防灾改造策略

1. 更新存在安全隐患的电器线路，设置漏电火灾报警系统

随着我国现代化建设的进行，各种家用电器已经普及城市各个普通家庭，电已经成为人们生活的必需品，这样的高用电负荷也带来了火灾隐患，致使我国电气火灾的比例不断攀升（图 5-31）。

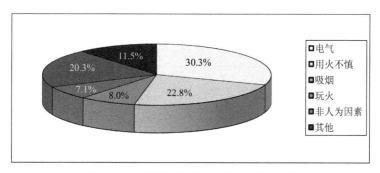

图 5-31　住宅火灾起火因素构成示意图

电气致灾的因素很多，主要包括电气线路、电气设备、用电设备、用电器具以及照明器具等。据统计，1993—2007 年重大电气火灾共发生 2 615 起，其中有 1 385 起火灾是由于电气线路故障引发的，其所占比例高达 52.96%（见图 5-32 与表 5-36）。常见的电气线路故障（如漏电、短路、过负载、接触不良等）很容易引发火灾。高层住宅建筑电气线路火灾诱因复杂多样，具体见表 5-37。

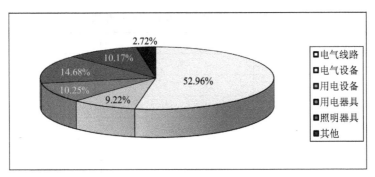

图 5-32　1993—2007 年重大电气火灾起火源比例分布图

作者根据资料整理绘制，数据参考：李庆功等，居民住宅火灾危险及安全防火措施探析，消防科学与技术，2009，28（6）：457~460

表 5-36　1993—2007 年重大电气火灾起火源数据统计

发生年份	1 993—2007 年重大电气火灾数量（起）	所占比例（%）
电气线路	1 385	52.96
电气设备	241	9.22
用电设备	268	10.25
用电器具	384	14.68
照明器具	266	10.17
其他	71	2.72
合计	2 615	100

表 5-37　高层住宅建筑电气线路致灾原因

序号	高层住宅建筑电气致灾原因
1	高层住宅的配电复杂、配电线路多、分布面广、连接点多，致灾概率大
2	施工或者使用不规范，包括私自改动配电线路或更换线路保护开关，使配电线路长期在过负荷状态运行
3	配电系统检修不完善，线路老化严重（如许多老旧住宅存在导线采用铝线，导线截面积过小，插座与照明共用同一回路等问题），埋下诸多用电安全隐患
4	使用劣质产品或易燃材料，许多既有建筑电气线路都不符合现行的安全技术规范和标准

因此，城市既有高层住宅电气线路防灾改造措施如下。

（1）按照《民用建筑电气设计规范》（JGJ—2008）[1]与《住宅设计规范》（GB 50096—2011）[2]核查、调试既有住宅的电气线路，维修与改造存在安全隐患的电气线路，具体要求见表 5-38。

① 中华人民共和国建设部，JGJ—2008，民用建筑电气设计规范，中国建筑工业出版社，2008

② 中华人民共和国住房和城乡建设部，GB50096—2011，住宅设计规范，中国建筑工业出版社，2011

表 5-38　高层住宅电气线路具体要求

序号	高层住宅电气线路具体要求
1	改造更换的电气线路应采用符合安全和防火要求的敷设方式配线，线路应采用暗敷方式，导线应采用铜线，每套住宅进户线截面不应小于 10 mm²，分支回路截面不应小于 2.5 mm²
2	住宅内分支回路设置的数量不应过少，每套住宅的空调电源插座、电源插座与照明应分路设计，厨房电源插座和卫生间电源插座宜设置独立回路
3	除空调电源插座外，其他电源插座回路应设置漏电保护装置
4	保障住宅内充足合理的插座数量，消除因使用插线板而带来的种种火灾隐患，我国现行规范中要求住宅中插座数量不应少于 12 个，但这只是保障安全的基本要求，设计时应在此基础上根据实际情况适当增加电源插座的设置数量

（2）运用电气火灾防范新技术，在配电系统中设置漏电火灾报警系统（常用的装置有如图 5-33 所示的电弧故障断路器），从技术的角度进行防范。自动报警系统的布线设计、材料选择和导线敷设是否合理、直接影响到系统的正常使用和使用后的安全管理。因此，其设计施工应遵循表 5-39 中所述要点。

表 5-39 漏电火灾报警系统设计要点

序号	漏电火灾报警系统设计要点
1	系统的传输线路应采用铜芯绝缘导线或铜芯电缆，绝缘导线、电缆线芯的最小截面不应小于有关规定，其电压等级不应低于 250 V
2	报警线路应采用金属管保护，并应敷设在非燃烧体结构内，其保护层厚度不应小于 3 cm。当必须明敷时，应在金属管上采取防火保护措施
3	不同系统、不同电压、不同电流类别的线路不应穿于同一根管内或线槽的同一槽孔内
4	弱电线路的电缆竖井宜与强电线路的电缆竖井分别设置。如受条件限制必须合用时，弱电线路和强电线路分别设在竖井的两侧

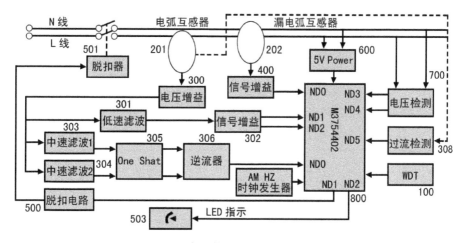

图 5-33　电弧故障断路器原理框架图

资料来源：傅小雨，建筑电气火灾防范措施浅析，中小企业管理与科技，2010（6）：195-196

（3）根据不同环境、不同功能确定导线的种类和敷设方式。一般吊顶内的电线应使用不燃或难燃材料管配线，如 PVC 管，也可以用金属管配线，或带金属保护的绝缘线，用来避免导线短路时引燃可燃物；消防用电的传输线路应采用穿金属管，经阻燃处理的硬质塑料管或封闭式线槽保护方式布线，并应加强电气线路的安全管理[1]。

（4）防止人为操作事故和未经允许情况下乱拉乱接线路（许多老旧住宅电线电缆混乱，如图 5-34 所示）。一些用户为了舒适、安全、实用而进行的二次电气装修比第一次更不安全，隐患更多，应该予以制止。

图 5-34　许多老旧住宅电线电缆混乱，火灾隐患很大

2. 增设消防电梯或改造不合要求的消防电梯

消防电梯是高层建筑的必备设施，它在高层建筑防灾救灾中发挥着重要作用（具体见表 5-40）[2]。因此，我国《高层民用建筑防火设计规范》（GB 50045—95）对高层住宅消防电梯的设置做了详细规定[3]。但是，但由于某些原因我国一部分既有高层住宅根本就没有设置消防电梯；或者有的消防电梯与普通电梯合用，不能紧急迫降；还有的消防电梯设置不符合要求，存在诸多问题，火灾时使用困难甚至不能使用。在这种情况下，高层建筑发生火灾时就只能利用登高消防车进行扑救，可是目前世界上最先进的消防车高度也不超过50 米[4]。可见要解决高层建筑灭火问题，就不能不对消防电梯加以重视和研究。

表 5-40　消防电梯在高层建筑防灾救灾中的主要作用

序号	消防电梯在高层建筑防灾救灾中的主要作用
1	建筑物起火后，消防人员通过消防电梯运送灭火器材和消防设备，以便迅速登高扑救，克服消防人员通过楼梯登高时间过长和体力消耗过大的问题

①　巫立新：《浅析建筑电气火灾防范措施》，《福建建材》2011 年第 5 期。

②　谷剑军：《火灾自动报警及消防联动控制系统设计》，《中国高新技术企业》2011 年第 1 期。

③　《高层民用建筑防火设计规范》（GB 50045—95）中规定：一类公共建筑、塔式住宅、十二层及十二层以上的单元式住宅和通廊式住宅、高度超过 32 m 的其他二类公共建筑等，均应设消防电梯。

④　黄玲：《高层建筑消防安全问题解析》，《华北科技学院学报》2005 年第 4 期。

续表

序号	消防电梯在高层建筑防灾救灾中的主要作用
2	当火灾发生时，正常电梯因断电和防烟火而停止使用，消防电梯则作为垂直疏散的通道之一备用。尤其是火灾初期，烟气没有弥漫到消防电梯前室以前，利用消防电梯疏散比使用楼梯疏散效率更高。而且，受伤或者老幼病残人员的抢救疏散也要依赖消防电梯
3	消防人员乘坐消防电梯上行扑救，就可以有效地预防消防人员与疏散逃生居民在疏散楼梯上"对撞"

1）在未设置消防电梯的既有高层住宅中增设消防电梯

实验表明，消防人员携带消防装备攀登上六层后，只能勉强维持其基本战斗力；攀登上九层后，已经有约 50% 的队员不能坚持正常的灭火战斗；而攀登上十一层后，所有消防队员都不能坚持正常的灭火战斗。高层建筑发生火灾时，由于火场环境恶劣，情况复杂，消防人员的心态比实验时更加紧张，其体力耗费得更快。可见，让消防人员通过楼梯到达高层建筑起火层灭火的方式会严重影响其救灾工作效率和质量。而且，消防人员通过楼梯上行至起火层，还会与下行的疏散逃生居民发生对撞而影响其行进速度。研究表明，在火灾发生的初期阶段（消防人员到达之前的 5 min）和消防人员抵达火场后，合理利用消防电梯疏散逃生比只使用楼梯所需疏散时间要短 20%-30%。因此，高层建筑必须设置消防电梯。但是，许多既有高层住宅，尤其是 20 世纪 90 年代以前的老旧住宅，都没有设置消防电梯（图 5-35）。这些建筑一旦发生火灾，其灭火逃生都要比设置消防电梯的住宅困难得多。所以，把这些住宅的某些普通客梯改造为消防电梯或者根据具体空间情况加设消防电梯，是既有高层住宅建筑防火改造的重要措施之一。

图 5-35 许多老旧高层住宅没有设置消防电梯

2）改造不合要求的消防电梯的消防联动设备与控制

许多既有高层住宅的消防电梯在消防联动设备与控制方面存在诸多问题，具体见表5-41。因此，我们需核查、调试、检修既有高层住宅消防电梯的消防联动设备及其控制，改造其不合格的设备和系统控制，杜绝以上问题的发生。

表 5-41　消防电梯的消防联动控制设备存在的常见问题及其防救灾不利因素

序号	消防电梯的消防联动控制设备存在的常见问题	防救灾不利因素
1	当确认火灾时不少消防电梯无动于衷，没有迫降至首层	阻碍消防人员及时到达火灾现场
2	当确认火灾后虽迫降至首层，却无法继续操作运行，功能与普通电梯一样	阻碍消防人员及时到达火灾现场
3	必须把火灾信号传至消防控制室，再由消防控制室进行手动操作	如果值班员火灾时稍疏忽大意，消防电梯将等同虚设
4	消防电梯的桥厢内未设置专用对讲电话	致使消防人员在电梯内无法与消防控制室进行紧急联络，从而影响灭火和援救工作的开展
5	未在首层设置消防员专用的操作按钮	火灾时若联动控制信号无法执行，消防电梯不会联动迫降，消防人员又无法在电梯内手动操作，以致贻误战机

3）改造不合要求的消防电梯电源及电缆电线

当火灾发生后，消防电梯应该能够立即切换至消防电源上。因此，高层住宅应该进行严格的双电源设计。但是，我国许多既有高层社区都没有做到这一点。更为严重的是，电梯电源的电气线路设计也不符合相关的消防电源标准与要求，存在极大的安全隐患。因此，必须对既有高层社区中不满足要求的高层住宅消防电梯的消防电源与电气线路进行改造，具体措施见表 5-42[①]。

表 5-42　高层住宅消防电梯的消防电源与电气线路防灾改造措施

序号	高层住宅消防电梯的消防电源与电气线路防灾改造措施
1	严格配备双回路的供电源和能够自动切换的末端配电箱，其轿厢内的照明亦应有双回路供电或配有应急照明措施
2	必须对线路采用消防电源的敷设方式，设计必须严格按照规范的要求进行，还要对消防电梯的配电线路进行与其功能相适应的防火设计。如配电线路以金属管或者金属槽布线，配电电缆采用铜皮防火型电缆或者绝缘层和护套不延燃的耐火型电缆

4）改造不合要求的消防电梯隔火防烟构造

消防电梯井属于竖向管井，一旦建筑物发生火灾，大火势必沿着竖向管井上下蔓延，管井的烟囱效应将迅速把烟火拔至其他楼层，可见，一旦消防电梯管井防火分隔不当或者未做适当防火处理，就会成为高温烟火急剧拔审扩大的途径之一。我国既有高层住宅内的电梯井壁上开设有风管、电缆孔等空洞且没有采取有效的防火封堵措施，甚至有的消防电梯与普通电梯的管井和机房没有用防火墙隔开，以致火灾时消防电梯因无法抵御高温火焰和烟气而瘫痪停用，影响消防人员的救援工作。因此，我们应该采取表 5-43 中的防灾改

---

① 时培军：《简析消防电梯在高层建筑中的设计及应用》，《科技资讯》2012 年第 27 期。

造措施改造不合要求的消防电梯，优化其隔火防烟构造。

表 5-43　消防电梯隔火防烟改造措施

序号	消防电梯隔火防烟改造措施
1	设置消防电梯前室，并通过自然通风或者排烟设备使其满足防烟排烟的要求
2	不要在消防电梯井道内敷设与消防电梯无关的电缆电线
3	消防电梯的机房、管井与其他电梯的管井和机房需采取耐火极限不低于 2 h 的防火墙隔开，除开设电梯门洞和通气孔外，任何洞口都不宜在消防电梯井壁内开设，如必须开设，需要安装甲级防火门窗
4	严格控制消防电梯的构造和内部装修。消防电梯的构造应采用不燃结构，内部装修应采用不燃材料，门应符合耐火极限为 0.9 h 的要求，以确保其在火灾时安全运行

5）改造不合要求的消防电梯挡水排水系统

许多既有高层住宅的消防电梯都存在防水问题，水一旦进入电梯或者电梯坑底积水无法及时排除就很可能导致消防电梯不能使用，从而影响消防人员的救灾工作。因此，我们也不能忽视对不合要求的消防电梯挡水排水系统的改造，具体措施如下：一是在消防电梯前室、消防电梯门口增设挡水设施，常见的做法是增设 4~5 cm 的漫坡，阻挡水流入前室和电梯内；二是对消防电梯内的设备设施进行防水改造，如用氯丁胶等防水材料对电梯井内的动力与控制电缆、电线接线盒进行密封处理；对门机等电机加装防水设施，对其他电气控制元器件采取密封、增加护套等措施，以增强电梯的抗水性。三是在消防电梯前室增加排水设施，及时排走积水；四是，消防电梯的井底应设排水设施[①]。

3. 维修有故障的消防设施，增设必要的消防设施

消防设施主要包括火灾自动报警系统、自动灭火系统、消火栓系统、防烟排烟系统以及应急广播和应急照明、安全疏散设施等。消防设施的设置可以有效地防止火灾的发生，在火灾发生时起到及时报警、及时扑灭或者是控制火灾的作用。但是，许多老旧高层住宅的消防设施不同程度地存在诸多问题。有的高层住宅消防设施疏于维护和管理，导致火灾时无法使用；有的老旧高层住宅消防设施配备不完善，导致火灾扑救困难，受灾者疏散逃生困难，致使人员伤亡和经济损失惨重。因此，对于不满足相关配置要求的既有高层住宅，我们应该维修有故障的消防设施，并增设必要的消防设施，具体改造措施如下。

1）火灾自动报警系统与灭火系统

我国许多 20 世纪 90 年代以前的老旧高层住宅没有设置火灾自动报警系统，有的既有高层住宅虽然设置了，但是从不维护检修，大部分装置已经出现故障，火灾发生后无法及时报警。而且我国规范规定，除超高层外，只在高层住宅的公共空间设置火灾自动报警系统，设置标准相对于国外偏低。美国、英国、澳大利亚、新西兰等国已经先后出台了推广

---

①　我国《高层民用建筑防火规范（2005 年版）》规定：电梯的排水井容量不应小于 2 m³，排水泵的排水量不应小于 10 L/s。

住宅自动喷水灭火系统的法律法规。而我国现行规范只规定在超高层住宅以及一类高层住宅中设置自动喷水灭火系统,而二类高层住宅的灭火大部分靠室内消火栓完成。这种情况致使许多高层住宅火灾因不能及时报警而损失严重,因没有自动灭火设施,必须等到消防人员到达后才能有效灭火,错过了灭火的最佳时机而导致伤亡人数大增。因此,应该在不满足规范要求的既有高层住宅按照规范规定加设火灾自动报警系统与灭火系统,维修有故障的火灾自动报警与自动灭火设施。并且,考虑到现在住宅火灾的数量骤增,还应该在住宅室内,如火灾高发的厨房和居室加设火灾报警探测器和自动灭火喷淋设备。

2)消火栓系统

我国除了超高层住宅,大部分既有住宅都没有设置自动喷水灭火系统,一旦发生火灾,只能依靠室内消火栓灭火,其在高层住宅火灾扑救中的重要性可见一斑。因此,我国《高层民用建筑设计防火规范》(GB 50045—95)对于高层建筑室内消火栓的设置要求作出了明确规定,我们应该严格遵循这些规定①。

另外,我国许多高层住宅往往对于消火栓管理和维护不到位(图5-36),致使其被遮蔽阻挡、无故锁死或者有故障不能正常使用。2011年12月南阳市白河大道某小区内一幢高层住宅的八楼窗户处有烟气冒出,小区保安及时报警。消防人员赶到现场后,准备使用楼内配套的消火栓灭火,可是打开消火栓却发现既没有水带,也没接通水源。幸亏火势不大,发现及时,消防人员用住户内的桶提水将火扑灭。这充分暴露了高层社区配套消防设施后期管理不到位的问题。可见,我们应该检查、维修并定期维护既有高层住宅中的消火栓,保障其在火灾时的正常使用。

图 5-36　消火栓疏于管理,残破不堪

---

① 《高层民用建筑设计防火规范》(GB 50045—95)规定:室内消防给水系统应与生活、生产给水系统分开独立设置。室内消防给水管道应布置为环状。室内消防给水环状管网的进水管和区域高压或者临时高压给水系统的引入管不应少于两根。室内消火栓给水系统与自动喷水灭火系统分开设置,有困难时,可合用消防泵,但在自动喷水灭火系统的报警阀前(沿水流方向)必须分开设置。消防竖管的布置,应保证同层相邻两个消火栓的水枪充实水柱同时到达被保护范围内的任何部位。消火栓应设在走道、楼梯附近等明显易于取用的地方,消防电梯间前室应设消火栓。每个消火栓处应设直接启动消防水泵的按钮,并应设有保护按钮的设施。

3）防烟排烟系统

火灾产生烟气的水平方向的扩散速度火灾初期一般为 0.1~0.3 m/s，火灾中期为 0.5~0.8 m/s；垂直方向扩散速度较快，通常为 1~5 m/s，在竖向管井或者楼梯间内为 6~8 m/s，其扩散路线示意图如图 5-37 所示。如果没有防排烟措施，烟气在 30 s 内就能蔓延至 100 m 高的楼梯间。据统计，大部分火灾伤亡的原因往往不是由于火焰灼烧，大部分人员死伤于烟气熏呛。可见，高层住宅的防烟排烟系统发挥着重要作用，我国《高层民用建筑设计防火规范》（GB 50045—95）中也对其作出了明确的规定[1]，我们应该按照规范要求为既有高层住宅设置相应的防烟排烟设施。

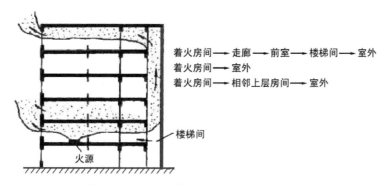

图 5-37　高层建筑中烟气扩散路线示意图

资料来源：李凤，建筑安全与防灾减灾，北京：中国建筑工业出版社，2012

我国既有高层住宅多采用自然排烟的方式，但是其自然排烟的阳台、凹廊、外窗等由于无人管理监督，大多堆积着杂物（图 5-38），这些可燃物不仅容易加剧火灾，也阻碍了外窗在火灾后的及时开启排烟。而且，发生火灾后，也很少有人来及时开启外窗排烟。因此，社区物业管理中心应配合消防部门清理杂物，维修防火门窗，在排烟外窗上加装可以联动控制的自动开闭设施。有的高层住宅楼梯间及其前室无法自然通风采光，而且其机械排烟设施或加压送风设施不满足要求或者存在诸多故障，导致火灾时烟气能够扩散进来，影响疏散和救援。消防部门也应该逐一排查，定期维护。

4）应急广播和应急照明

许多 20 世纪 90 年代以前的老旧高层住宅（如图 5-39 所示的天津近园里高层住宅）没有设置应急广播和应急照明（疏散标志和疏散照明）或者由于没有很好地维护管理而不能正常使用了。在调研中发现许多老旧住宅的楼梯间甚至连正常照明都损坏了，整个楼梯间都是黑漆漆的。一旦发生火灾或者震灾，这样的疏散楼梯根本无法使用，其可怕后果可

---

① 《高层民用建筑设计防火规范》（GB 50045—95）中规定：除建筑高度超过 50 m 的一类公共建筑和建筑高度超过 100 m 的居住建筑外，靠外墙的防烟楼梯间及其前室、消防楼梯间前室和合用前室，宜采用自然排烟方式。无直接自然通风，长度超过 20 m 的内走道或者有自然通风，但长度超过 60 m 的内走道，应设置机械排烟设施。不具备自然排烟条件的防烟楼梯间、防烟楼梯间前室、消防电梯间前室或者合用前室宜设置独立的机械加压送风的防烟设施。

见一斑。因此，应该按照现行规范要求对老旧高层住宅的应急广播和应急照明的设置情况进行系统排查、检修以及定期维护，对于没有按要求设置的应该予以增设，具体要求详见本书 5.5.2 中相关论述。

图 5-38　自然排烟阳台和外窗堆满杂物，无人管理

（a）防烟楼梯间无疏散照明　　　　　（b）消防前室内无疏散照明

（c）合用前室无疏散指示标志　　　　（d）消防前室内无应急广播

图 5-39　天津近园里高层住宅未配置应急广播和应急照明，火灾隐患较大

5.5.2　既有高层社区设备设施的智能化、生态化发展趋势

1. 建立火灾防范系统

火灾防范系统包括火灾报警系统与消防联动控制系统，是智能化建筑中必要的设备设施之一，是保障人民人身和财产安全的重要系统。伴随着微电子技术、自控技术、检测技术以及计算机技术在火灾防范、消防领域的应用，火灾探测与自动报警技术、消防设备联动控制技术、消防通信调度指挥技术、火灾监控技术和消防中心控制技术也取得了迅猛的发展，逐步形成了以火灾探测与自动报警为基本内容、计算机协调控制和管理各类消防灭火、防火设备的监控联动系统。这一系统具有一定的自动化和智能化水平，人们常称之为"智能防火"系统。这种智能化的火灾防范系统与传统的防火设备设施相比，能够及时有效地发现火灾并自动进行灭火，可以将火灾的发生概率和火灾造成的损失降到最低。

火灾防范系统由报警和联动两大部分组成，其系统组成框架图如图 5-40 所示。我们根据社区和住宅建筑物的不同规模，可以采取不同的配置。由火灾防范系统结构线路图（图 5-41）可见，火灾报警系统由集中火灾报警控制器、区域火灾报警控制器、火灾探测器、手动报警按钮几个基本部分组成，具体构件包括集中火灾报警控制器、短路隔离器、感温探测器、感烟探测器、消火栓按钮、水流指示器电接点、手动报警按钮、消防电话以及 CRT 微机显示器等；消防联动部分由消防联动控制器、声光报警器、火灾应急广播、消防电话、火灾应急照明、各种联动控制装置、固定灭火系统控制装置几个基本部分组成，具体构件包括：消防联动控制器、控制模块、双切换盒以及各种消防灭火装置与设备、消防广播以及声光报警等 [1]。

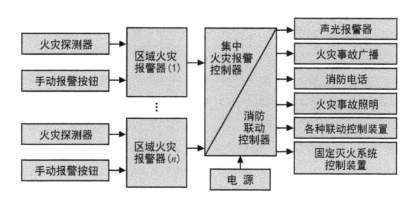

图 5-40　火灾防范系统组成框架图

资料来源：谢秉正，绿色智能建筑工程技术，南京：东南大学出版社，2003，272

---

[1]　谢秉正：《绿色智能建筑工程技术》，东南大学出版社，2003，第 270-283 页。

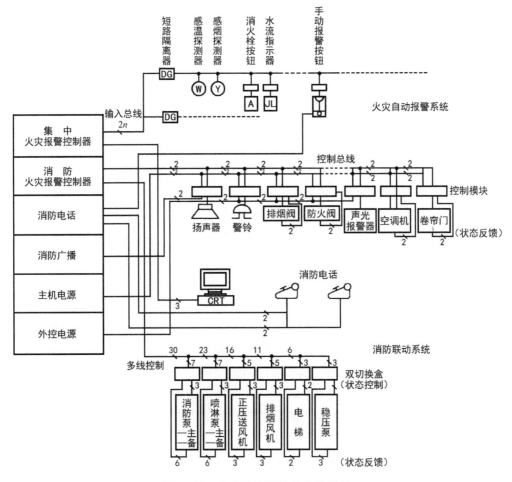

图 5-41 火灾防范系统结构线路图

资料来源：谢秉正，绿色智能建筑工程技术，南京：东南大学出版社，2003，272

　　近年来，火灾防范技术获得了很大发展，在社区中的应用也日益广泛，国内外也研制出了许多品牌的产品，比较常见的如美国 FCI 火灾自控设备公司的 FCI-7100 火灾报警控制系统与 MC-7200 消防联动控制系统、德国 SIEMENS 公司的 Algorex 火灾报警及消防联动系统、日本日探 NF-3E 火灾自动报警及消防联动系统、我国西安 262 厂生产的分布智能式火灾防范系列电子产品、海湾安全技术公司 GST 火灾自动报警及消防联动控制系统、上海松江电子仪器厂 JB-QG-2001 火灾报警系统与 HJ-1811 联动控制系统以及南京盛华电子公司盛华 SH-9400 火灾自动报警与消防联动系统（图 5-42）。

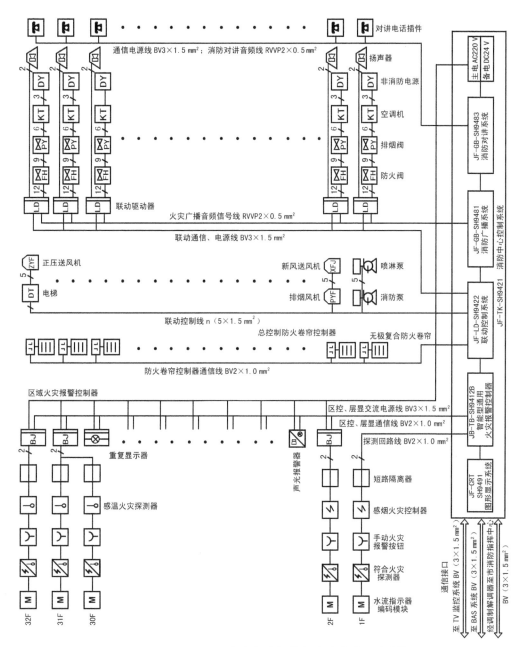

图 5-42　SH-9400 型火灾自动报警与消防联动系统结构图

资料来源：谢秉正，绿色智能建筑工程技术，南京：东南大学出版社，2003，278

1）火灾报警系统在高层社区中的设置

（1）火灾报警控制器。

火灾报警控制器是整个火灾防范系统的中枢神经。它负责接收各个探测器传输来的火灾信息，并对这些信息加以处理、显示、报警，然后通过消防联动系统发出启动消防设施的指令。一个社区一般设置一个集中火灾报警控制器，如果社区规模较大，在每栋住宅建筑中还宜设置区域火灾报警控制器或区域报警显示器，并保证其与集中报警控制器联网。

（2）火灾探测器的设置。

火灾探测器种类很多，主要包括感烟探测器、感温探测器、感光探测器、可燃气体探测器以及复合式探测器等五大类，常用的系列产品如图5-43所示。我们根据空间规模、性质等的不同要求选择适合的探测器产品。如在社区地下空间通常选用感温探测器，而其他场所多选用光电式感烟探测器，其设置应满足《火灾自动报警系统设计规范》（GB 50116—2008）的规定。火灾探测器能够及时探测到火灾并报警，使人们能够在火灾初期灭火和逃生。我国规范仅仅要求在住宅公共空间设置火灾探测器，对于住宅套内空间则没有作出强制要求。目前，我国城市家庭以双职工为主，很多家庭白天无人在家，一旦发生火灾，则很难被人及时发现，以致酿成大火。因此，笔者结合模型模拟分析结果和国外的实践经验，归纳出需要设置火灾探测器的空间场所，具体见表5-44①。

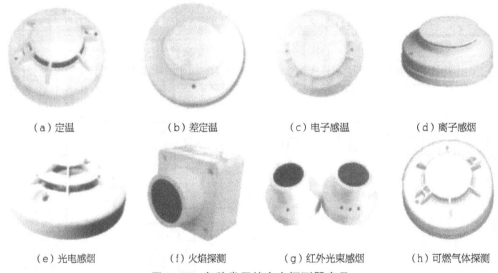

| （a）定温 | （b）差定温 | （c）电子感温 | （d）离子感烟 |
| （e）光电感烟 | （f）火焰探测 | （g）红外光束感烟 | （h）可燃气体探测 |

图5-43　各种常用的火灾探测器产品

资料来源：张树平，建筑防火设计，北京：中国建筑工业出版社，2009，222

表5-44　高层住宅火灾探测器设置场所与设置要求

设置场所	设置要求
封闭楼梯间	宜单独划分成一个探测区域，每隔2~3层应设置一个光电式感烟探测器
消防电梯前室	单独划分成一个探测区域，每层应设置一个光电式感烟探测器
封闭楼梯间前室	
合用前室	
卧室、起居室	住宅每间卧室、起居室内宜设置一个感烟火灾探测器
厨房	每间住宅厨房内则应设置可燃气体探测器

① 谢秉正：《绿色智能建筑工程技术》，东南大学出版社，2003，第270-283页。

（3）手动报警按钮与消火栓按钮。

手动报警按钮是用人工方式对消防中心实施报警的设施，当发现火情时，按动按钮，消防中心即能锁定该按钮的地址码，作出反应。手动报警按钮应和火灾探测器连接在一个回路中。消火栓按钮既能向消防控制中心报警，也能直接启动消防水泵。每个消火栓箱处设置一个消火栓按钮，当玻璃被击破时，按钮弹出即报警，此时消防中心也能反映出该按钮的地址码。高层住宅中手动报警按钮与消火栓按钮的设置位置和设置要求见表5-45[①]。

表 5-45　高层住宅中手动报警按钮与消火栓按钮的设置位置和设置要求

设施名称	设置位置及设置要求
手动报警按钮	在火灾报警区域内的每个防火分区，应至少设置1个手动报警按钮，且从一个防火分区内的任何位置到最邻近的一个手动报警按钮的距离不宜大于 25 m
	一般设置在各楼层的楼梯、电梯间、走廊、过道、大厅等经常有人通过的地方
	每个住户内也宜设置一个手动报警开关或手动报警按钮
消火栓按钮	消火栓应设在走道、楼梯附近等明显易于取用的地点
	消防电梯间前室应设消火栓
	高层建筑内其间距不宜大于 30 m，且应保证同层任何部位有两个消火栓的水枪充实水柱同时到达

2）消防联动控制系统在高层社区中的设置

（1）联动控制器。

联动控制器按照火灾报警控制器确认的火灾信息，控制所有的消防设备设施，一般具有"手动/自动"控制功能、现场编程功能、检查测试功能[②]。

（2）控制模块。

控制模块是安装在现场用以实现联动控制器和被控的外控消防设备之间控制信号传输和转换的装置，是总线制联动系统中的执行器件。控制模块采用微处理技术，主从分布式处理方式，可以实现与联动控制器的双向通信，为主机提供反馈信息[③]。

（3）消防应急广播。

消防应急广播又称火灾事故广播，是建筑物内专门设立的用于事故应急报警的独立的广播系统。消防应急广播由功率放大器、话筒、卡座以及分别安装在各公共空间的扬声器等构件组成。在有背景音乐的普通广播设施场所，当火灾报警启动时，联动控制器会将其强制切换至火灾应急广播模式。我国相关规范规定楼梯前室、电梯前室以及合用前室、公共走廊、大厅、地下汽车库等部位应设置火灾应急广播扬声器，且其设置要求应满足《火

---

① 谢秉正：《绿色智能建筑工程技术》，东南大学出版社，2003，第270-283页。

② 同上。

③ 同上。

灾自动报警系统设计规范》（GB 50116—2008）中的相关规定①。可见，我国规范中仅仅规定在公共空间设置消防应急广播，对住宅套内空间则没有作出强制要求，因此，我国住宅套内空间都没有设置消防应急广播装置。楼道内的消防应急广播的报警声在很多情况下不能被人们及时听到。如上海静安区高层住宅大火的调查显示，许多楼内居民因睡觉、看电视等原因没有听到消防应急广播报警，以致贻误了逃生时机。而国外住宅套内空间普遍安装有"楼宇危情报警喇叭"，这样灾时室内人员就能及时了解灾情，从而最大限度地规避了无谓伤亡②。综上，笔者建议我国规范增加对于住宅套内空间设置消防应急广播的强制性条文。

（4）消防应急照明。

消防应急照明是发生火灾时，正常照明切断后，为人员疏散、消防作业提供照明的设备设施，主要包括事故应急照明、应急出口标志及指示灯。它平时利用外接电源供电，在断电时自动切换到使用状态。

《高层民用建筑防火规范》（GB 50045—95）中规定了应该设置消防应急照明的空间和场所③，并对应急照明灯和疏散标志提出了具体要求④，还明确规定了消防应急照明具体供电时间和照度要求（表5-46），我们应该严格执行。

表5-46 消防应急照明具体供电时间和照度要求一览表

应急照明名称	供电时间	照度	场所举例
火灾疏散标志照明	不少于20 min	最低不低于0.5 lx	电梯轿厢内、消火栓处、安全出口处、台阶处、疏散走廊、室内通道、公共出口等
暂时继续工作的备用照明	不少于60 min	不少于正常照明的50%	大厅、社区公共活动建筑大空间、避难层（间）等人员密集场所
继续工作的备用照明	连续	不少于正常照明的最低照度	配电室、消防控制室、消防泵房、发电机室、蓄电池室、火灾广播室、电话站、自动化系统中控室及其他重要房间

资料来源：张树平，建筑防火设计，北京：中国建筑工业出版社，2009，231

---

① 《火灾自动报警系统设计规范》（GB 50116—2008）中规定：每个扬声器的额定功率不应小于3 W，其数量应能保证从一个防火分区内的任何部位到最近一个扬声器的距离不大于25 m。走道内最后一个扬声器至走道末端的距离不应大于12.5 m。

② 王力、王一男：《天大的小事》，人民出版社，2011，第14页。

③ 《高层民用建筑防火规范》（GB 50045—95）中规定：高层住宅中下列部位应设置消防应急照明：楼梯间、防烟楼梯间前室、消防电梯间及其前室、合用前室和避难层（间）；超过20 m长的住宅内走道；配电室、消防控制室、消防水泵房、防烟排烟机房、供消防用电的蓄电池室、自备发电机房、电话机房以及发生火灾时仍需坚持工作的其他房间。

④ 应急照明灯和疏散指示标志可采用蓄电池做备用电源，外部应设玻璃或其他不燃烧材料制作的保护罩。

2. 构建社区公共安全防范与管理自动化系统

社区公共安全防范与管理的内容是确保住户生活舒适与安全。社区公共安全防范与管理自动化系统正是应用先进技术和设备，为社区住户生活舒适与安全提供保障，是智能社区实现安全保障的重要系统之一。该系统主要包括图 5-44 中所示的六个子系统 [1][2]。

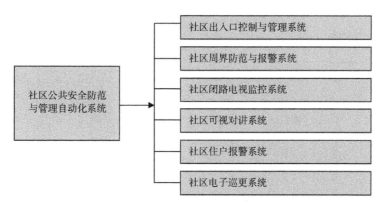

图 5-44　社区公共安全防范与管理自动化系统子系统构成示意图

1）社区出入口控制与管理系统

社区出入口控制与管理系统一般具有如图 5-45 所示的结构，它包括 3 个层次的设备。

目前，社区出入口控制管理已经是智能社区必须考虑的功能系统建设。主要针对的是社区人员的出入管理、访客管理、车辆进出管理等，同时也兼有物业公司对内部员工的工作内容管理（如采用门禁管理实现对保洁、保安人员的工作管理等）。一般智能化水平较高的社区，大多采用身份识别卡或者密码识别业主身份，有的甚至采用指纹识别设备等更高技术的门禁管理设备来识别业主身份。现在最常用的身份识别卡是接触式 IC 卡和 RE 射频卡，这些产品广泛用于社区出入口、停车场出入口、住宅楼单元门出入口、电梯通道以及物业管理中心机房等，已经形成了完整的"社区一卡通"系统（图 5-46）。

---

① 刘叶冰：《住宅小区智能化设计与实施》，中国电力出版社，2009，第 33-58 页。

② 何滨：《住宅小区智能化工程》，机械工业出版社，2011，第 49-80 页。

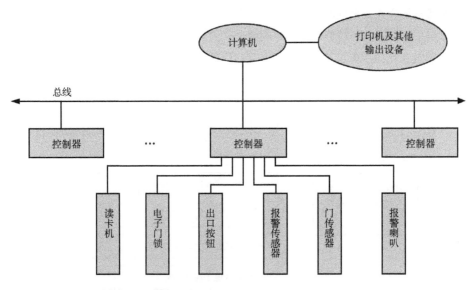

图 5-45 社区出入口控制管理系统基本结构示意图

资料来源：刘叶冰，住宅小区智能化设计与实施，北京：中国电力出版社，2009，35

（a）社区出入口门禁

（b）地下停车场出入口门禁

（c）住宅内部出入口门禁

（d）住宅电梯出入口门禁

图 5-46 社区出入口门禁管理系列产品

社区出入口控制管理系统能够方便社区居民安全方便地出入，又可以杜绝外来人员的随意进出，保障社区安全。若遇到特殊情况，该控制系统可以由电脑来控制各门禁的开闭。一旦系统确认有非法入侵情况，门禁将输出报警信号，物业的保安系统就可以依据信号迅速作出反应①。

2）社区周界防范与报警系统

周界防范与报警系统可以防止犯罪分子从社区非正常出入口非法闯入，能够有效地保障社区居民的人身和财产安全，被称为"社区安全的第一道防线"。周界防范与报警系统主要由探测、控制联动两部分组成，其示意图如图 5-47 所示。该系统要求我们在社区围栏安装主动式红外探头、被动式红外探头、感应电缆等报警探测设备，在监控中心值班室安装报警主机，这样就完成了基本布防。一旦社区围栏处有人非法跨入，探测设备即能自动感应出来并发射报警信号，并将信号发送至报警主机，报警主机收到信号即能显示报警部位。随即，报警主机联动控制相应的探照灯和摄像机，报警地点的摄像机会将该处出现的异常情况拍摄记录并传送至报警主机，以便计算机和值班人员巡视和分析报警现场的情况。然后，监控中心值班室计算机弹出地图并立即通知社区就近的保安人员或者管理人员前往处理。同时，监控中心值班室启动联动装置和设备，对入侵者进行警告。计算机会自动存储报警记录，全部报警数据和摄像图片将保留在计算机管理数据库中以备查阅。该系统可以大大加强社区的保安力度，已经开始越来越多地应用于智能社区的建设中②。

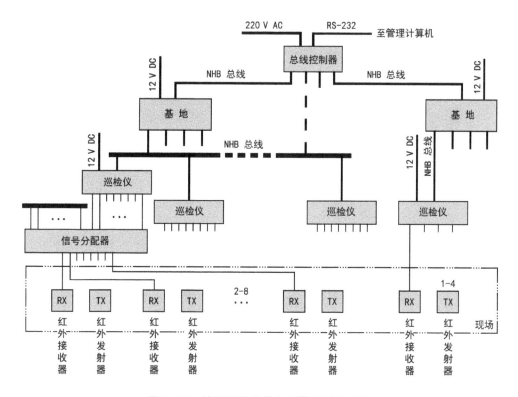

图 5-47 社区周界防范与报警系统示意图

资料来源：刘叶冰，住宅小区智能化设计与实施，北京：中国电力出版社，2009，38

① 刘叶冰：《住宅小区智能化设计与实施》，中国电力出版社，2009，第 33-58 页。
② 何滨：《住宅小区智能化工程》，机械工业出版社，2011，第 49-80 页。

3）社区闭路电视监控系统

随着科学技术的迅速发展，利用高新技术来增强社区安全防范工作、保障社区良好的生活环境和治安状况已经越来越普遍。社区闭路电视监控系统通过安装电视监控摄像机和红外线周边防范系统，使安保人员可以及时直接地了解社区各区域动态，以便提前发现各种隐患和处理各种各类突发事件，最大限度地保障社区居民的安全。

社区闭路电视监控系统主要包括摄像、传输、控制以及显示4个部分，其结构图如图5-48所示。摄像部分主要由摄像机、镜头、防护罩、安装支架和云台等构件组成。摄像部分的作用是负责拍摄现场情景并将其转换为信号，经过视频电缆将信号传输至控制中心，计算机通过解调、放大等将信号还原为图像信息，通过显示设备显示出来。摄像部分肩负着图像采集的功能，是整个闭路电视监控系统最为重要的组成部分，安装的具体位置和选用要求见表5-47。传输部分通常采用同轴电缆线传输视频基带信号的传输方式，将摄像采集的信息传送到控制中心。控制设备主要包括视频切换器、矩阵切换系统以及用于控制变焦、云台的控制器等。显示设备主要有监视器和录像机，需要安装在控制室内。

表 5-47 摄像机安装位置与选用要求表

安装位置	选用要求	作用
社区主、次出入口	彩色/黑白高速一体化球形摄像机	监控和记录车辆及人员的进出情况
社区地下停车场出入口	彩色高解摄像机	监控和记录车辆的进出情况
社区地下停车场内部	低照度彩色摄像机	监控和记录地下停车场内的状况
社区周界及公共区域	高质量彩色一体化摄像机	监控和记录非法越入社区内人员和社区内现场景物
社区楼宇内大厅及电梯前室	彩色半球摄像机	监控和记录进入楼宇内人员
电梯轿厢	吸顶式彩色半球摄像机	监控和记录电梯内的实时情况，应对突发事件

资料来源：何滨，住宅小区智能化工程，北京：机械工业出版社，2011，62

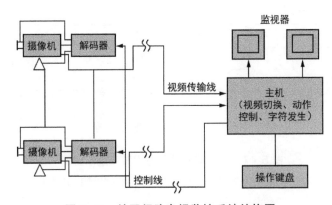

图 5-48 社区闭路电视监控系统结构图

资料来源：何滨，住宅小区智能化工程，北京：机械工业出版社，2011，59

在智能社区的建设中，我们应该结合社区的布局结构和功能要求，在保障社区公共安全的基础上，兼顾经济适用原则，确定社区闭路电视监控系统的规模。目前市场上充斥着许多种类与品牌的监控设备，我们也应该根据功能要求、安装环境条件、经济因素以及生态可持续要求等综合考虑设备的选用，完成对社区四周围栏、主要广场和通道、停车场、电梯前室、电梯轿厢等场所的监控和记录①。

4）社区可视对讲系统

可视对讲系统是社区智能化建设的一个重要组成部分。早期的形式有直按式对讲系统、小户型对讲系统、普通数码对讲系统，目前已经出现了直按式可视对讲系统、联网可视对讲系统等。社区可视对讲系统控制原理图如图 5-49 所示。

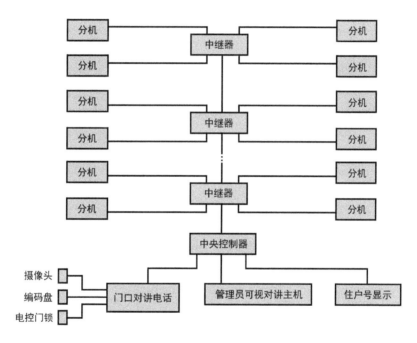

图 5-49　社区可视对讲系统控制原理图

资料来源：何滨，住宅小区智能化工程，北京：机械工业出版社，2011，67

社区可视对讲系统需要在社区管理中心配备一台管理主机，该管理主机控制着整个社区的住宅楼门口机和多个管理副机。管理主机可以自由呼叫各户分机和副管理机，副管理机、用户分机也可以呼叫管理主机，副管理机及用户分机之间可以自由相互对讲，从而构建了一个完整的社区通信网络。管理主机和用户分机分别实现了多种功能，具体见表 5-48②。

---

① 何滨：《住宅小区智能化工程》，机械工业出版社，2011，第 49-80 页。
② 何滨：《住宅小区智能化工程》，机械工业出版社，2011，第 49-80 页。

表 5-48　社区可视对讲系统管理装置的主要功能一览表

装置	主要功能	具体内容
主机	呼叫功能	管理主机可自由选呼任何用户分机，并与用户实现双向对讲
	监控功能	管理中心可随时对各个门口分机进行监控
	接收报警求助	用户分机可向管理主机报警，管理主机即能收到并显示报警信息
	抢线功能	管理主机可在任何情况下抢线呼叫用户
	遥控开锁功能	如门口机有人呼叫管理人员，管理人员可通过管理主机遥控开锁
分机	监看	可自动监看该系统的门口机
	遥控开门	有人通过门口机呼叫住户，住户可通过用户分机察看，并按键遥控开锁
	对讲	内码相同的用户分机可相互对讲
	警卫	可自动呼叫系统上的警卫门口机

5）社区住户报警系统

社区住户报警系统是指当社区住户内窃贼侵入或者其他异常情况发生时，引起报警的系统，其系统构成图如图 5-50 所示。该系统通过多种探头监控住户不同性质的空间，探头发现异常引起发出报警信号，报警信号通过住户采集器沿总线传输至单元控制器，再传送到控制中心的监控主机，并在电子地图上显示报警方位。随后值班中心会通知住户并派人前往现场处理。

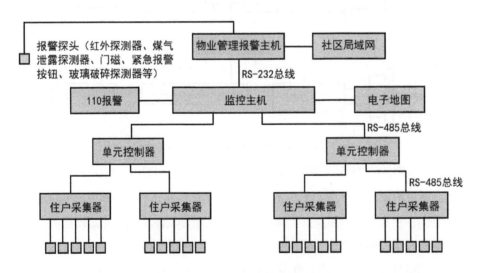

图 5-50　社区住户报警系统构成图

资料来源：何滨，住宅小区智能化工程，北京：机械工业出版社，2011，73

在社区住户报警系统中，报警探测器是关键组成部分，目前普遍推广的有用于防范门窗部位的磁控开关、微动开关和电子栅窗；用于空间防范的红外温度探测器、微波探测器；用于防范火灾的烟感探测器、温感探测器；用于防范煤气泄漏的煤气泄漏探测器以及用于住户突发事件紧急求助的紧急报警按钮等。这些探测器可以监控住户动态，及时警示异常状况或者灾害的发生，最大限度地降低住户损失 ①。

6）社区电子巡更系统

社区电子巡更系统是监督社区保安人员工作质量的电子管理系统。该系统在保安人员的巡逻路线上设立若干巡更点，巡更保安人员需要在一定时间内到达各个巡更点，并通过按钮、刷卡或者开锁等操作，将该防区巡更信号发送回中央控制室。社区电子巡更系统会自动记录巡更保安人员到达各个巡更点的时间、动作等，以方便对保安人员的巡更质量作出考核。社区电子巡更系统可以有效督促保安人员尽职尽责工作，提高保安人员的责任心和积极性。该系统实现了机防与人防的相互结合，可以最大限度地保障社区安全 ②③。

3. 实现社区智能化与生态化结合

今天，我们的生存环境日益恶化，建筑智能化的发展不再局限于用智能系统控制建筑，而是更加关注与自然结合的绿色化、生态化的建筑自控，因此，实现建筑的智能化与生态化结合，是建筑智能化发展的方向和目的。智能建筑的绿色生态化建设可以从节能和能源可持续两个大的方向入手，具体通过技术系统实现，社区设备监控管理系统能够使社区增强功效、节约能源、降低资源消耗和浪费；水资源循环利用系统和社区微电网系统通过利用可再生能源实现了能源的可持续发展。

1）社区设备监控管理系统

社区设备监控管理系统是一套中央监控系统，它通过对社区内各种空调设备、冷热源设备、给排水系统、供配电系统、照明系统以及电梯系统等进行集中监控，通过检测显示其运行参数，监视控制其运行状态，在确保建筑物内环境舒适，充分考虑能源节约和环境保护的前提下，使社区内的各种设备状态及其利用率均达到最佳。设备控制管理系统范围广，监控点可达到上百点甚至几百点，对提高物业管理水平和改善住户生活品质有很大帮助。社区设备监控管理系统功能如图 5-51 所示 ④。

社区设备监控管理系统的一般性结构图如图 5-52 所示。社区控制中心一般设置有记录仪、工程师键盘和中央控制器等。记录仪的主要功能是记录重要数据。工程师键盘则是专业人员使用的系统操作设备。中央控制器接收现场控制器、数据采集器的信号，经过编程运算后，进行记录、显示、报警、自动/手动关闭相关设备。现场控制器接收设备工作状态信号后传送至中央控制器，并接收中央控制器操作指令对设备进行控制。如果中央控制器出现系统故障可强制中断其控制，转而依靠设备自带控制器继续工作。

①　何滨：《住宅小区智能化工程》，机械工业出版社，2011，第 49-80 页。
②　刘叶冰：《住宅小区智能化设计与实施》，中国电力出版社，2009，第 33-58 页。
③　何滨：《住宅小区智能化工程》，机械工业出版社，2011，第 49-80 页。
④　刘叶冰：《住宅小区智能化设计与实施》，中国电力出版社，2009，第 134 页。

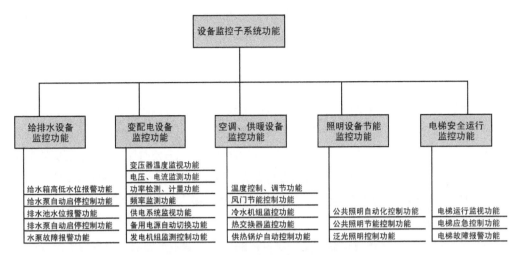

图 5-51 社区设备监控管理系统功能图

资料来源：刘叶冰，住宅小区智能化设计与实施，中国电力出版社，2009，135

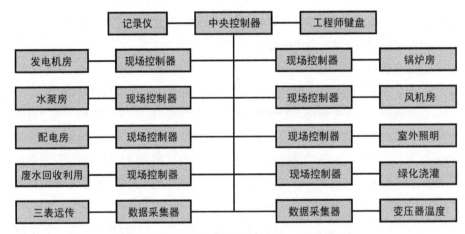

图 5-52 社区设备监控管理系统一般性结构图

资料来源：何滨，住宅小区智能化工程，机械工业出版社，2011，32

社区设备监控管理系统一般设计为全集散控制系统，其通过中央计算机工作站集中管理和各现场控制器分散控制。值班人员可通过集中管理的中央计算机工作站点上的图形化界面对所有设备进行操作、管理以及报警等，并通过计算机图形化的用户界面实时向值班人员集中报告各种运行状态和运行参数，这样可有效提高管理水平和工作效率。通过分布在各电气设备附近和电器集成生产的现场控制器的内置程序和 I/O 接口对设备进行有效控制，分散控制使个别控制器出现故障也不会影响其他设备的运行，保障了系统的安全性[①]。

2）社区水资源循环利用系统

节约与循环利用水资源是可持续发展的必然选择，是绿色建筑意义深远的本质所在。

① 何滨：《住宅小区智能化工程》，机械工业出版社，2011，第 31-34 页。

社区水资源循环利用系统强调水的二次回收使用、倡导污废水及雨水的资源化应用，广泛推广节水技术 ①。

社区水资源循环利用系统主要包括给排水系统、雨水收集与利用系统、污废水处理与回用系统、景观与绿化用水补水系统以及节水设备与器具。其中，雨水收集与利用系统将社区内的雨水资源回收利用，不仅可以减少暴雨径流，消减洪峰流量，减轻防洪压力（图5-53），还可以提高水资源利用率，缓解社区用水压力（图 5-54），促进和改善社区生态环境。社区雨水主要来源于屋面、路面以及水景水面本身。雨水收集后视其用途对其进行处理，如绿地边渗井、可渗透路面渗井收集的雨水可直接用于绿化灌溉，其他集蓄雨水可以汇入污废水处理系统处理。污废水处理与回用系统的污废水处理依据社区污废水排入水体的功能不同而异，常用的处理方法有：化粪池、一级处理（初次沉淀池）、生物二级处理及消毒回用、人工湿地处理等。处理达标后的水资源可以用于植物灌溉、道路洒扫、汽车冲洗以及居民冲厕等。

可见，社区水资源循环利用系统将节能、节水、治污集成一体，可以有效推进水资源的优化配置和循环利用，从而构建安全、高效、和谐、健康的水系统，其节水效率见表5-49。

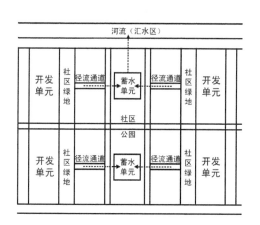

图 5-53　社区排水防洪示意图

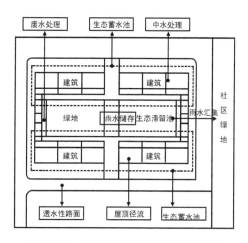

图 5-54　社区雨水收集与利用示意图

表 5-49　从节水到水的生态循环的用水效率

序号	名称	选项	用水效率（%）
1	供水量	1	100
2	节水	1+2	120
3	水回收	1+2+3	150
4	水再生利用	1+2+3+4	180
5	水生态循环	1+2+3+4+5	300

① 汪霞、曾坚、李跃文：《城市非常规水资源的景观利用》，《建筑学报》2007 年第 6 期。

3）社区微电网系统

今天，全球都面临着能源短缺问题，全世界都已经开始致力于绿色可持续能源的开发与推广，尤其是可再生能源发电。可再生能源发电主要包括太阳能发电、风能发电以及沼气发电等。但是这些可再生能源的大规模独立使用，在能源控制与管理方面还存在一定的难度。因此，我们针对可再生能源开发利用中容量小、随机性与间歇性强、适宜就地开发利用等的自身特点，采用分布式能源供应方式，建立社区微电网系统。

所谓分布式能源供应，就是结合当地绿色可再生能源的具体情况，在一个局部范围内综合利用可再生能源，建立分布式绿色能源系统，部分解决该地区的能源供应问题，不足部分由社会公共能源供应补充解决。而社区微电网系统即在社区区域内，根据各个社区具体生态能源情况，建立局域电网，将可以使用的各种可再生能源转化为电能，并将转化所得的电能在社区微电网中统一管理，以为社区提供连续可靠的能源供应。社区微电网系统不与区域超高压电网相连，只取电，不送电，只接在低压侧供电回路与负载之间，在社区微电网电量不足时，由市政电网正常供电。

这种社区微电网系统建设有别于通常的生态能源发电厂建设，它不需要大量的蓄电池储存生态能源电能，可大大节省投资建设费用。社区微电网控制示意图如图 5-55 所示[1]。

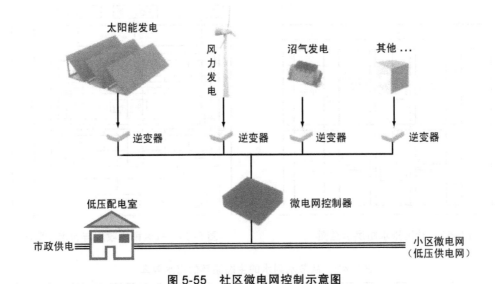

图 5-55　社区微电网控制示意图

资料来源：刘叶冰，住宅小区智能化设计与实施，北京：中国电力出版社，2009，184

---

① 刘叶冰：《住宅小区智能化设计与实施》，中国电力出版社，2009，第183-184 页。

第6章 城市既有社区防灾管理与救援系统优化研究

传统防灾以各种工程性技术为主，注重于应用工程措施防御灾害。而当今发达国家的灾害应对已经逐渐由工程性技术转变为工程性技术与非工程性措施并举。社区作为最基本的防灾单元，灾害救援的第一地点，在城市防灾中发挥着重要作用。因此，发达国家都非常重视社区灾害管理与救援系统的建设，但我国对其则一直没有给予足够的重视。事实上，灾害的形成及其防御过程与国家制度、经济发展水平、社会组织结构、灾害管理能力和居民的防灾意识等多种因素密切相关[①]。可见，我们应该采取以下主要措施优化社区灾害管理与救援系统，具体见表6-1。

表6-1 社区灾害管理与救援系统优化措施

序号	主要方向	具体措施
1	利用现代化信息网络进行防灾资源整合	建立共享的社区防救灾信息化平台
		构建完善的社区预警系统
2	理顺机制，建立相应层次的社区防救灾管理与指挥机构	强化应急指挥中心的协调指挥作用
		制定完备的社区应急预案，提高救灾反应速度，减小大灾或突发事件造成的人员伤亡和经济损失
		加强专业化社区应急队伍的建设，建立一支强大的、专业性的、平灾结合的应急救援力量
3	加强公众参与	开展非专业化社区救援组织工作
		拓展志愿者服务内容，最大化拓展救护资源
		加强居民防灾教育，加大防灾减灾宣传力度，普及防灾知识，强化公众救护训练，提高全民防灾意识，加强居民自救互救能力

我们只有将社区防灾空间与社区建筑防灾技术的工程性防灾性能提升和社区灾害管理与救援系统的非工程性防灾减灾优化紧密结合，将灾前、灾中、灾后作为整体考虑，将防灾减灾与适灾消灾、灾害的可持续管理综合统筹，才能最大限度地避免或者减轻灾害对于社区的破坏，最大限度地保障居民的财产和人身安全。

---

① 翟国方：《规划，让城市更安全》，《国际城市规划》2011年第4期。

6.1 优化既有高层社区预警系统设置

6.1.1 建立社区防灾信息综合平台

社区防灾信息综合平台是社区预警系统的基础，社区防灾信息综合平台主要包括以下几个方面内容（图6-1）：一是，社区内部及社区周边灾害风险数据库，包括社区周边及社区内部的灾害源分布资料和成灾模型，如地震、火灾、洪水、风暴潮、地质灾害、工业爆炸等；二是，建构筑物防灾能力数据库，分析建构筑物抵御各种灾害的能力和薄弱环节，主要有建构筑物抗灾易损性知识系统以及灾害人员伤亡与灾害经济损失知识系统；三是，灾害信息快速评估平台与应急决策平台（包括灾害信息传递系统、灾害信息评估系统以及防救灾决策系统），分析评价各种单发灾害、次生灾害以及综合成灾的危险性和危害程度（主要包括建筑倒塌危险度、火灾危险度以及综合危险度），制定社区防救灾的对策和应急对策，并区分不同灾种、不同程度灾情等具体情况选择应用；四是，社区内部及社区周边避难空间场所信息，包括社区紧急避难空间、社区小规模临时避难空间、社区临时收容空间以及社区周边各种避难场所；五是，社区内部及社区周边灾时避难通道系统信息，包括社区消防通道、社区避难通道、社区救援通道、社区替代通道以及城市安全通道；六是，社区灾害应急指导系统，主要指防灾服务相关部门（包括社区防灾管委会、消防部门、公安部门以及医疗部门等）、社区人口户籍信息系统（登记社区内居民的户籍信息，重点标识出老弱病残等需多加救助人群，以便灾时及时救援）、灾时避难时序、路线指导以及社区防灾教育系统（包括防灾教育内容与活动等）。

社区防灾信息综合平台以信息基础设施、数据基础设施、计算机网络、3S技术（RS、GPS、GIS）以及虚拟现实技术（VR）为技术支持。我们应该在信息基础设施和数据基础设施的基础上，建立局域网计算机网络，服务于社区信息化平台，实现对灾害数据的远程查找和分析评估操作。RS技术以其高分辨率和多时相特征，快速实时跟踪灾害，反馈信息；GPS以高精度空间定位，为灾害发生后的应急反应奠定技术基础；GIS可以采集、存储、管理和分析空间地理分布数据库，为数字系统提供强有力的技术支持[1]。通过3S技术的集成，在空间信息基础设施上实现实时的数据传输和通信，结合灾害形成、传播理论转换出计算机可以表达的分析模型，以实现灾害信息的传递与评估。虚拟现实技术（VR）是社区预警系统的最终表达方式，它通过计算机系统把大量相关数据转换成人的视觉可以直接感受的感官世界[2]。目前，这些数字技术还没有能够完全有效地应用于防灾系统，但这一定是防灾减灾研究的必由之路和重要发展趋势。

① 孙芹芹、陈少沛、谭建军:《基于MDA的城市地质防灾应急GIS模型研究》,《计算机技术与发展》2008年第7期。

② 尚春明、翟宝辉:《城市综合防灾理论与实践》, 中国建筑工业出版社, 2006, 第163-167页。

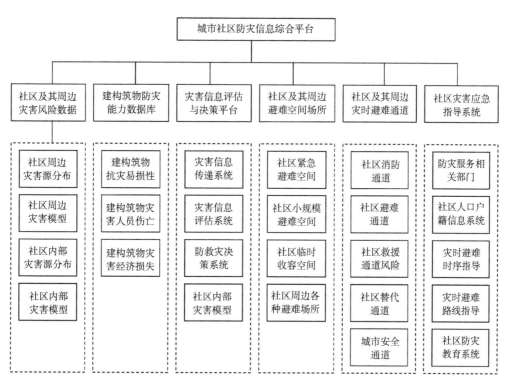

图 6-1 社区防灾信息综合平台框架示意图

我国以防灾信息为主的信息平台建设还处于起步阶段，日本在这方面的研究和实践走在世界前列。如日本东京的防灾信息综合平台以互联网为载体，使市民可以随时了解城市任何区域的潜在地质灾害信息，可以迅速查找所在地附近的避难空间与场所，可以准确锁定灾时安全通道信息。该平台能够有效地指导市民灾时安全疏散，降低灾害损失，值得我们借鉴和学习。

6.1.2 完善社区灾害监测与灾害预警系统

灾害监测系统与灾害预警系统指通过各种途径与技术对一定区域进行全方位、全时段监控，以期获知和收集早期灾害信息，并对灾情进行分析判断，在灾害尚未形成影响之前发出警示信号，使相关部门与人员提前采取防灾减灾措施，使可能的受灾者及时疏散逃生，从而最大程度地降低灾害破坏力。联合国在国际减轻自然灾害十年项目中也指出，建立灾害监控与灾害预警系统的目的是在自然灾害或者其他灾害发生时，使个人和社区有能力和足够的时间采取合适的行动，降低人员的伤亡程度和死亡人数，减少财产损失或对周围环境的破坏程度。灾害预警的根据是依据灾害监测系统的信息数据库作出风险评估，通过风险评估找出灾害的潜在风险，分析各地可能的受灾程度，并据此在事前作出防范风险的决策。

发达国家这方面的研究和实践较多。如日本的地震灾害综合监测网由高灵敏度地震观测网、海底电缆式综合监控网以及地震灾害信息网等构成，可以全方位实时观测并分析处理地震信息[①]。该系统的 4 500 个地震烈度观测站、800 个地震仪实时台网以及 200 余个地震灾害实时处理台站，为高效准确的地震预警提供了监测基础[②]。2011 年 3 月 11 日日本东北部发生的 9.0 级强震，正是基于其先进的地震监测与预警系统提供的信息，官方及时发布了地震信息，为受灾区居民争取了宝贵的震前逃生时间。美国纽约利用物联网技术在城市供电系统、供水系统、道路系统以及建构筑物等主要城市工程与设施中安装了大量感应装置，构建了城市工程与设施灾害信息平台与灾害监测预警系统，运用 GIS 技术对感应数据与信息进行实时收集与动态监测，并进一步分析处理，为各部门及时提供灾害信息。

目前，我国尚未在全国范围内建设灾害监测与预警系统，仅仅在重要城市建筑、核电站、输气管线等设置了地震报警系统，且其对灾害的监控方式大多为单一、接触式、散点分布的非连续性探测，处理系统也未能全面考虑监测要素之间的关联性，从而使其监测与预警的及时性、准确性以及全面性均受到限制，影响了其灾前预警效果[③]。

如果借鉴国外先进技术和实践成果，在我国国土范围内建立全国灾害监测与灾害预警网络，在各个城市建立区域性城市灾害监测与灾害预警网络，在防灾基本单元的各个城市社区建立社区灾害监测与灾害预警网络作为全国整体网络的细胞单元，就可以使社区防灾部门实时掌握灾害信息，及时作出应急反应措施，准确发布预警信息，指导、帮助受灾者采取行动疏散逃生，以减少灾害造成的伤亡和损失。

6.2 优化既有高层社区灾害管理与指挥系统

6.2.1 建立相应层次的社区防救灾管理与指挥中心

在计划经济体制下，我国成立了气象、地震、海洋、水利等很多单一的防灾部门与机构。灾害管理模式属于单灾种原因型分类管理，即按灾害和事故原因、类别分别由相应的行政部门和机构负责（表 6-2）。尽管这种体制使我国形成了消防、医疗等较强的单项防救灾力量，积累了许多单一灾害的防救灾经验，但是这些部门与机构面对复杂灾害时往往各行其是，不能有效协调合作。这样一来，大灾侵袭后，相关部门不能迅速、高效地形成统一力量，合理分配各部门资源，充分发挥各部门防救灾作用。由此可见，我国这种分类管理方式和分部门、分灾种的割裂式管理模式已经越来越不能满足城市综合防灾需求。我们应该打破部门之间的壁垒，综合统筹重组，组建层级分明的城市灾害应急管理体系，形成权责明确的灾害指挥系统。

---

① 李卫东、王宜：《现代化的日本地震综合监控网络》，地震出版社，2009。

② 问路地震预警[DB/OL]，财经网，http：//www.caijing.com.cn/2008-10-31/110 025 186.html，2008

③ 吴立新、刘善军：《GEOSS 条件下固体地球灾害的广义遥感监测》，《科技导报》2007 年第 6 期。

表 6-2　我国目前的灾害管理情况

管理内容	气象灾害	海洋灾害	洪水灾害	地质灾害	地震灾害	重大事故
监测预报	气象局	海洋局	气象局；水利局	地矿局	地震局；政府	劳动部门主管（交通、公安、全总工）
防火抗灾	各级政府；农林渔、交通、工业等部门	各级政府；交通、水利、能源、建设部门	各级政府；水利、交通、建设部门	各级政府；铁道、建设、交通部门	各级政府；地震、建设、交通部门	各级政府；省区市安全委员会
救灾	各级政府；国务院生产办公室；民政部门；部队等	各级政府；国务院生产办公室；民政、交通部门；部队等	各级政府；国务院生产办公室；民政部门；部队等	各级政府；国务院生产办公室；民政部门；部队等	各级政府；国务院生产办公室；	各级政府；国务院生产办公室；民政部门；红十字会等
援建	政府	政府	政府	政府	政府	政府

资料来源：尚春明，翟宝辉，城市综合防灾理论与实践，北京：中国建筑工业出版社，2006，84

　　在防灾管理体制与指挥体系方面，日本、美国、加拿大等国家有着许多先进经验，如日本东京都防灾中心（图6-2）就很值得我们借鉴。美国的灾害应急管理模式也已经从单项防灾转变为综合型、循环型、持续改进型的危机管理模式。可见，我国必须设立专门的综合防灾机构，构建"国家—省市—城市—社区"等一系列相应层次的防救灾管理与指挥机构，将我国现有各个相关防救灾部门整合为一个整体，使其资源共享，经费集中，救援力量统一调度。我们还应该组建应急反应部队和一定数量的科研队伍，并拓展志愿者。另外，社区防灾部门还要定期举办灾害演习，对居民进行灾害逃生培训，并在社区周边及社区内部的中小学内向学生普及防灾知识与技能[①]。而社区防灾中心作为最为基层的防灾管理与指挥机构，其数量最多，分布最广，更应该引起我们的重视。

6.2.2　制定完备的社区应急预案

　　预案是事前制定的一系列应急反应程序，明确应急机制中各成员部门及其人员的组成、具体职责、工作措施以及相互之间的协调关系，有了预案的保证，才有可能减小突发事件或灾害带来的损失。

　　根据国家减灾法律中提出的要求，城市社区应划定各种灾害的应急处置预案，如破坏性地震应急预案、防汛应急预案、火灾事故应急预案、医疗救援工作管理办法等[②]。例如，破坏性地震应急条例中规定必须制定应急预案，具体应包括机构的组成和职责、通信保障、物资保障、救援方案等内容。在这里，我们针对地震、火灾、洪灾等几种主要灾害，把城市社区是否制定了灾害应急预案作为衡量城市社区灾害应急预案完善程度的指标[③]。

---

① 尚春明、翟宝辉：《城市综合防灾理论与实践》，中国建筑工业出版社，2006，第83-84页。

② 国家突发公共事件预案体系[DB/OL]，中国政府网，http//www.gov.cn/yjgl/2005-08/3l/content_27872htm

③ 腾五晓：《城市灾害应急预案基本要素探讨》，《城市发展研究》2006第1期。

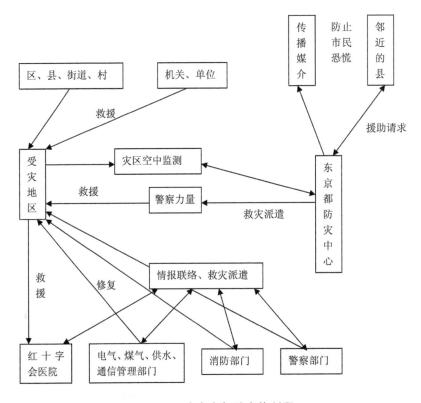

图6-2　日本东京都防灾体制图

资料来源：尚春明，翟宝辉，城市综合防灾理论与实践，北京：中国建筑工业出版社，2006，51

6.2.3　建立专业化社区应急救援队伍

　　世界各个国家都建设有专业化的灾害应急救援队伍，最常见的救援力量多为消防队伍、民防专业队伍等。在全球灾害日益复杂的今天，救援工作对于专项技术的要求也越来越高，对于救援人员的专业素质要求也不断提升。因此，许多国家的应急救援队伍已经向专业化、规范化、技术化方向转变。这些国家也已经组建了独具特色、训练有素的专业化救援队伍。这些队伍通常采取军地结合、专业组织为主的形式，具体见表6-3[①]。

表6-3　发达国家专业化应急救援队伍建设情况

国家	应急救援队伍建设状况
美国	美国联邦应急管理署组建和管理着28支城市搜索与救援队，其中有2支国际救援队，分布在美国16个州和华盛顿特区。

---

① 尚春明、翟宝辉：《城市综合防灾理论与实践》，中国建筑工业出版社，2006，第197-201页。

国家	应急救援队伍建设状况
德国	德国是建立民防专业队较早的国家，全国除约 6 万人专门从事民防工作外，还有约 150 万消防救护和医疗救护、技术救援志愿人员。这支庞大的民防队伍均接受过一定专业技术训练，并按地区组成抢救队、消防队、维修队、卫生队、空中救护队。德国技术援助网络等专业机构在有效应对灾害过程中也发挥了十分重要的作用。
俄罗斯	俄罗斯的应急管理救援队主要包括联邦紧急救援队和民防救援部队。俄罗斯的民防力量包括民防部队和非军人民防组织，民防部队遍布全国，设有各级组织机构和队伍；联邦紧急救援队则以分设在莫斯科等 8 个城市的区域中心下辖的 58 支专业救援队伍、各级民防与应急培训中心学员为主体，辅以一个 250 人组成、包括直升机在内的中央航空救援队，一个应急反应人道主义组织和一个特别行动中心，实现了救援主体力量的专业化和军事化。
法国	法国的民防专业队伍主要由一支近 20 万人的志愿消防队和一支 8 万预备役人员组成的民事安全部队组成。民事安全部队现编成 22 个机动纵队、308 个收容大队和 108 个民防连，分散在各防务区、大区和省，执行民事安全任务，战时可扩编至 30 余万人。
以色列	以色列的民防队伍由后方司令部下辖的全国救援部队和各分区的急救营、安全治安营、防核生化营、观察通信连、医疗分队、预警系统及军民消防分队等组成。除专业队伍外，还有 1 支民防志愿人员队伍分布在农业、卫生、教育、财政、国防、内政、基建和环保等部门及各地方行政单位。

我国除了消防、医疗有比较专业的防灾救援队伍外，其他方面多是靠公安、军队承担紧急救援任务。可见，与国外相比，我国在防灾救灾队伍建设上，还是应该进一步构建以公安、消防为主要力量，各系统、行业、专业救援队伍为基本力量，武警、部队、民兵应急分队为支援力量的专业救援队伍体系，逐渐建立"国家—地区—城市—社区"各个层次的专业化救援队伍。尤其是作为基层救援队伍的专业化社区应急救援队伍，应该制定合适、有效、完善的应急培训计划，加强专业化训练。

6.2.4　发展非专业化社区救援组织，提高居民自救互救能力

6.2.4.1　加强公众参与，建立非专业化社区救援组织

一些发达国家非常重视社区救援组织建设，大部分国家都有各类社团，关注防灾救灾某一方面的事务，在灾害发生时，这些社团就会通过自己的活动渠道组织自救互救工作，并与政府指导或专业队伍执行的救援工作及时对接。事实上，很多国家对这些组织给予大量经费和信息资源上的支持。其理念是，政府和专业化救援队伍占有的救援资源是有限的，灾民可以自救或通过社区组织进行互救，在一定时间内就可以节省出有限的资源，用于更加急需的地方和人群，使救援资源的价值最大化。

可见，发达国家在灾害救助和应急管理中已经形成了"政府—非政府组织—居民"责任共担的应急救助体系。因此，我国也应该加强公众参与，建立非专业化的社区救援组织。该组织应该在社会层面，建立完善的募捐系统，有效汇集救灾资源，并对救灾资源及时作出最有效的统筹分配；在个人层面，则应该倡导个人购买灾难保险，加强家庭和个人的防灾救灾知识，呼吁灾时协助老弱病残等行动能力差的居民等。

6.2.4.2 拓展志愿者服务内容

当某个国家或者地区面临大灾侵袭时，仅仅依靠政府的力量或许不够，而志愿者，尤其是受灾地点的志愿者救灾组织则能在灾害发生的第一时间进行自救和互救，这是其他救援力量所不具备的条件。灾害发生初期，受灾人员的救护成功率是最高的，受灾地点的志愿者在灾后较短时间内即可参与救灾工作，他们可以在灾害现场指挥人们如何疏散逃生，如何互相救助。国外志愿者活动已经十分活跃，志愿者所做的工作也确实取得了很好的社会效益。我国的志愿者服务内容多集中于医疗、教育、扶贫、环保等方面，防救灾志愿者救灾队伍还很少。社区作为城市防灾的基本单元，聚集着大量的城市居民。因此，我们应该组建一定规模的社区防救灾志愿者队伍，为其配备相应装备，定期组织志愿者培训演习，使其在灾时参与救灾，指挥居民安全疏散 ①。

6.2.4.3 加强居民防灾教育

国外许多发达国家非常重视制度化的公众防灾意识教育与宣传，注重提高公众自救互救能力。如美国、日本、瑞士等都设置了相关机构制定、实施全民防灾训练教育计划（具体见表 6-4）②。这些机构负责出台相关的各项制度，开展各式各样的防灾宣传活动，使公众在教育和训练中积累防灾救灾知识，提升其灾时自救互救能力。尽管各国社会灾害意识培养模式各不相同，但其核心和内容都是提高公众的防灾意识和危机意识，以减少灾害人员伤亡。

表 6-4　发达国家社会灾害意识培养概况

国家	社会灾害意识培养概况
美国	美国的民防教育训练由联邦应急管理署领导，负责制订全国民防教育训练计划，领导全国 10 个民防区的民防教育训练工作；各民防区负责本区教育训练，根据联邦应急管理署下达的计划，组织民防专业队和全体公民进行教育训练。
日本	日本把每年的 9 月 1 日定为国民"防灾日"，在每年的这一天都要举行有日本首相和各相关大臣参加的防灾演习，通过全民的防灾训练，提高防灾意识和防灾能力。目的是一方面提高国民的防灾意识，另一方面检验中央及地方政府有关机构的通信联络和救灾、救护、消防等各部门间的运转协调能力，并对各类人员进行实战训练。当然，重点是训练政府对防灾机构工作人员及各类救灾人员，包括自卫队和消防厅等的领导指挥能力。
瑞士	瑞士具备一整套民防教育训练体系和制度。瑞士联邦民防局负责制订全国民防教育计划，领导各州、区民防局和民防司令部的民防教育训练工作，各州、区民防局和民防司令部负责本区民防教育训练工作，并领导城市民防厅组织全民进行教育防灾训练。

我国民众的防灾教育几乎是一个空白，而社区防灾管理与指挥中心作为分布最广的防灾机构则应该首先做好居民防灾教育这一工作。防灾救灾培训主要应该是应急和自救互救的培训，其主要内容是帮助人们提高应对各种突发事件的能力，形成良好的心理素质，防止出现混乱场面，减少不必要的伤害，将各种损失降到最低。灾害训练包括各种突发事

---

① 吴新燕：《美国社区减灾体系简介及其启示》，《减灾论坛》2004 年第 3 期。

② 尚春明、翟宝辉：《城市综合防灾理论与实践》，中国建筑工业出版社，2006，第 199-200 页。

件，大到地震、恐怖袭击、火灾、水灾和各种灾害性问题，小到家庭中的各种意外事故处理，各种化学品的防护，电击、中毒、各种突发疾病的急救等等。学校、居住区应该分发灾时应急逃生手册等教材，该教材应该包括所在社区存在的各种危险源、易发灾害、灾害特点，社区内部以及社区周边避难空间场所和避难安全通道，防灾设备设施使用以及避难疏散基本知识等内容。我们还应该通过各种各样的宣传方法（包括广播、电视、广告、报纸、书籍以及网络等多种媒体），向公众通告可能存在的危险和相应的应急计划；还应该开展短期的宣传培训、公开展览或者定期组织易发灾害的防灾演练，针对社区内不同年龄阶层的人推广和普及社区安全文化，增强社区安全意识，建立邻里灾时互助机制，以最大程度地减轻居民因缺乏防灾知识和灾害恐慌而造成的不必要伤亡。

　　总之，防灾教育的目的就是让市民了解平时应该做好什么样的防灾准备，在各种紧急情况下如何避险，必要时如何进行疏散，如何进行自救和互救等。北京市出版过一个小册子——《首都市民防灾应急手册》，就非常值得推广。

附　　录

附录一　城市既有高层社区居民灾后行为心理与应急反应调研问卷

您好，我是天津大学建筑学院的博士研究生，目前正在进行有关城市既有高层社区居民灾后行为心理与应急反应的调研工作，下面是调研问卷的具体内容，请在您所选选项前面打"√"，感谢您的合作！

1. 您的年龄是：

A. 18 岁以下　　　　　B. 18-30 岁　　　　　C. 30-50 岁　　　　　D. 50 岁以上

2. 您的性别是：

A. 男　　　　　　　　B. 女

3. 您的教育程度是：

A. 高中及以下　　　　B. 技校　　　　　　　C. 大专　　　　　　　D. 本科或以上

4. 您在所居住社区的时间段：

A. 全天　　　　　　　B. 白天　　　　　　　C. 夜晚　　　　　　　D. 偶尔在

5. 是否经历过火灾、震灾等灾害：

A. 亲身经历过　　　　B. 未亲身经历过

6. 是否懂得灾害发生后的自救常识：

A. 懂很多　　　　　　B. 懂一点　　　　　　C. 完全不懂

7. 是否清楚所居住社区或者社区周边危险建构筑物的位置及性质：

A. 非常清楚　　　　　B. 了解一些　　　　　C. 不知道

8. 是否清楚所居住社区或者社区周边危险建构筑物可能导致的灾害事故：

A. 非常清楚　　　　　B. 了解一些　　　　　C. 不知道

9. 是否了解所居住社区或者社区周边的主要疏散避难场所：

A. 很熟悉　　　　　　B. 粗略了解　　　　　C. 不清楚

10. 是否了解所居住社区或者社区周边的各条疏散通道：

A. 很熟悉　　　　　　B. 粗略了解　　　　　C. 不清楚

11. 是否了解所居住社区或者社区周边的防灾救灾设施：

A. 很熟悉　　　　　　B. 粗略了解　　　　　C. 不清楚

12. 平时是否注意维护消防设备设施：

A. 很注意　　　　　　B. 没注意　　　　　　C. 有时无意会损坏消防设备设施

13. 您家有没有私搭乱建，占据排烟外窗或者阳台：

A. 有　　　　　　　　B. 没有

14. 是否了解所居住住宅的所有安全通道和安全出口：

A. 很熟悉　　　　　　B. 粗略了解　　　　　C. 只知道平时常走的路线

15. 所居住住宅装修时是否注重选择防火性能好的装饰装修材料：

A. 很注意　　　　　　B. 一定程度的兼顾　　C. 完全没注意

16. 是否了解防火安全常识并注重家庭防火：

A. 很熟悉并十分注重

B. 粗略了解，尽量注重

C. 不清楚，完全不注意

17. 是否接受过灾害应急疏散等的安全教育：

A. 从未接触过

B. 日常生活中积累了一些

C. 接受过专门的教育培训

18. 是否参加过灾害应急疏散的演习：

A. 从未参加过　　　　B. 曾经参加过　　　　C. 定期培训演习

19. 当您得知灾害发生信息时，您会：

A. 立即准备疏散逃生

B. 亲自外出查证并确认信息

C. 通知他人灾害信息尝试控制灾害态势

D. 立即报警求助

20. 当您家发生灾害时，您会不会尝试控制灾害？

A. 会　　　　　　　　B. 不会

21. 当您确认灾害信息后，您会不会等待家人聚齐再逃生？

A. 会　　　　　　　　B. 不会

22. 当您确认灾害信息后，您会不会收拾财物后再逃生？

A. 会　　　　　　　　B. 不会

23. 当您听到灾害报警拉响警报时，您的疏散行动时间为：

A. 马上开始行动（1 min 内）

B. 过一段时间才开始行动（5 min 左右）（由于过度惊慌，不知所措等因素）

C. 较长一段时间以后才开始疏散（10-20 min 左右）（由于惊慌、整理财物、行动不便等原因）

　D. 待在原地等待救援

24. 您在灾害中可能的最初反应是：

A. 目瞪口呆，瘫坐在地

B. 惊慌不知所措

C. 横冲直撞，大声喊叫

D. 保持理智、冷静、报警并配合救援工作

25. 您在灾害疏散中可能有的反应：

A. 就近找个地方躲起来，如墙角、厕所等

B. 时刻保持与大家在一起，人多心里踏实

C. 奋勇直前，不顾一切地猛冲，自行寻找出路

D. 冷静思考，对灾害作出正确判断并引导大家

26. 您会如何选择疏散通道：

A. 跟着人流走   B. 离自己最近的通道

C. 自己平时习惯的通道   D. 避开人流，选择人流少的通道

27. 如果您遇到的灾害情况十分危急，而疏散通道人有很多时，您会：

A. 随人流排队走出

B. 拼命向前挤，以尽快离开

C. 个人寻找其他出口

D. 动员周围的居民与自己一起寻找其他出口

28. 当您成功逃出灾害现场，却发现您的亲友未逃出时，您是否会选择回去救他们：

A. 一定返回   B. 不会返回   C. 看情况   D. 不知道

附录二　城市既有高层社区居民灾后应急反应调研问卷答题结果统计表

题目序号	A		B		C		D		合计	
	问卷数量（份）	所占比例（%）	问卷数量（份）	所占比例（%）	问卷数量（份）	所占比例（%）	问卷数量（份）	所占比例（%）	问卷数量（份）	所占比例（%）
1	36	18	58	29	46	23	60	30	200	100
2	92	46	108	54	—	—	—	—	200	100
3	76	38	28	14	42	21	54	27	200	100
4	63	31.5	16	8	109	54.5	12	6	200	100
5	44	22	156	78	—	—	—	—	200	100
6	30	15	115	52.5	65	32.5	—	—	200	100
7	28	14	64	32	108	54	—	—	200	100
8	24	12	61	30.5	115	57.5	—	—	200	100
9	33	16.5	88	44	79	39.5	—	—	200	100
10	21	10.5	63	31.5	116	58	—	—	200	100
11	18	9	52	26	130	65	—	—	200	100
12	25	12.5	161	80.5	14	7	—	—	200	100
13	36	18	164	82	—	—	—	—	200	100

题目序号	A		B		C		D		合计	
	问卷数量（份）	所占比例（%）	问卷数量（份）	所占比例（%）	问卷数量（份）	所占比例（%）	问卷数量（份）	所占比例（%）	问卷数量（份）	所占比例（%）
14	42	21	75	37.5	83	41.5	—	—	200	100
15	38	19	65	32.5	97	48.5	—	—	200	100
16	45	22.5	107	53.5	48	24	—	—	200	100
17	118	59	62	31	20	10	—	—	200	100
18	146	73	42	21	12	6	—	—	200	100
19	72	36	26	13	16	8	86	43	200	100
20	102	51	98	49	—	—	—	—	200	100
21	184	92	16	8	—	—	—	—	200	100
22	95	47.5	105	52.5	—	—	—	—	200	100
23	60	30	81	40.5	27	13.5	32	16	200	100
24	26	13	126	63	13	6.5	35	17.5	200	100
25	28	14	113	56.5	31	15.5	28	14	200	100
26	78	39	65	32.5	28	14	29	14.5	200	100
27	62	31	86	43	37	18.5	15	7.5	200	100
28	69	34.5	21	10.5	65	32.5	45	22.5	200	100